中等职业教育机电类专业系列教材
机械工业出版社精品教材

数控铣床加工工艺
与编程操作

第 2 版

U0174552

主　编　金　晶
副主编　任国兴
参　编　徐鲲鹏　贺汉明
　　　　赵慧曜　王青云
　　　　崔广军　兰松云

机械工业出版社

本书第一章主要讲述了数控铣床和加工中心的工作原理、分类及特点。第二章主要讲述了常用的工件装夹和找正方法、如何确定工件的加工顺序和进给路线、顺铣和逆铣的方法及适用情况、选择刀具和确定切削用量的方法等内容。第三章主要讲述了数控程序的结构和格式、数控程序编制的一般方法和步骤、不同数控系统中常用的编程指令。第四章主要讲述了不同数控系统中常用的编程指令和格式；子程序与固定循环等功能的应用。第五章主要讲述了刀具半径补偿功能和刀具长度补偿功能指令的意义、格式及应用。第六章主要讲述了镜像、旋转和缩放功能指令的格式及应用。第七章主要讲述了面铣削、外形铣削、挖槽铣削、钻孔、雕刻文字等加工方法。第八章讲述了宏程序的编程方法。课题一讲述了数控铣床的手动操作、MDI 方式操作、程序的编辑与自动加工。课题二讲述了试切法对刀的方法及分别用 G54、G92 编程的对刀方法。课题三讲述了刀具的半径补偿及长度补偿功能的原理、方法和刀具数据的设置。课题四主要介绍了数控铣床常用刀具、夹具和量具的使用。本书内容丰富，简洁明了，图文并茂，通俗易懂。书中所采用的加工实例均经过实际加工检验，因此具有可操作性和实用性。

本书既可作为中等职业技术学校数控加工相关专业编程与操作教学的教材，也可作为数控操作人员岗位培训的实训指导书。

图书在版编目（CIP）数据

数控铣床加工工艺与编程操作/金晶主编．—2 版．—北京：机械工业出版社，2018.7（2025.2 重印）

中等职业教育机电类专业系列教材．机械工业出版社精品教材

ISBN 978-7-111-60675-8

Ⅰ.①数… Ⅱ.①金… Ⅲ.①数控机床-铣床-程序设计-中等专业学校-教材②数控机床加工中心-程序设计-中等专业学校-教材 Ⅳ.①TG547②TG659

中国版本图书馆 CIP 数据核字（2018）第 183873 号

机械工业出版社（北京市百万庄大街 22 号　邮政编码 100037）
策划编辑：汪光灿　责任编辑：汪光灿　李　超
责任校对：郑　婕　封面设计：张　静
责任印制：刘　媛
涿州市般润文化传播有限公司印刷
2025 年 2 月第 2 版第 7 次印刷
184mm×260mm · 16 印张 · 390 千字
标准书号：ISBN 978-7-111-60675-8
定价：46.00 元

电话服务　　　　　　　　　网络服务
客服电话：010-88361066　　机 工 官 网：www.cmpbook.com
　　　　　010-88379833　　机 工 官 博：weibo.com/cmp1952
　　　　　010-68326294　　金 　书 　网：www.golden-book.com
封底无防伪标均为盗版　　机工教育服务网：www.cmpedu.com

第2版 前言

本书是根据教育部数控技术应用型紧缺人才培训方案的指导思想，结合中等职业学校培养具有实际操作技能的应用型人才这一目标，参照数控专业教学计划，本着"基本理论的教学以应用为目的，以必需和够用为尺度"这一原则编写的。本书力求体现"以职业活动为导向，以职业技能为核心"的指导思想。考虑目前各企业所用的数控设备种类的不同，我们在书中采用了华中世纪星 HNC-21M/22M 数控加工系统、FANUC 0i-MA 数控加工系统和 SIEMENS 802D 数控加工系统进行编程与操作，对三个系统分别进行了讲解，并且补充了各类主流数控系统的最新功能以及先进的工艺路线和加工方法，使本书更具有针对性、可操作性和实用性，力争对数控加工制造领域人才的培养起到促进作用。

这次再版对本书的内容重新进行了改编，从编排上以突出实际操作技能为主导，在分析加工工艺的基础上应用多种实例，重点讲述了数控加工的编程与操作方法。为了让学生能更好地理解所学知识，本书既安排了例题又安排了习题，多数习题都附有答案，而且在内容的编排上循序渐进。本书力争做到既内容丰富，又简洁明了，而且图文并茂，通俗易懂，适合学校学生及技术工人阅读，同时也可作为数控加工实训的指导书。

建议本书的总学时：基础篇100~120学时，实训篇100~120学时，总学时为200~240学时。

本书的第一、二、三章由任国兴、王青云、兰松云、金晶编写，第四章由徐鲲鹏、贺汉明、金晶编写，第五章由贺汉明编写，第六章由徐鲲鹏编写，第七章由赵慧曜和金晶编写，第八章由徐鲲鹏、兰松云编写，课题一、二、三由崔广军编写，课题四、思考练习题与答案由金晶编写。全书由金晶统稿。

在本书的编写过程中，各位参编老师付出了艰辛的劳动，提出了许多宝贵意见。在此，谨向为编写本书付出艰辛劳动的全体人员表示衷心的感谢！限于编者的水平，书中难免有错误和不妥之处，敬请读者批评指正。

编 者
2018 年 6 月

第1版　前言

　　本书是根据教育部数控技术应用型紧缺人才培训方案的指导思想，结合中等职业学校培养具有实际操作技能的应用型人才这一目标，参照最新的数控专业教学计划，本着"基本理论的教学以应用为目的，以必需和够用为尺度"这一原则编写的。本书力求体现"以职业活动为导向，以职业技能为核心"的指导思想。考虑目前各企业所用的数控设备种类的不同，我们在教材中采用了华中世纪星 HNC - 21M/22M 数控加工系统、FANUC 0i- MA 数控加工系统和 SIEMENS 802D 数控加工系统的编程与操作，对三个系统分别进行了讲解，并且补充了各类主流数控系统最新功能以及先进的工艺路线和加工方法，使本书更具有针对性、可操作性和实用性，力争为数控加工制造领域人才的培养，起到促进作用。

　　本书的内容从编排上以突出实际操作技能为主导，在分析加工工艺的基础上应用多种实例，重点讲述了数控加工的编程与操作方法。为了让学生能更好地理解所学知识，书上既有例题又有习题，而且在内容的编排上循序渐进。本书力争做到既内容丰富，又简洁明了，而且图文并茂，通俗易懂，适合学校学生及技术工人阅读，同时也可作为数控加工实训的指导书。

　　建议本教材的总学时：基础篇 70～90 学时，实训篇 80～150 学时，总学时为 150～240 学时。

　　本书的第一、二、三章由任国兴、王青云、兰松云、金晶编写，第四章由徐鲲鹏、贺汉明、金晶编写，第五章和课题四、五、六由贺汉明编写，第六章和课题九、十、十一、十二由徐鲲鹏编写，第七章由赵慧曤和金晶编写，课题七、八、十三由赵慧曤编写，第八章由徐鲲鹏、兰松云编写，课题一、二、三由崔广军编写。全书由金晶统稿。

　　在本书的编写过程中，各位参编老师付出了艰辛的劳动，提出了许多宝贵意见。在此，谨向为编写本书付出艰辛劳动的全体人员表示衷心的感谢！限于作者的水平，书中难免有错误和不妥之处，敬请读者批评指正。

主　编
2006 年 2 月于长春

目　　录

基 础 篇
数控铣床（加工中心）的编程

第 一 章
数控铣床（加工中心）概述

【学习目的】

了解数控铣床（加工中心）的结构、主要部件和工作原理；掌握数控铣床和加工中心的分类及特点。通过本章学习后，读者对不同产品的加工应如何选用数控铣床和加工中心，有大致的了解。

【学习重点】

了解数控铣床和加工中心的输入装置、数控系统、伺服系统、辅助控制装置、机床本体的结构；掌握数控铣床和加工中心的工作原理、分类及特点。

第一节　数控铣床（加工中心）的组成和工作原理

数控是数字控制或数值控制（Numerical Control，NC）的简称，用数字化信号进行自动控制的一门技术称为数控技术。数控技术是与机床的自动控制技术密切结合而发展起来的技术，已广泛地应用于各个领域控制及其他方面。

一种设备的操作命令是以数字的形式来描述的，工作过程按照规定的程序自动地进行，这种设备就称为数控设备。数控机床、数控火焰切割机、数控绘图机、数控冲剪机等都是属于这个范畴内的自动化设备。目前，数控技术已在机床行业、造船行业、飞机制造业以及其他军用、民用行业获得了广泛的应用。

数控铣床是主要采用铣削方式加工零件的数控机床，它能够进行外形轮廓铣削、平面或曲面型腔铣削及三维复杂型面的铣削，如凸轮、模具、叶片等。另外，数控铣床还具有孔加工的功能，通过特定的功能指令可进行一系列孔的加工，如钻孔、扩孔、铰孔、镗孔和攻螺纹等，如图 1-1 所示。

加工中心是一种备有刀库并能自动更换刀具对工件进行多工序加工的数控机床，是具备两种机床功能的组合机床，如图 1-2 所示。它的最大特点是工序集中和自动化程度高，可减少工件装夹次数，避免工件多次定位所产生的累积误差，节省辅助时间，实现高质、高效加工。加工中心可完成镗、铣、钻、攻螺纹等工作，它与普通数控镗床和数控铣床的区别之处，主要在于它附有刀库和自动换刀装置。衡量加工中心刀库和自动换刀装置的指标有刀具存储量、刀具（加刀柄和刀杆等）最大尺寸与重量、换刀重复定位精度、安全性、可靠性、可扩展性、选刀方法和换刀时间等。

图 1-1　数控铣床

图 1-2　加工中心

一、数控铣床（加工中心）的组成

数控铣床（加工中心）大体由输入装置、数控装置、伺服系统、检测及其辅助装置和机床本体等组成，如图 1-3 所示。

1. 输入装置

数控程序编制后需要存储在一定的介质上，手动将数控程序通过数控机床上的键盘输入，程序内容将存储在数控系统的存储器内，使用时可以随时调用。

数控程序由计算机编程软件或手工输入到计算机中，可以采用通信方式将数控程序传递到数控系统中，通常使用数控装置的 RS-232C 串行口或 RJ45 口等来完成。

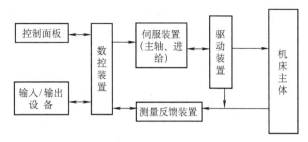

图 1-3　数控铣床工作原理图

2. 数控装置

一般数控系统是由专用或通用计算机硬件加上系统软件和应用软件组成的，实现数控设备的运动控制功能、人机交互功能、数据管理功能和相关的辅助控制等功能。它是实现数控设备功能和保证性能的核心组成部分，是整个数控设备的中心控制机构。

数控装置由数控系统、输入和输出接口等组成，它接收到的数控程序，经过编译、数学运算和逻辑处理后，输出各种信号到输出接口上，如图 1-4 所示。

3. 伺服系统

它是连接数控装置和机械结构的控制传输通道，它将数控装置的数字量的指令输出转换成各种形式的电动机运动，带动机械结构上执行元件实现其所规定的运动轨迹。伺服系统包括驱动放大器和电动机两个主要部分，其任务实质是实现一系列数模或模数之间的信号转化，表现形式就是位置控制和速度控制。

图 1-4　数控装置

伺服系统接收数控装置输出的各种信号，经过分配、放大、转换等功能，驱动各运动部件，完成零件的切削加工。

4. 检测装置

位置检测、速度反馈装置根据系统要求不断测定运动部件的位置或速度，转换成电信号传输到数控装置中，与目标信号进行比较、运算，进行控制。

5. 运动部件

它是由床身、主轴箱、工作台、进给机构等组成的机械部件。伺服电动机驱动运动部件运动，完成工件与刀具之间的相对运动。

6. 辅助装置

辅助装置是指数控铣床（加工中心）的一些配套部件，包括刀库、液压和气动装置、冷却系统和排屑装置等。

二、数控铣床（加工中心）的工作原理

1. 数控加工的过程

首先要将被加工零件图上的几何信息和工艺信息数字化，也就是将刀具与工件的相对运动轨迹、加工过程中主轴速度和进给速度的变换、切削液的开关、工件和刀具的交换等控制和操作，按规定的代码和格式编写成加工程序，然后送入数控系统，数控系统则按照程序的要求，先进行相应的运算、处理，然后发出控制命令，使各坐标轴、主轴及相关的辅助动作相互协调，实现刀具与工件的相对运动，自动完成零件的加工。

2. 数控机床的工作过程

数控机床的主要任务是利用数控系统进行刀具和工件之间相对运动的控制，完成零件的数控加工。

数控机床接通电源后，数控系统对各组成部分的工作状况进行自检，并根据厂家设定的参数要求设置为初始状态，一切正常，无报警提示，等待用户输入信息。回参考点、手动、MDI、自动、编辑等操作方式由用户操作使用。

零件的加工程序编制可以脱开机床编程，也可以在线编程。在线编程就是利用数控系统提供的面板键盘输入相关格式指令，程序直接进入数控系统的存储区域，可以随时调用；脱机编程是操作者在机床外用计算机进行的一种编程方式，编写好的程序存储在磁盘等介质上，要使用时，通过数控机床提供的 RS-232C、RJ45 等接口与计算机相连，用传输软件将数控程序送入数控系统进行加工，它可以实现 DNC 方式加工。

在加工之前，为了使机床明白操作者设定的编程坐标，操作者必须通过对刀方式将编程坐标系转换成机床工件坐标系，也就是加工前输入实际使用刀具的参数及工件坐标系原点相对于机床坐标系的坐标值。

输入加工程序后，数控系统起动运行，系统对输入的信息进行内部处理，编译成二进制数据，通过数据计算，转换成控制信号。数控系统对信息预处理后，运行数控加工程序，系统根据程序中给出的几何数据和工艺数据进行插补计算，确定各线段的起点、终点，确定坐标轴运动的方向、大小和速度，分别向各个控制轴发出运动序列指令。

伺服系统接收信息后完成驱动，再根据机床上位置检测装置测得的实际数值反馈到数控系统内部的位置调节器，与理想数值进行比较、调节，输出补偿信息，控制各坐标轴的精确运动。

数控系统再次进行数控程序中程序段的插补计算和位置控制，逐行完成程序段的编译和处理，直至零件加工程序执行完毕。

第二节 数控铣床（加工中心）的分类和特点

数控机床加工与传统机床加工的工艺规程从总体上说是一致的，但与普通机床有着一定的区别。

（1）工序集中 数控机床一般带有可以自动换刀的刀架、刀库，换刀过程由程序控制自动进行，因此，工序比较集中，减小机床占地面积，节约厂房，同时减少或没有中间环节（如半成品的中间检测、暂存搬运等），既省时间又省人力。

（2）自动化程度高 数控机床加工时，不需人工控制刀具，自动化程度高，对操作工人的要求降低。数控操作工在数控机床上加工出的零件比普通工在传统机床上加工出的零件精度高，而且省时、省力，降低了工人的劳动强度。

（3）产品质量稳定 数控机床的加工自动化，免除了普通机床上工人的疲劳、粗心等造成的人为误差，提高了产品的一致性。

（4）加工效率高 数控机床的自动换刀等使加工过程紧凑，提高了劳动生产率。

（5）柔性化高 改变数控加工程序，就可以在数控机床上加工新的零件，且又能自动化操作，柔性好，效率高，因此数控机床很适应市场竞争。

（6）加工能力强　数控机床能精确加工各种轮廓，而有些轮廓在普通机床上无法加工。

一、数控铣床的分类和特点

（一）数控铣床的分类

数控铣床是一种用途广泛的数控机床，按照不同方法分为不同种类。

1）按主轴轴线位置方向分为立式数控铣床、卧式数控铣床。

2）按加工功能分为数控铣床、数控仿形铣床、数控齿轮铣床等。

3）按控制坐标轴数分为两坐标数控铣床、两坐标半数控铣床、三坐标数控铣床等。

4）按伺服系统方式分为闭环伺服系统、开环伺服系统、半闭环伺服系统数控铣床等。

（二）数控铣床的特点

数控铣床一般都能完成铣平面、铣斜面、铣槽、铣曲面、钻孔、镗孔、攻螺纹等加工，一般情况下，可以在一次装夹中完成所需的加工工序。

目前，数控装置的脉冲当量一般为 0.001mm，高精度的数控系统可达 0.0001mm，能保证工件精度。另外，数控加工还可避免工人的操作误差，一批加工零件的尺寸同一性特别好，大大提高了产品质量，定位精度比较高，所以数控铣床具有高精度，在加工各种复杂模具中显示较好的优越性。

数控铣床的最大特点是高柔性，所谓"柔性"即灵活、通用、万能，适合加工不同形状的工件。数控铣床的高效率主要是数控铣床高柔性带来的，一般不需要使用专用夹具工艺装备，在更换工件时，只需调用存储于计算机中的加工程序，装夹工件和调整刀具数据即可，能大大缩短生产周期。如一般的数控铣床都具有铣床、镗床和钻床的功能，使工序高度集中，大大提高了生产率并减小了工件的装夹误差。

数控铣床的主轴转速和进给量都是无级变速的，因此，有利于选择最佳切削用量，具有快进、快退、快速定位功能，可大大减少辅助时间。采用数控铣床比采用普通铣床可提高生产率 3～5 倍。对于复杂的成形面加工，生产率可提高十几倍，甚至几十倍。

数控机床加工前经调整好后，输入程序并起动，机床就能自动连续地进行加工，甚至加工结束。操作者主要进行程序的输入与编辑、零件装卸、刀具准备、加工形态的观测、零件的检验等工作。这样可极大地降低劳动强度。机床操作者的劳动趋于智力型工作。

二、加工中心的分类和特点

（一）加工中心的分类

1. 按照机床结构分类

可分为立式、卧式、龙门式和万能加工中心。

（1）立式加工中心　立式加工中心是指主轴轴线为垂直状态设置的加工中心，其结构形式多为固定立柱式，工作台为长方形、十字滑台，适合加工各类铣削类零件，具有三个直线运动坐标，并可在工作台上安装一个水平的数控转台用以加工螺旋线类零件，如图 1-5 所示。立式加工中心的结构简单、占地面积小、价格低。

（2）卧式加工中心　卧式加工中心是指主轴轴线水平设置的加工中心。卧式加工中心有固定立柱式或固定工作台式。固定立柱式的卧式加工中心的立柱不动，主轴箱在立柱上做上下移动，工作台可在水平面上做两个方向（X、Z）的移动，如图 1-6 所示。固定工作台式的卧式加工中心其 Z 坐标的运动由立柱移动来定位，安装工件的工作台只完成 X 坐标的移动。

图 1-5 立式加工中心外形图

图 1-6 卧式加工中心外形图

卧式加工中心通常带有可进行分度回转运动的正方形分度工作台，一般具有 3 ~ 5 个运动坐标，常见的是三个直线运动坐标（沿 X、Y、Z 轴方向）加一个回转运动（回转工作台），它能够使工件在一次装夹后完成除安装面和顶面以外的其余四个面的加工，最适合箱体类工件的加工。

与立式加工中心相比较，卧式加工中心的结构复杂，占地面积大，质量大，价格也较高。

（3）龙门式加工中心 龙门式加工中心的外形与龙门式铣床相似，如图 1-7 所示。主轴多为垂直设置，带有自动换刀装置和可更换的主轴头附件，数控装置的软件功能也较齐全，能够一机多用，尤其适用于大型或形状复杂的工件，如航天工业及大型气轮机上的某些零件的加工。

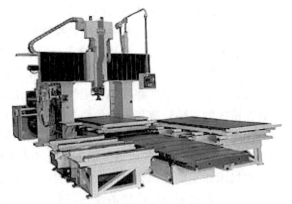

（4）万能加工中心 这种加工中心具有立式和卧式加工中心的功能，在工件的一次装夹后，能完成除安装面外的

图 1-7 龙门式加工中心外形图

所有五个面的加工，故又称五面加工中心。常见的五面加工中心有两种形式：一种是主轴可以旋转 90°，既可以像立式加工中心那样工作，也可以像卧式加工中心那样工作；另一种是主轴不改变方向，而工作台可以带着工件旋转 90°完成对工件五个表面的加工，可以使工件的几何误差降到最低，省去二次装夹的工装，从而提高生产率，降低加工成本。由于五面加工中心存在着结构复杂、造价高、占地面积大等缺点，所以它的应用远不如其他类型的加工中心广泛。

2. 按自动换刀装置分类

按自动换刀装置分类，通常可以分为四类：转塔头加工中心、刀库 + 主轴换刀加工中心、刀库 + 机械手 + 主轴换刀加工中心、刀库 + 机械手 + 双主轴转塔头加工中心等。

（1）转塔头加工中心 转塔头加工中心有立式和卧式两种，主轴数一般为 6 ~ 12 个，这种结构换刀时间短、刀具数量少、主轴转塔头定位精度要求较高。一般在小型立式加工中心上采用转塔刀库形式，主要以孔加工为主。

（2）刀库＋主轴换刀加工中心　这种加工中心的特点是无机械手式主轴换刀，其换刀是通过刀库和主轴箱的配合动作来完成的，并由主轴箱上下运动进行选刀和换刀，一般是把刀库放在主轴箱可以运动到的位置，或整个刀库或某一刀位能移动到主轴箱可以达到的位置，刀库中刀具的存放位置方向与主轴装刀方向一致。换刀时，主轴运动到刀位上的换刀位置，由主轴直接取走或放回刀具。

（3）刀库＋机械手＋主轴换刀加工中心　这种加工中心结构多种多样，换刀装置是由刀库和机械手组成，换刀机械手完成换刀工作。由于机械手卡爪可同时分别抓住刀库上所选的刀和主轴上的刀，因此换刀时间短，并且选刀时间与机械加工时间重合，因此得到广泛应用。

（4）刀库＋机械手＋双主轴转塔头加工中心　这种加工中心在主轴上的刀具进行切削时，通过机械手将下一步所用的刀具换在转塔头的非切削主轴上。当主轴上的刀具切削完毕后，转塔头即回转，完成换刀工作，换刀时间短。

3. 按加工中心完成功能特征分类

按功能特征分类，可分为镗铣、钻削和复合加工中心；按工艺用途可分为镗铣加工中心、车削加工中心、钻削加工中心、攻螺纹加工中心及磨削加工中心等。

（1）镗铣加工中心　镗铣加工中心和龙门式加工中心，以镗铣为主，适用于箱体、壳体类零件加工以及各种复杂零件的特殊曲线和曲面轮廓的多工序加工，适用于多品种、小批量的生产方式。

（2）钻削加工中心　钻削加工中心以钻削为主，刀库形式以转塔头形式为主，适用于中、小批量零件的钻孔、扩孔、铰孔、攻螺纹及连续轮廓铣削等多工序加工。

（3）复合加工中心　复合加工中心主要是指五面复合加工，可自动回转主轴头，进行立卧加工，主轴自动回转后，在水平和铅垂面实现刀具自动交换。

4. 按加工中心机械结构特征分类

按工作台种类分，加工中心工作台有各种结构，可分为单、双和多工作台。设置工作台是为了缩短零件的辅助准备时间，提高生产率和机床自动化程度。最常见的是单工作台和双工作台两种形式。

5. 按主轴结构特征分类

根据主轴结构特征分类，可分为单轴、双轴、三轴及可换主轴箱的加工中心。

（二）加工中心的特点

加工中心作为一种高效多功能的数控机床，在现代生产中扮演着重要角色。它可以自动连续地完成铣、钻、扩、铰、镗、攻螺纹等多工序加工，适合于小型板类、盘类、壳体类、模具等零件的多品种小批量加工。它除了具有数控机床的共同特点外，还具有其独特的特点。

1. 工序集中

加工中心的制造工艺与传统工艺及普通数控加工有很大不同。由于加工中心备有刀库并能自动更换刀具，对工件进行多工序加工，使得工件在一次装夹后，数控系统能控制机床按不同工序自动选择和更换刀具，自动改变机床主轴转速、进给量和刀具相对工件的运动轨迹以及其他辅助机能，现代加工中心更大程度地使工件在一次装夹后实现多表面、多特征、多工位的连续、高效、高精度加工，即工序集中。这是加工中心最突出的特点。

2. 强力切削

主轴电动机的运动经一对齿形带轮传到主轴，主轴转速的恒功率范围宽，低转速的转矩大，机床的主要构件刚度高，故可以进行强力切削。因为主轴箱内无齿轮传动，所以主轴运转时噪声低、振动小、热变形小。

3. 对加工对象的实用性强

四轴联动、五轴联动加工中心的应用以及 CAD/CAM 技术的成熟、发展，使复杂零件的自动加工成为易事，加工中心生产的柔性不仅体现在对特殊要求的快速反映上，而且可以快速实现批量生产，提高了市场竞争能力。

4. 生产率高

零件加工所需要的时间包括机动时间与辅助时间两部分。加工中心带有刀库和自动换刀装置，在一台机床上能集中完成多种工序，因而可减少工件装夹、测量和机床的调整时间，减少工件半成品的周转、搬运和存放时间，使机床的切削利用率高于普通机床 3～4 倍，达 80% 以上，因此，加工中心生产率高。

5. 高速定位

进给伺服电动机的运动经联轴器和滚珠丝杠副，使 X 轴、Y 轴和 Z 轴获得高速的快速移动，机床基础件刚度高，使机床在高速移动时振动小，低速移动时无爬行，并且有高的精度稳定性。

6. 减轻操作者的劳动强度

加工中心对零件的加工是按事先编好的程序自动完成的，操作者除了操作键盘、装卸零件、关键工序的中间测量以及观察机床的运动之外，不需要进行繁重的重复性手工操作，劳动强度和紧张程度均可大为减轻，劳动条件也得到很大的改善。

7. 随机换刀

驱动刀库的伺服电动机经蜗轮副使刀库回转，机械手的回转、取刀、装刀机构均由液压系统驱动，自动换刀装置结构简单，换刀可靠，由于它安装在立柱上，故不影响主轴箱移动精度。采用记忆式的任选换刀方式，每次选刀运动，刀库正转或反转均不超过 180°。

8. 经济效益高

使用加工中心加工零件时，分摊在每个零件上的设备费用较高，但在单件、小批生产的情况下，可以节省许多其他方面的费用，因此能获得良好的经济效益。加工中心的加工质量稳定，减少了废品率，使生产成本进一步下降。

9. 有利于生产管理的现代化

用加工中心加工零件，能够准确地计算零件的加工工时，并有效地简化了检验和工夹具、半成品的管理工作。这些特点有利于使生产管理现代化。当前有许多大型 CAD/CAM 集成软件已经开发了生产管理模块，实现了计算机辅助生产管理。

三、数控铣床及加工中心机械结构的主要组成部分

数控铣床及加工中心机械结构的主要组成部分如下：

1. 机床基础件（如床身，底座等）

2. 主传动系统（包括主轴电动机及传动部分）

主传动部分是数控机床的组成部分之一，主轴夹持刀具旋转，直接参与工件表面成形运动。主轴部件的刚度、精度、抗振性和热变形对工件加工质量影响较大。主轴转速高低及范围、传递功率大小和动力特性，决定了工件的切削加工效率和加工工艺能力。大多数主轴都采用无级变速运动，调速范围大，运动方式一般有齿轮传动方式、带传动方式以及电动机直接传动方式等。数控铣床及加工中心主轴组件一般由轴承、支承、传动件和刀具夹紧等装置组成。主轴轴承的类型、结构、配置和精度直接影响组件的工作性能。

3. 进给系统

进给传动系统承担了数控机床各直线坐标轴、回转轴的定位和切削进给，进给系统的传动精度、灵敏度和稳定性直接影响被加工工件的轮廓和加工精度。进给系统由联轴器、滚珠丝杠、导轨等组成，导轨必须摩擦因数小，耐磨能力强，常用导轨有高频淬火导轨、贴塑导轨等，高档的还有滚动导轨、线导轨、液压导轨等。滚珠丝杠副是回转运动与直线运动相互转换的传动装置，如图 1-8 所示。机床能在高速进给下达到工作平稳、定位精度高，没有高刚度、无间隙、高灵敏度和低摩擦阻力的滚珠丝杠做支撑是不行的。

4. 实现工件回转、定位的装置和附件

为了扩大数控机床范围，提高生产率，机床除了沿 X、Y、Z 三个坐标方向直线进给运动外，有的还需配备有绕 X、Y、Z 轴的圆周进给运动。实现回转运动通常采用回转工作台和分度工作台。分度工作台只是将工件分度转位，达到分别加工工件各个表面的目的，给零件加工带来了很多方便。而回转工作台除了分度和转位的功能外，还能实现圆周进给运动。

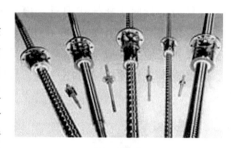

图 1-8　滚珠丝杠

5. 自动换刀装置（ATC）

一般数控铣床的主轴中只能装备一把刀，要更换刀具时，只能靠配备的主轴机构进行手动换刀。而加工中心配备一定数量刀具的存储装置，为了完成工件的多工序加工，需要更换刀具，这种装置称为自动换刀装置（ATC）。其基本要求是换刀时间短且可靠性高，刀具重复定位精度高，有足够的刀具容量且占地面积小。

带刀库的自动换刀系统是由刀库和换刀机构组成的，刀库可以存放很多刀具。刀库分为盘式、链式和箱式。盘式刀库又称斗笠式刀库，容量较小；链式刀库容量较大，一般在配有 30 把以上的刀具时采用；箱式刀库容量更大，空间利用率高，但是换刀时间长。刀库与主轴交换方式通常有机械手交换刀具方式和由刀库与机床主轴的相对运动实现刀具交换方式。它们的交换方式及具体结构直接影响机床的工作效率和可靠性。

6. 自动托盘交换装置（APC）

它不仅是加工系统与物流系统间的工件输送接口，也起物流系统工件缓冲站的作用。托盘交换装置按其运动方式有回转式和往复式两种，托盘交换器在机床运行时是加工中心的一个辅件，完成或协助完成物料（工件）的装卸与交换，并起缓冲作用。

7. 辅助装置（如液压、气动、润滑、冷却、排屑、防护等装置）

数控机床配备液压和气动装置来完成自动运行功能，其结构紧凑，工作可靠，易于控制和调节，液压传动装置使用工作压力高的油性介质，动作平稳，噪声较小；气动装置的气源容易获得，结构简单，动作频率高，适合频繁起动的辅助工作。如主轴的自动松开和夹紧、交换工作台的自动交换动作、自动换刀时机械手的伸缩、回转及刀具的松开和拉紧等工作都离不开液压和气动等装置。图 1-9 所示为直动式电液伺服阀。

排屑装置的主要作用是将切屑从加工区域排出到数控机床之外，切屑中混着切削液，排屑装置将切屑从其中分离出来送入切屑小车。

8. 工具系统

生产中广泛使用数控铣床及加工中心来加工各种不同的工件，所以刀具装夹部分的结构、尺寸也是各种各样的。把通用性较强的装夹工具系列化、标准化就有了不同结构的工具系统，它一般分为整体式结构和模块式结构两大类，如图 1-10 所示的刀具系统附件、图 1-11 所示的机外对刀仪等。整体式刀具系统基本上由整体柄部和整体刃部（整体式刀具）两者组成，传统的钻头、

图 1-9　直动式电液伺服阀

铣刀、铰刀等就属于整体式刀具。模块式刀具系统是把整体式刀具系统按功能进行分割，做成系列化的标准模块（如刀柄、刀杆、接长杆、接长套、刀夹、刀体、刀头、刀刃等），再根据需要快速地组装成不同用途的刀具，当某些模块损坏时可部分更换。这样既便于批量制造，降低成本，也便于减少用户的刀具储备，节省开支。因此模块式刀具系统在使用中倍受推崇。

图 1-10　刀具系统附件

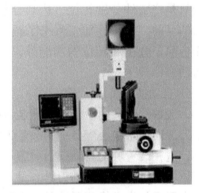

图 1-11　机外对刀仪

常用的是 40 号、45 号、50 号 7∶24 长圆锥柄，在该系列中，我国的 GB/T 10944.1 ~ 5—2013、德国的 DIN69871、美国的 ANSIL5.50 都已与 ISO7388 标准趋于一致，在主轴端为同一锥度号的主轴孔，以及刀库、换刀机械手之间互相通用。如 JT40 – XS16 – 75，其中 JT40 表示刀柄形式及尺寸，其后数字为相应的 ISO 锥度号，40 代表大端直径 44.45 的 7∶24 锥度。JT 表示采用日本标准 MAS403 号加工中心机床用锥柄形式；XS16 表示刀柄用途及主参数（XD 装三面铣刀刀柄，MW 装无扁尾莫氏锥柄刀柄，XS 装三面刃铣刀刀柄，M 装有扁尾莫氏锥柄刀柄，Z（J）装钻夹头刀柄，XP 装削平柄铣刀刀柄）；后面的数字表示工具的工作特性，75 为其轮廓尺寸 D 或 L。

四、数控铣床及加工中心主要技术参数

数控铣床及加工中心主要技术参数如下：

（1）工作台尺寸（长×宽）　表示工作台面大小。

（2）行程（$X \times Y \times Z$）　表示各轴向最大位移。

（3）主电动机功率　表示主轴电动机的额定功率。如 7.5/11kW，正常工作可以维持在 7.5kW，短时间负载功率可达 11kW。

（4）主轴转速范围（无级调速）　指主轴转速的调整范围。

（5）定位精度、重复定位精度　指各轴定位的精确性。

（6）进给速度　表示各进给轴快进速度。

（7）工作台承重　工作台承受的最大重量。

（8）刀柄　包括主轴使用刀柄格式，换刀方式以及换刀时间，刀柄承重和回转直径等。

（9）数控系统　指机床使用的控制系统。

（10）机床重量　指机床总重量。

五、数控铣床及加工中心的选用原则

1. 数控铣床的选用

数控铣床的选择主要由被加工零件、加工精度及零件的批量等决定。

规格较小的数控铣床，其工作台宽度多在 400mm 以下，它最适宜中小零件的加工和复杂形面的轮廓铣削任务。规格较大的数控铣床，工作台宽度在 500mm 以上，用来解决大尺寸复杂零件的加工需要。

从精度选择来看，一般的数控铣床即可满足大多数零件的加工需要。对于精度要求比较高的零件，则应考虑选用精密型数控铣床。

根据加工零件是二维还是三维轮廓的几何形状决定选择两坐标联动和三坐标联动的数控机床，也可根据零件加工要求，增加数控分度头或数控回转工作台、加工螺旋槽、叶片零件等。

对于大批量的零件加工，用户可采用专用铣床；中小批量而又是经常周期性重复投产的产品，采用数控铣床是非常合适的，因为第一批量加工时已经准备好了工夹具、程序等可以存储起来重复使用。

2. 加工中心的选用

加工中心的选用主要是由加工零件的复杂程度、精度、加工工序等因素确定的。

一般来说，具备下列特点的零件适合在加工中心上加工：

需要用许多把刀具在一个工件上进行加工的零件；有定位孔距精度要求的多孔加工，定位繁琐的工件；重复生产型的工件；复杂形状的零件，如模具、航空用零件等；能借助自动编程软件编程的各种异形零件；箱体类、板类零件适合在卧式加工中心上加工，如主轴箱体、泵体、阀体、内燃机缸体等。连顶面也要在一次装夹中加工，可选用五面体加工中心。立式加工中心适合加工箱盖、缸盖、平面凸轮等。龙门加工中心用于加工大型箱体、板类零件，如内燃机车缸体、加工中心立柱、床身、印刷墙板机等。

3. 选择数控铣床与加工中心加工零件时的注意事项

1）由于零件加工的工序多，使用的刀具种类多，甚至在一次装夹下，要完成粗加工、半精加工与精加工，应周密、合理地安排各个工序的加工顺序，有利于提高产品的质量与生产效率。

2）根据加工批量等情况决定换刀形式，对于换刀比较频繁的加工，就应选择加工中心进行加工，而对于换刀不频繁、工序单一的加工，宜采用铣床加工，这样可减少刀具的调整时间，提高效率。

3）加工编程时应充分考虑到换刀的空间，以免发生撞刀事故，有条件的可以机外预调刀具参数，便于操作者在运行程序前及时修改刀具补偿参数。

4）检验与试切工作。对于手工编程，有很多人为因素造成的错误，所以在加工前要认

真进行程序的检查与较验，以防不测事件发生。

第一章思考练习题

一、单项选择题

1. 根据数控装置发来的控制信息（脉冲信号），驱动机床发生正确位移的是（ ）。

A. 控制介质   B. 可编程序控制器

C. 伺服系统   D. 其他控制装置

2. 对于数控机床来说，其联动轴数越多，意味着（ ）。

A. 加工精度高   B. 同时加工更多的零件

C. 加工速度越快   D. 可加工更多的曲面

3. 在数控机床的组成部分中，用于完成人机信息交互的部分为（ ）。

A. 控制介质   B. 数控装置   C. 伺服系统   D. 机床

4. 所谓的控制介质是指数控机床（ ）。

A. 与人发生信息交换的媒介   B. 软盘

C. 操作面板   D. 数控装置

5. 数控系统的组成由数控装置、反馈系统和（ ）组成。

A. 伺服系统   B. 控制介质   C. 机床本体   D. 伺服电动机

6. 下面不属于数控系统组成部分的是（ ）

A. 控制介质   B. 数控装置   C. 伺服控制单元   D. 伺服电动机

7. 试铣削工件后度量尺度，发现误差时可（ ）。

A. 调整刀具   B. 修磨刀具   C. 换装新刀把   D. 使用刀具辅正

8. 数控系统所规定的最小设定单位就是（ ）。

A. 数控机床的运动精度   B. 机床的加工精度

C. 脉冲当量   D. 数控机床的传动精度

9. 开环伺服系统的主要特征是系统内（ ）位置检测反馈装置。

A. 有   B. 没有   C. 某一个部分有

10. 加工中心与数控铣床的主要区别是（ ）。

A. 数控系统复杂程度不同   B. 机床精度不同

C. 有无自动换刀系统

二、判断题

1. 数控机床最适合加工精度要求不高、批量特别大的零件。   （   ）

2. "数字控制"的概念：在数控加工程序中包含数字符号。   （   ）

3. 在数控机床上由于采用了主轴伺服系统，所以可以实现无级的连续调速功能。   （   ）

4. 在一台加工中心上，至少可以完成原来需由两种不同普通机床才能完成的加工工艺内容。   （   ）

5. 数控机床最适合加工形状复杂、批量较大的零件。   （   ）

6. 数控机床的分辨率越高，加工精度也越高。   （   ）

7. 数控机床采用无间隙传动部件的目的是提高传动精度和刚性。   （   ）

8. 数控机床与其他自动控制机床相比，由于采用程序控制所以适用范围更广。   （   ）

9. 数控机床中，所有控制信号都是从数控系统发出的。   （   ）

三、简答题

1. 什么是数控、数控系统和数控机床？

2. 数控机床由哪几部分组成？各有什么作用？

3. 加工零件时，相比较普通机床，数控机床有何特点？

4. 数控铣床、加工中心按工艺用途有哪些类型？各用于什么场合？

第二章
铣削加工工艺基础

【学习目的】

　　了解影响加工精度和表面质量的因素；掌握常用的工件装夹方法和找正方法，并能在实践中运用；掌握如何确定工件的加工顺序，如何确定走刀路线，顺铣和逆铣的方法及适用情况；掌握选择刀具和确定切削用量的方法；会制定加工工艺文件。

【学习重点】

　　常用的工件装夹方法和找正方法；确定工件的加工顺序和走刀路线；顺铣和逆铣的方法及适用情况；选择刀具的方法和确定切削用量的方法。

第一节　铣削加工的质量分析

　　零件的加工质量包括加工精度和表面质量两大指标。本节主要介绍影响加工精度和表面质量的主要因素，使读者对如何保证加工质量有一个初步的了解。

一、加工精度分析

　　所谓加工精度，就是零件在加工以后的几何参数（尺寸、形状和相互位置）的实际值与理想值相符合的程度。符合的程度越高，精度越高；反之，则精度越低。加工精度高低常用加工误差来表示。加工误差越大，则精度越低；反之，则精度越高。

在实际生产中，任何一种加工方法都不可能将零件加工得绝对精确，因为在加工过程中存在着各种产生误差的因素，加工误差是不能完全避免的。从使用的角度看，也没有必要将零件加工得绝对精确，而是允许存在一定的偏差。因此，保证零件的加工精度，也就是设法将加工误差控制在允许的范围之内。

在机械加工过程中，零件的尺寸、几何形状和表面间相互位置的形成，取决于工件和刀具在切削过程中的相互位置关系；而工件和刀具安装在夹具和机床上，受到夹具和机床的约束。因此，在机械加工过程中，机床、夹具、刀具和工件构成一个系统，这个系统称为工艺系统。工艺系统中的各种误差将会不同程度地反映到工件上，成为加工误差。工艺系统的各种误差即成为影响加工精度的因素。按其性质不同，可归纳为四个方面：工艺系统的几何误差、工艺系统受力变形、工艺系统受热变形和工件内应力引起的变形。

（一）工艺系统的几何误差

工艺系统的几何误差是机床、夹具、刀具及工件本身存在的误差，又称为工艺系统的静误差。静误差主要包括加工原理误差，机床的几何误差，夹具误差、刀具误差与工件定位误差，以及调整误差等。

1. 加工原理误差

它是指采用了近似的加工方法所引起的误差，如加工列表曲线时用数学方程曲线逼近被加工曲线所产生的逼近误差、用直线或圆弧插补方法加工非圆曲线时产生的插补误差等。减小此类误差的方法是提高逼近和插补精度。

2. 机床的几何误差

它包括机床的制造误差、安装误差和使用后产生的磨损等。对加工精度影响较大的主要是机床主轴误差、导轨误差和传动误差。

（1）机床主轴误差　机床主轴是安装工件或刀具的基准，并将切削主运动和动力传给工件或刀具。因此，主轴的回转误差直接影响工件的加工精度。机床主轴的回转误差包括径向回转误差和轴向回转误差两个部分。径向回转误差主要影响工件的圆度误差；轴向回转误差主要影响被加工面的平面度误差和垂直度误差。

（2）导轨误差　机床床身导轨是确定各主要部件相对位置的基准和运动的基准。它的各项误差直接影响工件的加工精度。它对较短工件的影响不是很大，但当工件较长时，其影响就不可忽视。

（3）传动误差　机床的切削运动是通过某些传动机构来实现的，这些机构本身的制造、装配误差和工作中的磨损将引起切削运动的不准确。

3. 刀具误差、夹具误差与工件定位误差

（1）刀具误差　机械加工中的刀具分为普通刀具、定尺寸刀具和成形刀具三类。普通刀具，如车刀、铣刀等，车刀的刀尖圆弧半径和铣刀的直径在通过半径补偿功能进行补偿时，如果因磨损发生变化就会影响加工尺寸的准确性。定尺寸刀具，如钻头、铰刀、拉刀等，刀具的尺寸、形状误差以及使用后的磨损将会直接影响加工表面的尺寸与形状，刀具的安装误差会使加工表面尺寸扩大（如安装铣刀时，刀具与主轴不同轴，就相当于加大了刀具半径）。成形刀具的形状误差则直接影响加工表面的形状精度。

（2）夹具误差　夹具误差主要是指定位元件、固定装置及夹具体等零件的制造、装配误差及工作表面磨损等。夹具确定工件与刀具（机床）间的相对位置，所以夹具误差对加工精度，尤其是加工表面的相对位置精度，有很大影响。

（3）工件定位误差　工件的定位误差是指由于定位不正确所引起的误差，工件的定位误差对加工精度也有直接的影响。

4. 调整误差

在机械加工时，工件与刀具的相对位置需要进行必要的调整（如对刀、试切）才能准确。因此，除要求机床、刀具和夹具应具有一定的精度外，调整误差也是主要因素之一。影响调整误差的主要因素有测量误差、进给机构微量位移误差、重复定位误差等。

（二）工艺系统受力变形

在机械加工过程中，工艺系统在切削力、夹紧力、传动力、重力、惯性力等外力作用下会引起相应的变形和在连接处产生位移，即受力变形，致使工件和刀具的相对位置发生变化，从而引起加工误差。一般情况下，这种受力变形导致的加工误差往往占工件总加工误差的较大比重。

工艺系统的静刚度是物体或系统在静载荷下抵抗变形的能力，用变形方向上的静载荷与静变形量的比值 K 来表示。

$$K = \frac{F}{Y}$$

式中　　F——静载荷（N）；

　　　　Y——在外力作用方向上的静变形量（mm）。

机械加工过程中，由背向力 F_Y 引起的工艺系统受力变形对加工精度影响最大，所以常用背向力测定机床的静刚度，即

$$K = \frac{F_Y}{Y}$$

故静变形量

$$Y = \frac{F_Y}{K}$$

由上式可以看出，要减小受力变形，就要提高工艺系统的刚度。

圆柱铣刀在加工中相当于一个悬臂梁，其长径比决定了其刚度的大小，加工时要注意根据切削用量选择合适的铣刀长径比。

（三）工艺系统受热变形

机械加工过程中，工艺系统在各种热源作用下将产生复杂的受热变形，使工件和刀具的相对位置发生变化，或因加工后工件冷却收缩，从而引起加工误差。数控机床大多进行精密加工，由于工艺系统受热变形引起的加工误差占总误差的 40% ~ 70%，因此，许多数控机床要求工作环境保持恒温，在加工过程中采取使用切削液等方法可以有效地减小工艺系统受热变形。

（四）工件内应力引起的变形误差

所谓内应力是指当外部的载荷去除以后，仍然残存在工件内部的应力。如果零件的毛坯或半成品有内应力，在加工时被切去一层金属，则原有表面上的平衡被打破，内应力将重新分布，工件发生变形，这种情况在粗加工时最为明显。

引起内应力的主要原因是热变形和受力变形。在铸、锻、焊、热处理等热加工过程中，

由于毛坯各部分冷却收缩不均匀而引起的应力称为热应力。在进行冷轧、冷校直和切削时，由于毛坯或工件受力不均匀，产生局部变形所引起的内应力称为塑变应力。

去除工件内应力的方法是进行时效处理，时效处理分为自然时效和人工时效两种。自然时效是在大气温度变化的影响下使内应力逐渐消失的时效处理方法，一般需要两三个月甚至半年以上的时间。人工时效是使毛坯或半成品加热后随加热炉缓慢冷却，达到加快内应力消失的时效处理方法，用时较短。大型零件、精度要求高的零件在粗加工后要经过时效处理才能进行精加工；精度要求特别高的工件要经过几次时效处理。

二、表面质量分析

零件的表面质量包括表面粗糙度、表面波纹度和表面层物理力学性能三个方面的内容。

表面粗糙度是指表面微观几何形状误差，表面波纹度是指随机的或接近周期性的表面微观几何形状误差，表面层物理力学性能主要是指表面冷作硬化和残余应力等。

1. 影响表面粗糙度值的因素

（1）刀具切削刃的几何形状　刀具相对工件做进给运动时，在加工表面上留下了切削层残留面积，其形状完全是刀具切削刃形状在加工过程中的复映。残留面积越大，表面粗糙度值越大。减小切削层残留面积可以采取减小刀具主、副偏角和增大刀尖圆弧半径等措施。

（2）工件材料的性质　切削塑性材料时，切削变形大，切屑与工件分离产生的撕裂作用增大了表面粗糙度值，所以在切削中、低碳钢时，为改善切削性能可在加工前进行调质或正火处理。一般情况下，硬度在 170～230HBW 内的材料切削性能较好。切削脆性材料时，切屑呈碎粒状，切屑崩碎时会在表面留下麻点，使表面粗糙。如果降低切削用量，使用煤油润滑冷却，则可减轻切屑崩碎现象，减小表面粗糙度值。

（3）切削用量　切削用量中切削速度和进给量对表面粗糙度值的影响较大。在一定的切削速度范围内（一般为小于 80m/min 时），加工塑性材料容易产生积屑瘤或鳞刺，应避开这个切削速度范围。适当减小进给量可减小残留面积，减小表面粗糙度值。一般背吃刀量对表面粗糙度值影响不大。

（4）工艺系统的振动　工艺系统的振动分为强迫振动和自激振动两类。强迫振动是由外界周期性干扰力的作用而引起的，如断续切削，旋转零、部件不平衡，以及传动系统的制造和装配误差等引起的振动是强迫振动。自激振动是在切削过程中，由工艺系统本身激发的，自激振动伴随整个切削过程。

减小强迫振动的主要途径是消除振源、采取隔振措施和提高系统刚度等。抑制自激振动的主要措施是合理地确定切削用量和刀具的几何角度，提高工艺系统各环节的抗振性（如增加接触刚度、加工时增加工件的辅助支承），以及采用减振器等措施。

2. 影响表面冷作硬化、残余应力的因素

（1）影响表面冷作硬化的因素　影响表面冷作硬化的主要因素是刀具的几何形状和切削用量。刀具的刃口圆弧半径大，对表面层的挤压作用大，使冷作硬化现象严重。增大刀具前角，可减小切削层塑性变形程度，冷作硬化现象减小。切削速度适当增大，切削层塑性变形增大，冷作硬化严重。此外，工件材料塑性大，冷作硬化也严重。

（2）影响表面残余应力的因素　切削加工时，如切削温度不高，表面层以冷塑性变形为主，将产生残余压应力；如切削温度高，表面层产生热塑性变形，将产生残余拉应力。表面残余应力将引起工件变形，尤其是表面拉应力将会降低其疲劳强度。

表面残余应力可通过光整加工、表面强化、表面热处理和时效处理等方法消除。

第二节　工件的装夹与定位基准的选择

铣床和加工中心加工零件时一般只要求有简单的定位、夹紧机构，其原理与通用镗、铣床夹具是相同的。常用的夹具有各种压板、虎钳、分度头和自定心卡盘等。小批量生产可以使用组合夹具、可调夹具，大批量生产可以使用专用夹具。

一、常用的工件装夹方法

铣削件在机床上的安装大多采用一面两销定位。单件加工时，直接在工件上找正，有夹具则在夹具上找正。所谓找正，是指把千分表或百分表固定在机床床身某个位置，表针压在工件或夹具的定位基准面上，然后使机床工作台沿垂直于表针的方向移动，调整工件或夹具的位置使指针基本保持不动，则说明工件的定位基准面与机床该方向的导轨平行，如图 2-1 所示。

图 2-1 中工件是直接用压板紧固在工作台上的，这种装夹方式适用于单件简单的加工，因为压板限制了刀具的运动，加工的部位不能太多，而且找正也很花时间。

对加工内容多的零件应利用夹具采用一面两销的方式装夹，对夹具的基本要求是：

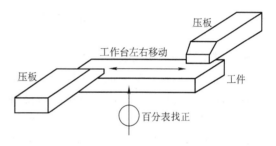

图 2-1　在工作台上找正工件

1）夹紧机构或其他元件不能影响进给，加工部位要开敞。为保持工件在本工序中所有需要完成的待加工面充分暴露在外，夹具要尽可能开敞，因此要求夹持工件后夹具上一些组成件（如定位块、压块和螺栓等）不能与刀具运动轨迹发生干涉。夹紧机构元件与加工面之间应保持一定的安全距离，同时要求夹紧机构元件能低则低，以防止夹具与机床主轴套筒或刀套、刀具在加工过程中发生碰撞。

2）为保持工件安装方位与机床坐标系及编程坐标系方向的一致性，夹具应能保证在机床上实现定向安装，还要求能使工件定位面与机床之间保持一定的坐标联系。

3）夹具的刚性和稳定性要好。夹紧点应尽量靠近主要支承点，尽量不采用在加工过程中更换夹紧点的设计。

二、定位基准的选择

（1）选择定位基准的基本要求　遵循六点定位原则，在选择定位基准时要全面考虑各个工位的加工情况，满足三个要求：

1）所选基准应能保证工件定位准确，装卸方便、迅速，夹紧可靠，夹具结构简单。

2）所选基准与各加工部位间的各个尺寸计算简单。

3）保证各项加工精度。

（2）选择定位基准的原则

1）尽量选择工件上的设计基准作为定位基准。以设计基准为定位基准时，不仅可以避免因基准不重合引起的定位误差，保证加工精度，而且可以简化程序编制。

2）当工件的定位基准与设计基准不能重合，且加工面与设计基准又不能在一次安装内同时加工时，应认真分析装配图样，确定该工件设计基准的设计功能，通过尺寸链的计算，严格规定定位基准与设计基准间的公差范围，确保加工精度。

3）当无法同时完成包括设计基准在内的全部表面加工时，要考虑用所选基准定位后，一次装夹能够完成有精度要求的全部关键部位的加工。

4）定位基准的选择要保证完成尽可能多的加工内容。为此，要考虑便于各个表面都能被加工的定位方式。

5）批量加工时，工件定位基准应尽可能与建立工件坐标系的对刀基准重合。批量加工时，工件采用夹具定位安装，刀具一次对刀建立加工坐标系后加工一批工件，如果加工坐标系的对刀基准与工件的定位基准重合，可直接按定位基准对刀，减小对刀误差。但在单件加工（每加工一件对一次刀）时，工件坐标系原点和对刀基准的选择主要考虑便于编程和测量，可不与定位基准重合。

6）必须多次安装时应遵从基准统一原则。

第三节 工艺规程

一、进给路线和加工顺序的确定

进给路线是刀具在整个加工工序中相对于工件的运动轨迹，它不但包括了工步的内容，而且也反映出工步加工的顺序。进给路线是编写程序的依据之一。工步顺序是指同一道工序中，各个表面加工的先后顺序。它对零件的加工质量、加工效率和数控加工中的进给路线有直接影响，应根据零件的结构特点和工序的加工要求等合理安排。在确定进给路线时，主要考虑以下几点：

1）对点位加工的数控机床，如钻、镗床要考虑尽可能缩短进给路线，以减少空程时间，提高加工效率。

2）为保证工件轮廓表面加工后的表面粗糙度要求，最终轮廓应安排最后一次进给连续加工。

3）刀具的进退刀路线必须认真考虑，要尽量避免在轮廓处停刀或垂直切入切出工件，以免留下刀痕。在铣削零件外轮廓时，铣刀应从轮廓的延长线上切入切出，或从轮廓的切向切入切出。在铣削内轮廓时，应从轮廓的切向切入切出，如图2-2所示。应尽量避免图2-3所示的径向直进刀，以避免在工件表面上留下刀痕。

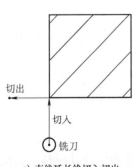
a）直线延长线切入切出

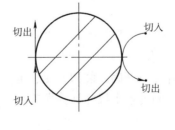
b）切线及切向切入切出

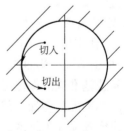
c）内轮廓切向切入切出

图2-2 常用的切入切出方式

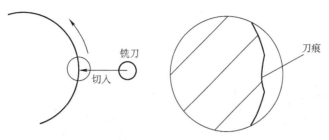

图2-3 法向切入

4）铣削轮廓的加工路线要合理，一般采用双向切削、单向切削和环形切削的进给方式，如图 2-4 所示。在铣削封闭的内轮廓时，刀具的切入或切出不允许外延，最好选在两面的交界处，否则，会产生刀痕。为保证表面质量，一般选择图 2-5 所示的进给路线。

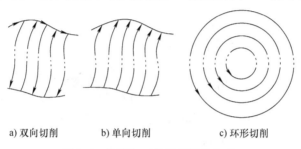

a) 双向切削　　　　b) 单向切削　　　　c) 环形切削

图2-4 轮廓加工的常用进给方式

5）在镗孔加工中，若孔的位置精度要求高，则加工路线和定位方向应保持一致，如图 2-6 所示镗 4 个孔。若按路线最短，则加工顺序为 1→2→3→4；若按加工路线与定位方向一致，则加工顺序为 1→2→4→3。

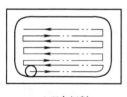 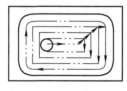 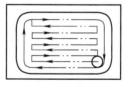

a) 双向切削　　　　　　b) 环形切削　　　　　c) 双向十环形切削

图2-5 封闭内轮廓常用进给方式

二、刀具的选择

1. 常用的铣刀类型

铣刀是多刃刀具，它的每一个刀齿相当于一把车刀，它的切削基本规律与车削相似，但铣削是断续切削，切削厚度和切削面积随时在变化，因此，铣削具有一些特殊性。铣刀在旋转表面或端面上具有刀齿，铣削时，铣刀的旋转运动是主运动，工件的直线运动是进给运动。

常用的有圆柱铣刀、立铣刀、硬质合金

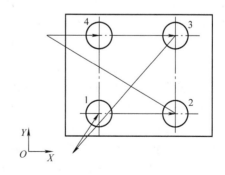

图2-6 单向定位（1→2→4→3）的加工路线图

面铣刀、键槽铣刀、三面刃铣刀、锯片铣刀、角度铣刀和球头铣刀等，如图2-7所示。

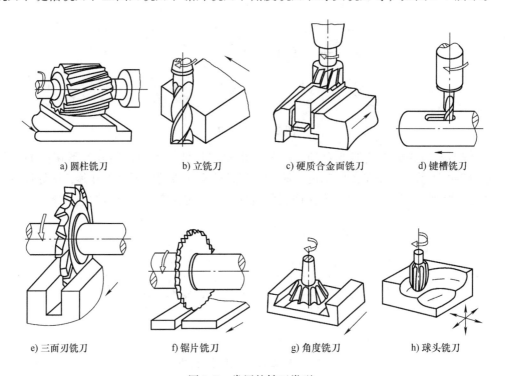

| a) 圆柱铣刀 | b) 立铣刀 | c) 硬质合金面铣刀 | d) 键槽铣刀 |
| e) 三面刃铣刀 | f) 锯片铣刀 | g) 角度铣刀 | h) 球头铣刀 |

图 2-7　常用的铣刀类型

2. 铣刀主要参数的选择

刀具的选择是数控加工工序设计的重要内容，它不仅影响机床的加工效率，而且直接影响加工质量。另外，数控机床主轴转速比普通机床高 1～2 倍，且主轴输出功率大。因此与传统加工方法相比，数控加工对刀具的要求更高，不仅要求精度高、强度大、刚度好、使用寿命长，而且要求尺寸稳定、安装调整方便。这就要求采用新型优质材料制造数控加工刀具，并合理选择刀具的结构、几何参数。

刀具的选择应考虑工件材质、加工轮廓类型、机床允许的切削用量和刚性以及刀具寿命等因素。一般情况下应优先选用标准刀具（特别是硬质合金可转位刀具），必要时可采用各种高生产率的复合刀具及其他一些专用刀具。对于硬度大的难加工工件，可选用整体硬质合金刀具、陶瓷刀具、CBN（立方氮化硼）刀具等。

（1）面铣刀主要参数的选择（图2-8）　标准可转位面铣刀直径为 $\phi16 \sim \phi630\text{mm}$，应根据侧吃刀量 a_e，选择适当的铣刀直径，尽量包容工件整个加工宽度，以提高加工精度和效率，减小相邻两次进给之间的接刀痕迹和保证铣刀的寿命。可转位面铣刀有粗齿、细齿和密齿三种。粗齿铣刀容屑空间大，常用于粗铣钢件。粗铣带断续表面的铸件和在平稳条件下铣削钢件时，可选用细齿铣刀。密齿铣刀的每齿进给量较小，主要用于加工薄壁铸件。

铣刀的磨损主要发生在后面上，因此适当加大后角，可减小铣刀的磨损，常取 $\alpha_\text{o} = 5° \sim 12°$，工件材料软时取大值，工件材料硬时取小值；粗齿铣刀取小值，细齿铣刀取大值。铣削时冲击力大，为了保护刀尖，硬质合金面铣刀的刃倾角常取 $\lambda_\text{s} = -5° \sim 15°$。只有在铣削低强度材料时，取 $\lambda_\text{s} = 5°$。

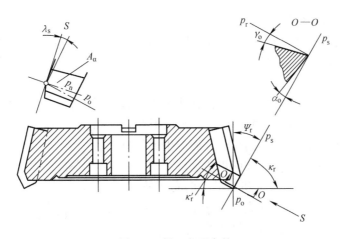

图 2-8　铣刀主要参数

主偏角 κ_r 在 45°～90°范围内选取，铣削铸铁常用45°，铣削一般钢材常用75°，铣削带凸肩的平面或薄壁零件时要用90°。

（2）立铣刀主要参数的选择　立铣刀的尺寸参数如图 2-9 所示。推荐按下述经验数据选取。

1）刀具半径 R 应小于零件内轮廓面的最小曲率半径 ρ，一般取 $R = (0.8 ～ 0.9)\rho$。

2）零件的加工高度 $H \leqslant \dfrac{1}{6}R ～ \dfrac{1}{4}R$，以保证刀具具有足够的刚度。

3）对不通孔（深槽），选取 $l = H + (5 ～ 10)\,\mathrm{mm}$（$l$ 为刀具切削部分长度）。

4）加工外形及通槽时，选取 $l = H + r + (5 ～ 10)\,\mathrm{mm}$（$r$ 为端刃圆角半径）。

5）加工肋时，刀具直径 $D = (5 ～ 10)b$（b 为肋的厚度）。

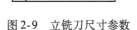

图 2-9　立铣刀尺寸参数

6）粗加工内轮廓面时（图 2-10），铣刀最大直径 $D_粗$ 可按下面的公式计算：

$$D_粗 = \frac{2\left(\delta\sin\dfrac{\varphi}{2} - \delta_1\right)}{1 - \sin\dfrac{\varphi}{2}} + D$$

式中　D——轮廓的最小凹圆直径(mm)；

δ——圆角邻边夹角等分线上的精加工余量(mm)；

δ_1——精加工余量(mm)；

φ——圆角两邻边的夹角(°)。

三、切削用量和铣削方式的选择

1. 选择铣削用量时应考虑的因素

铣削用量包括主轴转速（切削速度）、进给速度、背吃刀量和侧吃刀量。切削用量应根据加工性质、加工要求、工件材料及刀具的材料和尺寸等查阅切削用量手册、刀具产品目录推荐的参数并结合实践经验确定。通常考虑如下因素：

（1）刀具差异　不同厂家生产的刀具质量相差较大，因此切削用量须根据实际所用的刀具和现场经验加以调整。

（2）机床特性　切削用量受机床电动机的功率和机床刚性的限制，必须在机床说明书规定的范围内选取，避免因功率不够造成闷车、刚性不足而产生大的机床变形或振动，影响加工精度和表面粗糙度。

（3）数控机床生产率　数控机床的工时费用较高，刀具损耗费用所占比重较低，应尽量用高的切削用量，通过适当降低刀具寿命来提高数控机床的生产率。

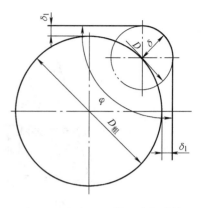

图 2-10　粗加工立铣刀直径计算

2. 铣削用量的选择方法（图 2-11）

（1）背吃刀量 a_p（端铣）或侧吃刀量 a_e（圆周铣）的选择　背吃刀量 a_p 为平行于铣刀轴线测量的切削层尺寸，单位为 mm。端铣时，a_p 为切削层深度；而圆周铣时，a_p 为被加工表面的宽度。侧吃刀量 a_e 为垂直于铣刀轴线测量的切削层尺寸，单位为 mm。端铣时，a_e 为被加工表面宽度；而圆周铣时，a_e 为切削层的深度。

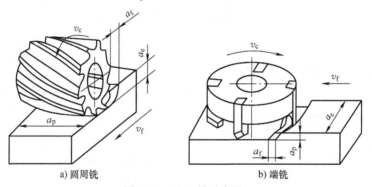

a) 圆周铣　　　　　　　　　b) 端铣

图 2-11　吃刀量示意图

背吃刀量或侧吃刀量主要由加工余量和对表面质量的要求决定。

在要求工件表面粗糙度值为 $Ra12.5 \sim 25 \mu m$ 时，如果圆周铣削的加工余量小于 5mm，端铣的加工余量小于 6mm，则粗铣一次进给就可以达到要求。但在余量较大、工艺系统刚性较差或机床动力不足时，可分两次进给完成。

在要求工件表面粗糙度值为 $Ra3.2 \sim 12.5 \mu m$ 时，可分粗铣和半精铣两步进行。粗铣时背吃刀量或侧吃刀量选取同前述。粗铣后留 0.5 ~ 1.0mm 余量，在半精铣时切除。

在要求工件表面粗糙度值为 $Ra0.8 \sim 3.2 \mu m$ 时，可分粗铣、半粗铣、精铣三步进行。半精铣时背吃刀量或侧吃刀量取 1.5 ~ 2.0mm；精铣时圆周铣侧吃刀量取 0.3 ~ 0.5mm，面铣刀背吃刀量取 0.5 ~ 1.0mm。

（2）进给量 $f(mm/r)$ 与进给速度 $v_f(mm/min)$ 的选择　铣削加工的进给量是指刀具转一周，工件与刀具沿进给运动方向的相对位移量；进给速度是单位时间内工件与铣刀沿进给方向的相对位移量。进给量与进给速度是数控铣床加工切削用量中的重要参数，根据零件的表面粗糙度、加工精度要求、刀具及工件材料等因素，参考切削用量手册或表 2-1、表 2-2 来选取。工件刚性差或刀具强度低时，应取小值。铣刀为多齿刀具，其进给速度 v_f、刀具转速 n、刀具齿数 z 及进给量 f 的关系为

$$v_f = nzf_z$$
$$f = zf_z$$

式中，f_z 为每齿进给量。

表 2-1 铣刀每齿进给量

工件材料	每齿进给量 $f_z/(\mathrm{mm \cdot z^{-1}})$			
	粗　铣		精　铣	
	高速钢铣刀	硬质合金铣刀	高速钢铣刀	硬质合金铣刀
钢	0.10 ~ 0.15	0.10 ~ 0.25	0.02 ~ 0.05	0.10 ~ 0.15
铸铁	0.12 ~ 0.20	0.15 ~ 0.30		

（3）切削速度 v_c(m/min)的选择　根据已经选定的背吃刀量、进给量及刀具寿命选择切削速度。可用经验公式计算，也可根据生产实践经验，在机床说明书允许的切削速度范围内查阅有关切削用量手册或参考表 2-2 选取。实际编程中，切削速度 v_c 确定后，还要计算出铣床主轴转速 n(r/min)并填入程序单中。

3. 铣削方式的选择

用铣刀圆周上的切削刃来铣削工件的平面，称为周铣法。它有两种铣削方式：

（1）逆铣法　铣刀的旋转切入方向和工件的进给方向相反（逆向），如图 2-12a 所示。

（2）顺铣法　铣刀的旋转切入方向和工件的进给方向相同（顺向），如图 2-12b 所示。

表 2-2 铣削速度参考值

工件材料	硬度/HBW	铣削速度 $v_c/(\mathrm{m \cdot min^{-1}})$	
		高速钢铣刀	硬质合金铣刀
钢	<225	18 ~ 42	66 ~ 150
	225 ~ 325	12 ~ 36	54 ~ 120
	325 ~ 425	6 ~ 21	36 ~ 75
铸铁	<190	21 ~ 36	66 ~ 150
	190 ~ 260	9 ~ 18	45 ~ 90
	160 ~ 320	4.5 ~ 10	21 ~ 30

顺铣法切入时的切削厚度最大，然后逐渐减小到零，因而避免了在已加工表面的冷硬层上滑走过程。实践表明，顺铣法可以提高铣刀寿命 2 ~ 3 倍，工件的表面粗糙度值可以减小些，尤其在铣削难加工材料时，效果更为显著。

逆铣时，每齿所产生的水平分力均与进给方向相反，使铣刀工作台的丝杠与螺母在左侧始终接触。而顺铣时，水平分力与进给方向相同，铣削过程中切削面积也是变化的，因此，水平分力也是忽大忽小的，由于进给丝杠和螺母之间不可避免地有一定间隙，故当水平分力超过铣床工作台摩擦力时，工作台带动丝杠向左窜动，丝杠与螺母传动右侧出现间隙，造成工作台颤动和进给不均匀，严重时会使铣刀崩刃。

此外，在进行顺铣时，遇到加工表面有硬皮，也会加速刀齿磨损。在逆铣时工作台不会发生窜动现象，铣削较平

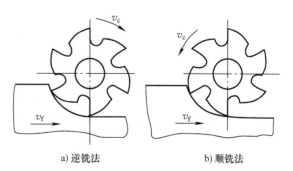

a) 逆铣法　　　　b) 顺铣法

图 2-12 两种铣削方式

稳，但在逆铣时，刀齿在加工表面上挤压、滑行，切不下切屑，使已加工表面产生严重冷硬层。

一般情况下，尤其是粗加工或加工有硬皮的毛坯时，多采用逆铣。精加工时，加工余量小，铣削力小，不易引起工作台窜动，可采用顺铣。

一般来说，在逆铣中刀具寿命比在顺铣中短，这是因为在逆铣中产生的热量明显地比在顺铣中高。在逆铣中当切屑厚度从零增加到最大时，由于切削刃受到的摩擦比在顺铣中强，因此会产生更多的热量。逆铣中径向力也明显高，这对主轴轴承有不利影响。

在顺铣中，切削刃主要受到的是压缩应力，这与逆铣中产生的拉力相比，对硬质合金刀片或整体硬质合金刀具的影响有利得多。当然也有例外。当使用整体硬质合金立铣刀进行侧铣（精加工）时，特别是对淬硬材料，应首选逆铣，这样更容易获得更小的直线度误差和更好的 90°角。不同轴向进给之间如果有不重合的话，接刀痕也非常小。如果在切削中使用非常锋利的切削刃，切削力便趋向将刀"拉"向材料。可以使用逆铣的另一个例子是使用老式手动铣床进行铣削，老式手动铣床的丝杠有较大的间隙。逆铣产生消除间隙的切削力，使铣削动作更平稳。

四、换刀点与对刀点的确定

（1）换刀点　对加工中心，不管是有机械手换刀，还是无机械手换刀，其换刀点的 Z 向坐标是固定的。在自动换刀时，要考虑换刀时刀具的交换空间，不应使刀具与工件或夹具相撞。为防止掉刀等意外情况，应使工件不在刀具交换空间之下，以防止万一掉刀时砸伤工件。

对于铣床，需要操作者手动换刀，要使刀具处在有利于手动操作的位置。

（2）对刀点　通过对刀点可以确定工件坐标原点与机床坐标原点的尺寸关系。对刀点可选在工件或夹具上，只要保证对刀点与编程原点有一定的尺寸关系即可。它不影响加工程序的编制。如果不做特殊说明，一般由操作者根据零件情况自主确定。但在选择时，应尽量将对刀点选在零件的设计基准和工艺基准上。以孔定位零件，应将孔的中心作为对刀点。对刀时，还应考虑便于观察、方便测量。

对刀时，应使对刀点与基准点一致。X、Y 方向对刀，若使用标准棒和塞尺时，要考虑标准棒和塞尺的尺寸值。Z 轴方向对刀时，若基准点选在主轴端，可直接测量主轴端与对刀点的值，也可以用已知的主轴端至工作台面的距离减去工件坐标原点至工作台面的距离，这种间接测量迅速快捷。

五、加工工艺文件的编写

当前数控加工工序卡片、数控加工刀具卡片及数控加工进给路线图还没有统一的标准格式，都是由各个单位结合具体的情况自行确定。

（1）数控加工工序卡片　这种卡片是编制数控加工程序的主要依据和操作人员配合数控程序进行数控加工的主要指导性文件。它主要包括工步顺序、工步内容、各工步所用刀具及切削用量等。当工序加工内容十分复杂时，也可把工序简图画在工序卡片上，可参考表2-3。

（2）数控加工刀具卡片　刀具卡片是组装刀具和调整刀具的依据。内容包括刀具号、刀具名称、刀柄型号、刀具直径和长度等，可参考表2-4。

（3）数控加工进给路线图　主要反映加工过程中刀具的运动轨迹，其作用一方面是方便编程人员编程；另一方面是帮助操作人员了解刀具的进给路线（轨迹），以便确定夹紧位置和夹紧元件的高度。

表 2-3　数控加工工序卡片

单位名称		产品名称或代号		零件名称		零件图号	
工序号	程序编号	夹具名称		使用设备		车间	
001						数控中心	
工步号	工步内容	刀具号	刀具规格	主轴转速 /r·min^{-1}	进给速度 /mm·min^{-1}	背吃刀量 /mm	备注
1							
编制		审核		批准		年　月　日	共　页　第　页

表 2-4　数控加工刀具卡片

产品名称或代号			零件名称		零件图号	
序号	刀具号	刀具			加工表面	备注
		规格名称	数量	刀长/mm		
1	T01					
2	T02					
3	T03					
4	T04					
编制		审核		批准	年　月　日　共　页　第　页	

六、加工工艺分析实例

平面槽形凸轮如图 2-13 所示。其外部轮廓尺寸已经由前道工序加工完，本工序的任务是在铣床上加工槽与孔。零件材料为 HT200。其数控铣床加工工艺分析如下。

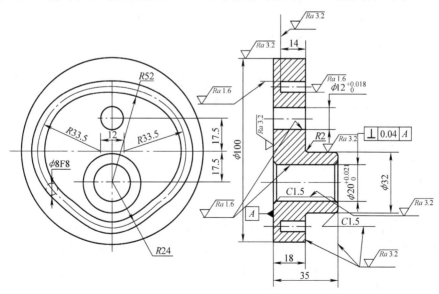

图 2-13　平面槽形凸轮

1. 零件图工艺分析

凸轮槽形内、外轮廓由直线和圆弧组成，几何元素之间关系描述清楚完整，凸轮槽侧面与 $\phi20^{+0.021}_{0}$ mm、$\phi12^{+0.018}_{0}$ mm 两个内孔表面粗糙度值要求较小，为 $Ra1.6\mu$m。凸轮槽内外轮廓面和 $\phi20^{+0.021}_{0}$ mm 孔与底面有垂直度要求。零件材料为 HT200，切削加工性较好。

根据上述分析，凸轮槽内、外轮廓及 $\phi20^{+0.021}_{0}$ mm、$\phi12^{+0.018}_{0}$ mm 两个孔的加工应分粗、精加工两个阶段进行，以保证表面粗糙度值要求。同时以底面 A 定位，提高装夹刚度以满足垂直度要求。

2. 确定装夹方案

根据零件的结构特点，加工 $\phi20^{+0.021}_{0}$ mm、$\phi12^{+0.018}_{0}$ mm 两个孔时，以底面 A 定位（必要时可设工艺孔），采用螺旋压板机构夹紧。加工凸轮槽内外轮廓时，采用"一面两孔"方式定位，即以底面 A 和 $\phi20^{+0.021}_{0}$ mm、$\phi12^{+0.018}_{0}$ mm 两个孔为定位基准，装夹示意如图 2-14 所示。

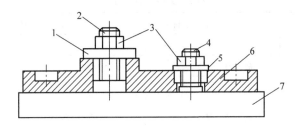

图 2-14 凸轮槽加工装夹示意图

1—开口垫圈 2—螺纹圆柱销 3—压紧螺母 4—带螺纹削边销 5—垫圈 6—工件 7—垫块

3. 确定加工顺序及走刀路线

加工顺序按照基面先行、先粗后精的原则确定。因此，应先加工用作定位基准的 $\phi20^{+0.021}_{0}$ mm、$\phi12^{+0.018}_{0}$ mm 两个孔，然后加工凸轮槽内外轮廓表面。为保证加工精度，粗、精加工应分开，其中 $\phi20^{+0.021}_{0}$ mm、$\phi12^{+0.018}_{0}$ mm 两个孔的加工采用钻→粗铰→精铰方案。进给路线包括平面进给和深度进给两部分。平面进给时，外凸轮廓从切线方向切入，内凹轮廓从过渡圆弧切入。为使凸轮槽表面具有较好的表面质量，采用顺铣方式铣削。深度进给有两种方法：一种是在 XOZ 平面（或 YOZ 平面）来回铣削逐渐进刀到既定深度；另一种方法是先打一个工艺孔，然后从工艺孔进刀到既定深度。

4. 刀具的选择

根据零件的结构特点，铣削凸轮槽内、外轮廓时，铣刀直径受到槽宽（8mm）的限制，取为 $\phi6$mm。粗加工选用 $\phi6$mm 高速钢立铣刀，精加工选用 $\phi6$mm 硬质合金立铣刀。所选刀具及加工表面见表 2-5。

5. 切削用量的选择

凸轮槽内、外轮廓精加工时留 0.1mm 铣削余量，精铰 $\phi20^{+0.021}_{0}$ mm、$\phi12^{+0.018}_{0}$ mm 两个孔时留 0.1mm 铰削余量。选择主轴转速与进给速度时，先查切削用量手册，确定切削速度与每齿进给量，然后计算主轴转速与进给速度。

6. 填写数控加工工序卡

将各个工步的加工内容、所用刀具和切削用量填入工序卡片（表 2-6）。

表 2-5　平面槽形凸轮数控加工刀具卡片

产品名称或代号	××××		零件名称	平面槽形凸轮	零件图号	0030
序号	刀具号	刀具			加工表面	备注
		规格名称	数量	刀长/mm		
1	T01	ϕ5mm 中心钻	1		钻 ϕ5mm 中心孔	
2	T02	ϕ19.6mm 钻头	1	45	ϕ20mm 孔粗加工	
3	T03	ϕ11.6mm 钻头	1	30	ϕ12mm 孔粗加工	
4	T04	ϕ20mm 铰刀	1	45	ϕ20mm 孔精加工	
5	T05	ϕ12mm 铰刀	1	30	ϕ12mm 孔精加工	
6	T06	90°倒角铣刀			ϕ20mm 孔倒角 C1.5	
7	T07	ϕ6mm 高速钢立铣刀	1	20	粗加工凸轮槽内外轮廓	
8	T08	ϕ6mm 硬质合金立铣刀	1	20	粗加工凸轮槽内外轮廓	
编制		审核		批准		年　月　日　　共　页　第　页

表 2-6　平面槽形凸轮数控加工工序卡片

单位名称	××××	产品名称或代号	零件名称	零件图号
		××××	平面槽形凸轮	0030
工序号	程序编号	夹具名称	使用设备	车间
×××	××××	螺旋压板	XK5034	数控中心

工步号	工步内容	刀具号	刀具规格	主轴转速 /r·min^{-1}	进给速度 /mm·min^{-1}	背吃刀量 /mm	备注
1	A 面定位钻 ϕ5mm 中心孔 2 处	T01	ϕ5mm	755			手动
2	钻 ϕ19.6mm 孔	T02	ϕ19.6mm	402	40		自动
3	钻 ϕ11.6mm 孔	T03	ϕ11.6mm	402	40		自动
4	铰 ϕ20mm 孔	T04	ϕ20mm	130	20		自动
5	铰 ϕ12mm 孔	T05	ϕ12mm	130	20		自动
6	ϕ20mm 孔倒角 C1.5	T06	90°	402	20		手动
7	一面两孔定位,粗铣凸轮槽内轮廓	T07	ϕ6mm	1100	40		自动
8	粗铣凸轮槽外轮廓	T07	ϕ6mm	1100	40		自动
9	精铣凸轮槽内轮廓	T08	ϕ6mm	1495	20		自动
10	精铣凸轮槽外轮廓	T08	ϕ6mm	1495	20		自动
11	翻面装夹,铣 ϕ20mm 孔另一侧倒角 C1.5	T06	90°	402	20		手动
编制		审核		批准		年　月　日	共　页　第　页

第二章思考练习题

一、单项选择题

1. 下列各种刀具材料中,（　　）的硬度最高。

A. 高速钢　　　　　　 B. 硬质合金　　　　　 C. 金属陶瓷　　　　　 D. 立方氮化硼

2. 分辨率是指数控机床的（　　）。

A. 定位精度　　　　　　　　　　　 B. 重复定位精度

C. 所能控制和检测的最小位移　　　 D. 屏幕显示精度

3. 被加工工件强度、硬度、塑性越大,刀具寿命（　　）。

A．越长　　　　　　　 B. 越短　　　　　　　 C. 不变

4. 下列夹具中,（　　）更适用于数控加工中。

A. 专用夹具　　　　　 B. 组合夹具　　　　　 C. 通用夹具　　　　　 D. 其他

5. 在卧式加工中心的主轴上采用陶瓷滚动轴承的目的是（　　）

A. 抗冲击力强　　　　　　　　　　 B. 硬度高,不发生变形

C. 热变形小,精度保持好　　　　　 D. 以上全错

6. 若要在立式加工中心上完成自动换刀动作,则必需的主轴功能为（　　）

A. 无级变速　　　　　 B. 恒限速控制　　　　 C. 主轴准停　　　　　 D. 同步运动

7. 进行轮廓铣削时,应避免（　　）和（　　）工件轮廓。

A. 切向切入　　　　　 B. 法向切入　　　　　 C. 法向退出　　　　　 D. 切向退出

8. 球头铣刀的球半径通常（　　）加工曲面的曲率半径。

A. 小于　　　　　　　 B. 大于　　　　　　　 C. 等于　　　　　　　 D. 不等于

9. 下列刀具中（　　）的刀位点是刀头底面的中心。

A. 车刀　　　　　　　 B. 镗刀　　　　　　　 C. 立铣刀　　　　　　 D. 球头铣刀

10. 刀具的选择主要取决于工件的结构、材料,以及加工方法和（　　）。

A. 设备　　　　　　　　　　　　　 B. 加工余量

C. 加工精度　　　　　　　　　　　 D. 工件被加工表面的表面粗糙度值

二、判断题

1. 数控铣床加工时保持工件切削点的线速度不变的功能称为恒线速度控制。　　　　（　　）

2. 球头铣刀在进行零件曲面加工时,比普通立铣刀更耐用。　　　　　　　　　　（　　）

3. 不管零件的结构如何,在制定加工方案时都必须遵守"先粗后精、先近后远、先外后内"的原则。

（　　）

4. 由于数控系统的伺服系统有无级调速的功能,所以在加工过程中可随时进行进给倍率调节以获得不同的速度。　　　　　　　　　　　　　　　　　　　　　　　　　　　　　　　　　　（　　）

5. 高速钢刀具具有良好的淬透性以及较高的强度、韧性和耐磨性。　　　　　　　（　　）

6. 数控系统的脉冲当量是指数控系统每发出一个脉冲所对应的机床移动量。　　　（　　）

7. 刀具刃磨后,由于各刀面微观不平及刃磨后具有新的表面层组织,所以当开始切削时,初期磨损最为缓慢。　　　　　　　　　　　　　　　　　　　　　　　　　　　　　　　　　　　　　（　　）

8. 在基轴制中,经常用钻头、铰刀、量规等定尺寸刀具和量具,有利于生产和降低成本。　（　　）

9. 加工零件的表面粗糙度值小要比大好。　　　　　　　　　　　　　　　　　　（　　）

10. 普通机床上的一把刀只能加工一个尺寸的孔,而在数控机床一把刀可加工尺寸不同的多个孔。

（　　）

三、简答题

1. 机械加工工艺系统由哪几个部分组成？

2. 影响工件表面粗糙度值的因素有哪些？

3. 选择基准的原则是什么？

4. 试述数控加工工艺的特点。制订数控铣削加工工艺方案时应遵循哪些基本原则？

5. 什么是刀具的起始点？在设定起始点时应考虑哪些因素？

6. 工艺分析包括哪些主要内容？对零件材料、加工件数的分析有何意义？

7. 确定夹紧力方向应遵循哪些原则？

8. 什么是六点定位？

9. 什么是定位误差？

10. 机床误差有哪些？对加工工件的质量主要有哪些影响？

11. 造成主轴回转误差的因素有哪些？

12. 数控机床使用的刀具有什么特点？选用刀具时应注意哪些问题？

13. 确定铣刀进给路线时，应考虑哪些问题？

14. 确定铣刀切削用量时，应考虑哪些问题？

15. 难加工材料的铣削特点主要表现在哪些方面？

16. 在数控机床上按"工序集中"原则组织加工有何优点？

17. 什么是顺铣？什么是逆铣？数控机床的顺铣和逆铣各有什么特点？在实际加工中如何应用？

第三章
数控编程基础

【学习目的】

　　理解基点与节点的概念，掌握常用的计算方法；理解机床坐标系和工件坐标系，会运用坐标系；掌握数控铣床（加工中心）程序的结构和格式；理解数控程序中的对刀点，绝对值编程与增量值编程；掌握数控程序编制的一般方法和步骤；掌握不同数控系统中常用的编程指令和编程格式；理解刀具半径补偿功能和长度补偿功能的原理、方法以及过切现象产生的原因，并注意在实际加工中如何应用；掌握简单的宏程序编程。

【学习重点】

　　理解机床坐标系和工件坐标系，会运用坐标系；掌握程序的结构和格式；理解数控程序中的对刀点，掌握绝对值编程与增量值编程方法；掌握编制数控程序的一般方法和步骤；掌握不同数控系统中常用的编程指令和编程格式；掌握子程序与固定循环、刀具半径补偿功能和长度补偿功能在数控铣床加工中的应用。

　　数控机床是按照事先编制好的数控加工程序自动地对工件进行加工的自动化切削机床，因此，编制加工程序时，必须把被加工零件全部工艺过程、工艺参数等加工信息以代码的形式记录在控制介质上，才能通过控制介质上的信息来控制机床进行加工。把从分析零件图样到获得数控加工所需控制介质的全部过程，称为数控编程。

数控编程的方法可分为手工编程和计算机辅助自动编程两种，编程的主要内容及步骤包括分析零件图样、确定加工工艺方案、数值计算、编写加工程序单、程序校验及首件试切等。如果全部过程都是手工完成的，则称为手工编程。计算机辅助编程则是利用计算机完成从数值计算到程序校验的过程。目前的主要编程软件有 UG、Pro/ENGINEER、Mastercam、CAXA 等。手工编程是自动编程的基础，本章主要介绍手工编程的一些基本知识。

第一节 编程的一般步骤

下面以加工图 3-1 所示零件为例，说明数控编程的一般步骤。

一、零件图样分析

拿到零件图样后，首先要分析零件的材料、形状、尺寸、精度和毛坯形状及热处理要求等。通过分析，确定该零件是否适合在数控机床上加工，以及适宜在哪种数控机床上加工。检查零件的结构工艺性和加工工艺性，即检查零件图样的尺寸标注方法是否适应数控加工的特点，构成零件轮廓的几何元素的条件是否充分、准确。对被加工零件的精度及技术要求进行分析，以制订加工工艺方案。

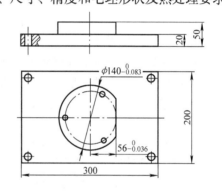

图 3-1 所示零件为一个凸模，已经过粗加工，本道工序只需进行凸台的精加工，余量为 0.5mm，材料为 45 钢。精度较高的尺寸有两个，一个是 $\phi140_{-0.083}^{0}$ mm，另一个是 $56_{-0.036}^{0}$ mm，其余尺寸为自由公差。

图 3-1 编程实例

二、制订加工工艺方案

在图样分析的基础上，确定加工方法、装夹方式、进给路线、使用的刀具及切削用量等。

对图 3-1 所示的零件，拟在立式铣床或加工中心上加工，取 $\phi140$mm 圆弧的圆心为 X、Y 方向的编程原点及加工原点，符合基准统一原则，Z 方向原点取在工件的上表面。因余量不大，直接进行精加工，使用 $\phi20$mm 硬质合金立铣刀，主轴转速为 500r/min，按公式 $u_f = f_z nz = (0.1 \times 500 \times 3)$ mm/min 算得进给速度为 150mm/min（式中 f_z 为精加工每齿进给量，z 为铣刀齿数，n 为主轴转速）。进、退刀点均取在直线与圆弧的交点 A 处，使用顺铣加工。进给路线如图 3-2 所示。

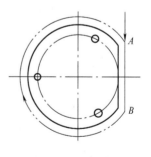

图 3-2 进给路线

三、数值计算

加工程序中 80% 的程序字是尺寸字。加工方案制订后，确定了编程坐标系，就可以计算出数控加工所需的各点坐标。

对点位控制数控机床加工，一般不需进行数值计算，最多进行一些尺寸的转换就行了。

对轮廓控制数控机床加工，则分两种情况：一种情况是零件的形状较简单，数控系统的插补功能与组成零件轮廓的几何要素相同（如直线和圆弧等），计算也较简单，只需计算基点（组成零件轮廓的几何要素的交点或切点）坐标，可以手工进行；另一种情况是零件形状比较复杂，组成零件轮廓的几何要素与机床的插补功能不一致，此时，不仅要计算基点坐标，还要计算节点（用机床的插补线段逼近轮廓曲线，插补线段与轮廓曲线的交点）坐标，并保证逼近误差在允许的范围内。对三轴联动以上的机床，由于大多数三轴联动加工还不能实现刀具半径自动补偿，还要计算刀具中心轨迹。这种情况下，计算工作只能通过计算机来完成。

在图 3-1 所示零件中，轮廓曲线由圆弧和直线组成，不需计算节点坐标，但有 A、B 两个基点坐标需要计算。由于 $\phi140_{-0.083}^{0}$ mm 和 $56_{-0.036}^{0}$ mm 两尺寸均非对称公差，编程尺寸不能按图样尺寸进行，需进行尺寸转换。经计算得：

直径尺寸 $\phi140_{-0.083}^{0}$ mm 的编程尺寸为 $\phi139.9585 \pm 0.0415$；

距离尺寸 $56_{-0.036}^{0}$ mm 的编程尺寸为 55.982 ± 0.018。

列圆和直线的方程求得 A 点坐标：A (55.982, 42.2815)；

B 点坐标：B (55.982, -42.2815)。

四、填写加工程序单

根据计算出的坐标值和确定的加工工艺路线、工艺参数，结合数控机床对输入信息的要求，按数控系统规定的功能指令代码及程序段格式编写加工程序单。编写程序时，还要了解机床加工零件的过程，以便填入必要的工艺指令，如机床起停、切削液开关、加工中暂停等。

图 3-1 所示零件的加工程序如下（华中 HNC - 21M 系统）：

%001；	开始符及程序名
G54　G90　G00　X100　Y - 30　Z100；	建立加工坐标系，刀具到起刀点
M03　S500；	主轴顺转
M08；	开切削液
Z - 28；	下刀
G41　D01　X60　Y - 40；	建立刀补
G01　Z - 30　F50；	刀具 Z 向到位
X55. 982　Y - 42. 282；	开始加工
G02　X55. 982　Y42. 282　R69. 979　F150；	
G01　X55. 982　Y - 45；	
G00　Z100；	抬刀
M05；	主轴停
M09；	关切削液
G40　X0　Y0；	取消刀补
M30；	程序结束

五、程序校验，首件试切

程序编写完成后进行校验，检查由于计算和编写程序造成的错误等。校验方法：首先，将程序单进行初期检查，用笔代替刀具按程序运行的过程在坐标纸上划出加工路线。然后，在有 CRT 图形显示的数控机床上进行模拟加工，看刀的运动轨迹及模拟加工出的工件形状是否正确。

程序校验完成后，必须在机床上试加工，因为，校验方法只能检查机床的运动是否正确，不能查出被加工零件的加工精度。如果加工出来的零件不合格，要分析原因，针对造成不合格的原因修改工艺和加工程序，再试加工，直到加工出的零件满足图样要求为止。

第二节　数控铣床的坐标系

为便于编程时描述机床的运动、简化程序的编制方法及保证记录数据的互换性，数控机床的坐标和运动方向都已标准化，此处仅做简单介绍。

一、坐标系的确定原则

1）刀具相对于静止的工件而运动的原则，即总是把工件看成是静止的，刀具做加工所需的运动。

2）标准坐标系（机床坐标系）的规定。在数控机床上，机床的运动是受数控装置来控制的，为了确定机床上的成形运动和辅助运动，必须先确定机床上运动的方向和运动的距离，这就需要一个坐标系才能实现，这个坐标系就称为机床坐标系。

标准的机床坐标系是一个右手笛卡儿直角坐标系。它用右手的大拇指表示 X 轴，食指表示 Y 轴，中指表示 Z 轴，三个坐标轴相互垂直，即规定了它们间的位置关系，如图 3-3 所示。这三个坐标轴与机床的各主要导轨平行。A、B、C 分别是绕 X、Y、Z 旋转的角度坐标，其方向遵从右手螺旋定则，即右手的大拇指指向直角坐标的正方向，则四指的绕向为角度坐标的正方向。

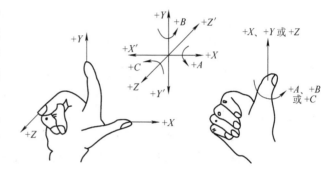

图 3-3　笛卡儿直角坐标系

3）运动的方向。数控机床的某一部件运动的正方向，是增大工件与刀具之间距离的方向。

二、坐标轴的确定方法

（1）Z 坐标的确定　Z 坐标是由传递切削力的主轴所规定的，其坐标轴平行于机床的主轴。

（2）X 坐标的确定　X 坐标一般是水平的，平行于工件的装夹平面，是刀具或工件定位平面内运动的主要坐标。对卧式铣（镗）床或加工中心来说，从主要的刀具主轴方向看工件时，X 轴正方向向右；对单立柱的立式铣（镗）床或加工中心来说，从主要的刀具主轴看立柱时，X 轴的正方向向右；对双立柱（龙门式）铣（镗）床或加工中心来说，从主要的刀具主轴向左侧立柱看时，X 轴正方向向右。

（3）Y 坐标的确定　确定了 X、Z 坐标后，Y 坐标可以通过右手笛卡儿直角坐标系来确定。

图 3-4 是立式数控钻铣床和卧式数控铣镗床的坐标轴示意图，读者可以参考以上坐标轴的确定规则自己判断。

三、机床坐标系

仅确定了坐标轴的方位，还不能确定一个坐标系，还必须确定原点的位置。数控加工涉及三个坐标系，分别是机床坐标系、加工坐标系和编程坐标系，对同一台机床来说，这三个

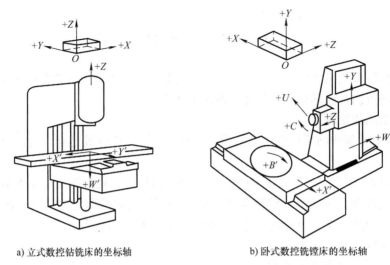

a) 立式数控钻铣床的坐标轴　　　　　b) 卧式数控铣镗床的坐标轴

图 3-4　立式数控钻铣床与卧式数控铣镗床的坐标轴示意图

坐标系的坐标轴都相互平行，只是原点位置不同。机床坐标系的原点设在机床上的一个固定位置，它在机床装配、安装、调整好后就确定下来了，是数控加工运动的基准参考点。在数控铣床或加工中心上，它的位置取在 X、Y、Z 三个坐标轴正方向的极限位置，通过机床运动部件的行程开关和挡铁来确定。数控机床每次开机后都要通过回零运动，使各坐标方向的行程开关和挡铁接触，使坐标值置零，以建立机床坐标系。

四、工件坐标系

工件坐标系实际上是编程坐标系从图样上往零件上的转化。编程坐标系是在图样上确定的，工件坐标系是在工件上确定的。如果把图样蒙在工件上，两者应该重合。数控程序中的坐标值都是按编程坐标计算的，零件在机床上安装好后，刀具与编程坐标系之间没有任何关系，如何知道程序中的坐标所对应的点在工件上什么位置呢？这就需要确定编程原点在机床坐标系中的位置，通过工件坐标系把编程坐标系与机床坐标系联系起来，刀具就能准确地定位了。

如图 3-5b 所示的工件，编程坐标系原点取在 O_3 点，工件装到工作台上后，如图 3-5a 所示。通过回零操作，把机床坐标系原点建立在 O_1 点，要使刀具正确加工零件，必须把工件坐标系原点建立在图示的 O_2 点，O_2 点在机床坐标系中的位置通过对刀获得。假设通过对刀，得到 O_2 点与 O_1 点间的距离为 X 向 100mm，Y 向 50mm，Z 向 40mm，则可通过 G54 指令或 G92 指令把加工坐标系原点建立在 O_2 点，即指明了工件坐标系（也是编程坐标系）在机床坐标系中的位置。

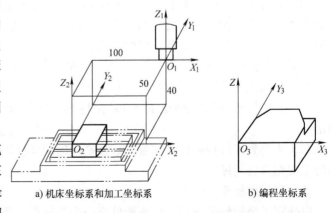

a) 机床坐标系和加工坐标系　　　　b) 编程坐标系

图 3-5　机床坐标系、加工坐标系与编程坐标系

第三节　刀具轨迹的坐标值计算

一、基点与节点的概念

一个零件的轮廓是由许多几何元素所组成的，如直线、圆弧、二次曲线以及其他曲线等。构成零件轮廓各几何元素之间的连接点（交点或切点）称为基点，如两直线间的交点、直线与圆弧或圆弧与圆弧间的交点或切点等。

基点可以直接作为其运动轨迹的起点或终点。目前一般的数控机床都具备直线和圆弧插补功能，对于由直线和圆弧组成的平面轮廓，编程时只需计算各基点的坐标。根据填写加工程序单的要求，基点直接计算的内容有：每条运动轨迹的起点和终点在选定坐标系中的坐标，圆弧运动轨迹的圆心坐标。

基点直接计算的方法比较简单，一般可根据零件图样所给的已知条件人工完成，即依据零件图样上给定的尺寸运用代数、三角、几何或解析几何的有关知识，直接计算出数值。在计算时，注意小数点后的位数要留够，以保证足够的精度。

当采用不具备非圆曲线插补功能的数控机床加工非圆曲线轮廓的零件时，在加工程序的数据处理工作中，常用多个直线段或圆弧等曲线形式去近似代替非圆曲线，这称为拟合处理。逼近线段与非圆曲线的交点或切点称为节点。

对于一些由非圆方程曲线 $Y = F(X)$ 组成的平面轮廓，如渐开线、阿基米德螺线等，只能用能够加工的直线和圆弧去逼近它们，这时数值计算的任务就是计算节点的坐标。

数控机床的刀具和工件之间的坐标关系是通过对刀的测量来确定的，控制刀具刀位点的运行轨迹实现工件的切削，因此，刀具轨迹的坐标计算也是一项重要的内容。如铣削加工时，是用平底立铣刀的刀底中心作为刀位点。在大多数情况下，编程轨迹并不与零件轮廓完全重合，对于具有刀具补偿功能的数控系统，编写程序时，只要在程序的某个位置写入刀补命令就可以达到目的，这时可直接按零件轮廓形状，并作为编程时的坐标数据。反之，就得换算成刀具的轨迹点的坐标，计算就相当复杂。

零件图的数学处理主要是计算零件加工轨迹的尺寸，即计算零件加工轮廓的基点和节点的坐标，或刀具中心轮廓的基点和节点的坐标，以便编制加工程序。

二、数值计算的内容

根据加工零件图样，按照设定的编程坐标系、已确定的加工路线和允许的编程误差，计算编程时所需要的数据，就是数控编程的数值计算。其内容包括计算零件轮廓的基点、节点以及机床所用刀具刀位点的轨迹的坐标值。

1. 建立编程坐标系，确定编程坐标系的原点

计算前应该先确定工件编程坐标的原点，才能将图样尺寸转换成编程尺寸数字。相同零件用同样的方式加工，由于原点选得不同，编程尺寸的数值也是不同的。从理论上说，原点选在任何位置都是可以的，但实际上，为了换算尽可能简便以及尺寸较为直观（至少让部分尺寸点的指令值与零件图上的尺寸值相同），应尽可能把原点的位置选得合理些。

选择原点时要尽量满足计算与编程简单、尺寸换算少、引起的加工误差小等条件。一般情况下，程序原点应选在尺寸标注的基准点；具有对称特性的零件，程序原点应选在对称中心线上。

2. 绝对坐标值与增量坐标值的确定

（1）绝对坐标值 指加工轮廓曲线上所有坐标点的位置以坐标原点为基准的坐标值，所有坐标点的计算值是相对于坐标原点的坐标值。如图 3-6 所示，A 点坐标 Z_1、X_1 就是相对于坐标原点 O 的值。

（2）增量坐标值 指加工轮廓曲线上当前坐标点的坐标值相对于前一基点为原点的坐标值，增量坐标值建立在绝对坐标值的基础上，只是在计算上的简便应用。

如图 3-7 所示，刀具由 A 运行到 B，此时 B 相对于 A 点的坐标为 $X-20$、$Y0$。标注为 B_A（-20，0）。而 A 相对于 B 点的坐标为 $X20$、$Y0$，标注为 A_B（20，0）。实际上，相对坐标值就是终点绝对坐标值与起点绝对坐标值各方向之间的差值。

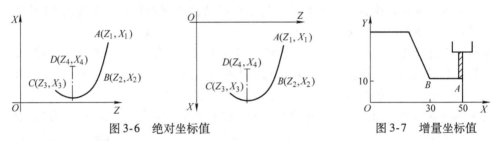

图 3-6 绝对坐标值   图 3-7 增量坐标值

3. 坐标值的选用

（1）绝对坐标值的应用特点 采用绝对坐标值计算时各计算坐标点位置间不会产生累积误差，但有些数控系统需进行两种坐标尺寸方式之间的数值换算。

（2）增量坐标值的应用特点 增量坐标值运算简便且直接，并与数控装置以增量值进行数字控制的方式相一致，采用平面解析几何计算法以外的各种常用计算法解得的各基点坐标，可以不经换算而直接用于加工程序段。

4. 确定编程尺寸

图样上提供的尺寸信息是根据加工零件的技术要求来确定的，它们必须得到合理的处理。进行编程时，加工尺寸只有控制在技术要求的范围之内，才能得到合格的零件。

若图样上的尺寸基准与编程所需要的尺寸基准不一致，应先将图样上的各个基准尺寸换算为编程坐标中的尺寸，再进行下一步数学处理工作。

（1）直接换算 如图样尺寸为 $59.94_{-0.12}^{\ 0}$ mm，分别取两极限尺寸 59.94mm 和 59.82mm，求得的平均值 59.88mm 就是编程尺寸，也就是中值尺寸。

取中值尺寸时，如果遇到比机床所规定的最小编程单位还小一位的数值，则应尽量向其最大实体尺寸靠拢并圆整。

（2）间接换算 图样中未直接标出的尺寸，需要通过尺寸基准、尺寸链的解算而得到。

尺寸链主要由线性尺寸链和角度尺寸链组成。

封闭环的公称尺寸 L_0 = 所有增环之和 - 所有减环之和

封闭环的最大极限尺寸 $L_{0,\max}$ = 所有增环最大尺寸之和 $L_{2,\max}$ - 所有减环最小尺寸之和 $L_{1,\min}$

封闭环的最小极限尺寸 $L_{0,\min}$ = 所有增环最小尺寸之和 $L_{2,\min}$ - 所有减环最大尺寸之和 $L_{1,\max}$，如图 3-8 所示。

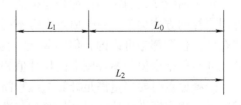

图 3-8 尺寸链简图

例3-1 已知条件如图3-9所示,求编制程序时的尺寸L。加工中需要控制尺寸L的变化范围。

$$L_{0,\max} = \Sigma L_{n,\max} - \Sigma L_{n,\min} = 80\text{mm} - 49.95\text{mm} = 30.05\text{mm}$$

$$L_{0,\min} = \Sigma L_{n,\min} - \Sigma L_{n,\max} = 79.7\text{mm} - 50.05\text{mm} = 29.65\text{mm}$$

求中值作为编程尺寸,即

$$L = (30.05 + 29.65)\text{mm}/2 = 29.85\text{mm}$$

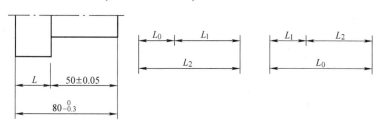

图3-9 尺寸链计算图例

5. 确定加工路线,刀位点的坐标值计算

表示刀具特性的点称为刀位点。编程时用该点的运动来描述刀具的运动,运动所形成的轨迹与零件轮廓是一致的。如果不考虑刀具补偿,刀具轨迹就是零件轮廓形状。由此,就有轮廓编程与刀位点编程的概念,轮廓编程就是按照零件的形状来进行编程的方法,暂时不考虑刀具,加工操作时将刀具补偿值放到数控系统中,系统会自动计算并补偿到运动轨迹坐标中去;而刀位点编程从一开始就考虑了刀位点与零件轮廓之间的关系,并纳入到计算中,操作时不需要对刀具进行补偿。

三、常用的计算方法

在手工编程的数值计算中,除了非圆曲线的节点坐标值需要进行较复杂的拟合计算外,其他各基点的坐标值通过运用所学的数学基础知识即可求得。坐标值计算的一般方法如图3-10所示。

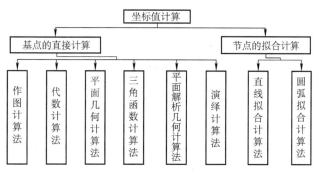

图3-10 坐标值计算的一般方法

(一)解题的几个基本环节

1. 解题分析

1)对图形各要素的分析。

2)对编程图形的描述。

3)确定几何关系。

2. 解题步骤

一般根据轮廓中几何要素依次出现的顺序安排;也可将条件成熟的基点坐标先解出,然后去分析、解决几何关系暂不明朗的其他点坐标。

3. 计算结果

只需要列出编程时所需各基点的坐标值,并圆整为机床控制精度之内的数值标出。

4. 结果初验

主要根据零件图样上整个加工轮廓起、终点的相互坐标位置在进给坐标轴方向的总增量，是否与各运动程序段中所填写的各增量之和相吻合进行初验。

（二）常用数学处理方法

常用直线方程的形式如下：

1）直线方程的一般形式　　　　$AX + BY + C = 0$

2）直线方程的标准形式（斜截式）　$Y = kX + b$

3）直线方程的点斜式　　　　$Y - Y_1 = k(X - X_1)$

4）直线方程的截距式　　　　$\dfrac{X}{a} + \dfrac{Y}{b} = 1$

5）直线方程的法线式　　　　$X\cos A + Y\sin A - p = 0$

常用的圆方程如下：

1）圆的标准方程　　　　$(X - a)^2 + (Y - b)^2 = R^2$

2）圆的一般方程　　　　$X^2 + Y^2 + DX + EY + F = 0$

3）圆心在坐标原点上的圆方程　　$X^2 + Y^2 = R^2$

4）圆的极坐标方程　　　　$X = A\cos\alpha \quad Y = B\sin\beta$

1. 直线和圆弧轮廓基点计算方法

由直线和圆弧组成轮廓的零件是很常见的，计算这些基点的方法通常有两种：一种是应用解析几何原理，联立方程组求解；另一种是利用几何元素之间的三角函数关系求解，分别求出各坐标点的值。

例3-2　已知条件如图 3-11a 所示，用代数和平面几何计算法求出编程时所需的 X 值。

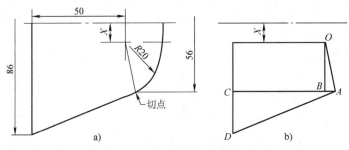

图 3-11　代数和平面几何坐标计算例图

解：计算用分析图如图 3-11b 所示，其中 O 为 $R20$mm 的圆心，A 为切点。

因为 $\angle BOA = \angle CAD$，并均为直角三角形，所以 $\triangle OBA \backsim \triangle ACD$。

由相似三角形关系得

$$\frac{\overline{CD}}{\overline{BA}} = \frac{\overline{CA}}{\overline{OB}} \quad 即 \quad \frac{15}{\overline{BA}} = \frac{50 + \overline{BA}}{\sqrt{(20^2 - \overline{BA}^2)}}$$

解得　　　　　　　　　　　$\overline{BA} = 5.2409722$mm

最后计算得　　　　　　　　　$X = 8.70$mm

第四节　程序编制的基本概念

数控编程即数控程序的编制，它是数控机床使用中最重要的一个环节。数控编程分为手工编程和计算机编程。

　　手工编程是由人工完成刀具轨迹计算及加工程序的编制。零件形状不是十分复杂，且便于手工编程时，一般手工编写数控加工程序。

　　计算机编程是通过计算机的编程软件完成对刀具运动轨迹的运算并能自动生成数控加工程序的一种方法，大多应用在零件形状较为复杂、手工难以完成的场合，特别是一些三维立体形状的零件，运动轨迹计算复杂繁琐时优先采用。

　　数控程序是把零件加工的工艺过程、工艺参数（进给量、切削参数、主轴转速等）、位移数据（几何形状和尺寸）、开关命令等信息用数控系统规定的功能代码（如 G、M、S、T 等指令）和格式按照加工顺序编制而成的，并记录在信息载体上。

　　信息载体的形式可以是磁盘等各种记载二进制信息的介质，通过数控机床的输入装置可以将编制程序的内容传输到数控系统中，进而加工出合格的零件，数控程序的质量直接影响着产品的质量。

一、数控编程中的标准及代码

　　无论哪一种数控机床的加工，都必须把代表各种不同功能的指令代码以程序的形式输入到数控装置中，由数控装置进行运算和处理，发出脉冲信号去控制数控机床各个运动部件的动作，完成零件的切削加工。

　　为了满足设计、制造、维修和普及的需要，在输入代码、坐标系统、加工指令、辅助功能及程序格式等方面，国际上已形成了两种通用的标准，即国际标准化组织（ISO）标准和美国电子工业协会（EIA）标准。

　　原机械工业部根据 ISO 标准制定了 JB/T 3051—1999《数控机床　坐标和运动方向的命名》以及 JB/T 3208—1999《数控机床　穿孔带程序段格式中的准备功能 G 和辅助功能 M 的代码》。但是由于各个数控机床生产厂家所用的标准尚未完全统一，其所用的代码、指令及其含义不完全相同，因此在编制程序时必须按所用数控机床编程说明书中的规定进行。

（一）数控编程中的代码（表3-1）

表3-1　代码中的字符及其含义

字符	含　义	字符	含　义
A	绕 X 坐标的角度	P	平行于 X 轴的第三运动尺寸
B	绕 Y 坐标的角度	Q	平行于 Y 轴的第三运动尺寸
C	绕 Z 坐标的角度	R	平行于 Z 轴的第三运动尺寸
D	第三进给速度功能	S	主轴转速功能
E	第二种进给速度功能	T	刀具功能
F	进给速度功能	U	平行于 X 轴的第二运动尺寸
G	准备功能	V	平行于 Y 轴的第二运动尺寸
H	ISO 不指定［可作特殊用途：EIA 输入］	W	平行于 Z 轴的第二运动尺寸
I	圆弧起点对圆心 X 轴向坐标值；EIA 不用	X	X 坐标方向尺寸
J	圆弧起点对圆心 Y 轴向坐标值；EIA 未指定	Y	Y 坐标方向尺寸
K	圆弧起点对圆心 Z 轴向坐标值；EIA 未指定	Z	Z 坐标方向尺寸
L	固定循环及子程序的重复次数	:	对准功能，倒带停止
M	辅助功能	%	程序开始与结束符
N	程序段序号	0 ~ 9	数字
O	程序号或子程序号		

（二）常用地址码在数控系统中的用法（表3-2）

表3-2 常用地址码的含义

机 能	地 址 码	意 义
程序号 顺序号 准备功能	O N G	程序编号 顺序编号 机床动作方式指令
坐标指令	X、Y、Z A、B、C、U、V、W R I、J、K	坐标轴移动指令 附加轴移动指令 圆弧半径 圆弧中心坐标
进给功能 主轴功能 刀具功能	F S T	进给速度指令 主轴转速指令 刀具编号指令
辅助功能	M B	接通、断开、起动、停止指令 工作台分度指令
补偿 暂停 子程序调用 重复 参数	H、D P、X I、P L、P Q、R	刀具补偿指令 暂停时间指令 子程序号指定 固定循环重复次数 固定循环参数

1. 程序段序号——N

程序段序号又称为顺序号字，位于程序段之首，它的地址符是N，后续数字一般为2~4位。程序段号可以用在主程序、子程序和宏程序中，如N010。数控装置读取某段的程序时，该程序段序号由屏幕显示，以便操作者了解和检查程序段执行情况。

2. 准备功能字——G指令

准备功能字的地址符是G，所以又称G功能或G指令。它是使机床建立起某种加工方式的一种指令。G符号后多为两位数：G00~G99，共100条。另外，不同型号的数控机床所使用的G码并非完全相同，应根据所使用机床的规定G码，来编写加工程序，正确使用G功能。

3. 尺寸字

尺寸字由坐标地址符（X、Y、Z等）和其后带正、负号的数字组成，用于给定坐标轴的移动方向和位移量。例如：X30.0表示X轴正方向30mm。

4. 辅助功能字

辅助功能字由地址符M和随后的两位数字组成，用来指定数控机床辅助装置的接通和断开，表示机床各种辅助动作及其状态，如主轴的旋转方向、起动和停止，切削液供给和关闭，工件或刀具夹紧和松开，刀具更换等功能。

5. 主轴转速功能字

主轴转速功能字由地址符S和其后的数字组成，所以也称为S功能或S指令，用于指定主轴的转速，单位是r/min。

6. 进给功能字——F

地址符用F，所以又称F功能或F指令。F后带有数字，用于指定刀具相对于工件的进给速度。一般情况下，可分为每分钟进给（mm/min）和主轴每转进给（mm/r）两种。

7. 刀具功能字——T

刀具功能字用地址符 T 及其后的数字表示，所以也称为 T 功能或 T 指令。T 指令主要用来指定加工时使用的刀具号。

二、数控程序的结构

（一）程序的结构

一个零件程序是一组被传送到数控系统中去的指令和数据。

一个零件程序是由遵循一定结构、句法和格式规则的若干个程序段组成的，而每个程序段是由若干个指令字组成的，指令字由地址符和数字组成，它代表数控机床的一个位置或动作。

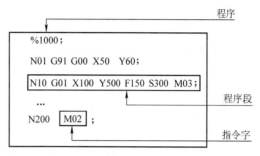

图 3-12　程序的结构

一个完整的加工程序包括开始符、程序名、程序主体和程序结束指令，如图 3-12 所示。

程序的构成：

O00001；　　　　　　　　　　O 机能指定程序号，每个程序号对应一个加工零件

N010　G92　X0　Y0；　　　分号表示程序段结束

N020　G90　G00　X50　Y60；

…　　　　　　　　　　　　　可以调用子程序

N150　M05；

N160　M02；　　　　　　　　程序结束

需要注意：

不同的数控系统和不同生产厂家生产的数控机床，在格式使用上还是有所不同的，所以要求使用者对机床充分了解。

1. 程序号

程序号为程序的开始部分，为了区别存储器中的程序，每个程序都要有程序编号，在编号前采用编号地址码。如 FANUC 系统和国产华中世纪星系统，一般采用英文字母 O 作为程序编号地址，而另一些系统采用 P、% 等。

2. 程序内容

程序内容部分是整个程序的核心，它由许多程序段组成，每个程序段由一个或多个指令构成，它表示数控机床要完成的全部动作。

3. 程序结束

以程序结束指令 M02 或 M30 作为整个程序结束的符号。

（二）程序段格式

程序段格式是指一个程序段中字、字符、数据的书写规则，通常有字-地址程序段格式、使用分隔符的程序段格式和固定程序段格式，最常用的为字-地址程序段格式，又称地址可变程序段格式，如图 3-13 所示。

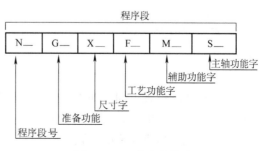

图 3-13　程序段的格式

1. 字-地址程序段格式

字-地址程序段格式由语句号字、数据字和程序段结束组成。该格式的优点是程序简短、直观以及容易检验、修改。这种格式在目前广泛使用。

字-地址程序段格式见表 3-3。

表 3-3 字-地址程序段格式

N __	G __	X __ U __ P __	Y __ V __ Q __	Z __ W __ R __	I _ J. K _ R.	F __	S __	T __	M __	F __
顺序号	准备功能	坐标字				进给功能	主轴功能	刀具功能	辅助功能	结束符号

采用字-地址程序段格式编写的程序有以下特点:

1)程序段中各信息字先后顺序并不严格,不必要的字可省略。

2)数据符的位数可多可少,但不得大于规定的最大允许位数。

3)某些功能字处于模态指令(也称续效指令),模态指令一经使用,只有被同组的其他指令取代或取消后方才失效,否则保持继续有效,并且可以省略不写。

2. 使用分隔符的程序段格式

这种格式预先规定了输入时可能出现的字的顺序,在每个字前写一个分隔符"B",这样就可以不使用地址符,只要按规定的顺序把相应的数字跟在分隔符后面就可以了。如应用在数控电火花线切割机床上的 3B 代码:"B9000 B12000 B12000 GX L2;"。

使用分隔符的程序格式一般用于功能不多且较固定的数控系统,但程序不直观,容易出现错误。

3. 固定程序段格式

这种程序段既无地址码也无分隔符,各字的顺序及位数是固定的,重复的字不能省略,所以每个程序段的长度都是一样的。这种格式的程序段长且不直观,目前很少使用。

(三)主程序与子程序

在编制程序的过程中,往往有一些固定操作的部分程序段重复出现而采用子程序编写,后面根据需要进行调用,这样可使编程简单,但是,在不同数控系统中要注意它们的使用方法。主要区别在以下几个方面:

1. 程序名

主程序名与子程序名属性都相同的,如 FANUC、华兴、广州数控等;不相同的,如 SI-EMENS 系统,主程序名属性为 . MPF,而子程序名属性为 . SPF。

2. 调用方式

不同系统调用方式也有所不同,如一般系统常用 M98 调用,而有些系统采用 G22、G21 调用。

3. 存放位置

子程序存放的位置不同,如华中数控系统的子程序可以放在主程序后,而其他系统多采用单独建立一个文件的形式。

三、编程过程中应注意的问题

随着数控机床应用的普及,它已经在各个行业得到了广泛的使用。如何提高加工效率,合理安排工艺，都要在程序中得到体现。同时，随着数控系统的不同，各种系统的数控机床编程都有所不同。因此，在编程时应该注意以下问题：

1）熟悉所使用机床的性能，能充分发挥数控机床功能。

2）掌握该机床数控系统所规定使用的指令、编程格式。

3）对零件加工工艺等方面的知识了解充分，制订合理的工艺方案、合理的工艺，选择最短的加工路线，能充分缩短加工时间，提高生产率。

4）使用优化结构编制高效程序。

5）编程坐标系与工件坐标系选择。合理运用编程指令中的坐标系变换指令，保证运算和使用简便。

第三章思考练习题

一、单项选择题

1. 如图 3-4 所示，在判断数控机床坐标轴的正负方向时，对刀具与工件间的运动关系，应该（　　）。

A. 假定刀具运动，工件静止　　　　　　B. 假定工件运动，刀具静止

C. 假定刀具与工件同时运动　　　　　　D. 假定两者都静止

2. 目前国际上广泛采用的两种标准代码（ELA 和 ISO），都是采用（　　）位二进制数的编码格式。

A. 7　　　　　　B. 6　　　　　　C. 100　　　　　　D. 8

3. 机床原点是一个（　　）。

A. 在机床上某一个固定位置的点　　　　B. 由机床厂家设定的点

C. 可以用来描述刀具相对于机床的绝对位置　　D. 以上三条全对

4. 使用增量编程时，（　　）。

A. 只能针对特定的点　　　　　　　　　B. 只能以机床坐标系的原点为原点

C. 不必考虑原点　　　　　　　　　　　D. 不能用于整圆加工的编程

5. 在进行工艺尺寸链计算时，每个尺寸链至少有（　　）个环。

A. 2　　　　　　B. 3　　　　　　C. 4　　　　　　D. 1

6. 下列对于绝对坐标方式和增量坐标方式的概述正确的是（　　）。

A. 绝对坐标方式依赖于机床坐标系　　　B. 相对坐标方式依赖于机床坐标系

C. 绝对坐标方式不依赖于固定的编程原点　　D. 相对坐标方式不依赖于固定的编程起点

7. 为了对非圆曲线进行拟合加工，所选择的各拟合线段间的连接点称为（　　）。

A. 基点　　　　　　B. 节点　　　　　　C. 换刀点　　　　　　D. 回零点

8. 插补运动的计算和控制功能是由（　　）完成的。

A. 伺服系统　　　　　　　　　　　　　B. 可编程序逻辑控制器

C. 数控装置　　　　　　　　　　　　　D. 控制介质

9. 在下列内容中，（　　）是一个程序中可以被省略的部分。

A. 程序名　　　　　B. 程序结束　　　　　C. 注释　　　　　D. 程序内容

10. 数控代码中 M 代码的主要作用是（　　）。

A. 建立加工模式　　　　　　　　　　　B. 完成辅助行为或环境设定

C. 给定主轴转速　　　　　　　　　　　D. 进给量设定

11. 数控机床的机床坐标系原点由（　　）设定。

A. 数控机床的生产厂家　　　　　　　　B. 操作者通过对刀

C. 编程者根据需要　　　　　　　　　　D. 以上三者共同

12. 一段数控加工程序中，可以有（　　）个编程原点。

A. 1　　　　　　　　B. 2　　　　　　　　C. 6　　　　　　　　D. 任意多

13. 合理使用绝对坐标方式或增量坐标方式,可以使(　　　)变得更容易。

A. 坐标计算　　　　　B. 工艺分析　　　　　C. 输入程序　　　　　D. 调试程序

14. 数控机床坐标系的各坐标轴中, Y 轴的确定原则是(　　　)。

A. 水平面内刀具远离工件相对运动的方向为正

B. 由已确定的 X、Z 轴正方向用右手法则确定

C. 与主轴轴线平行于刀具、远离工件的运动方向为正

D. 以上全错

15. 组成数控加工程序的最基本单元是(　　　)。

A. 程序段　　　　　B. 程序号加上程序段　C. 程序字　　　　　D. 字符

16. 在进行非圆的拟合加工时,为了保证拟合误差不至过大,在曲率半径越小的位置,应选用(　　　)的节点。

A. 越多　　　　　　B. 越少　　　　　　C. 先少后多　　　　　D. 先多后少

17. (　　　)与切削时间无关。

A. 刀具角度　　　　B. 进给率　　　　　C. 背吃刀量　　　　　D. 切削速度

18. 为了保证孔的几何精度,常采用的工艺手段有(　　　)。

A. 钻　　　　　　　B. 钻扩　　　　　　C. 钻镗　　　　　　D. 钻扩铰

19. 零件如图 3-14 所示,镗削零件上的孔。孔的设计基准是 C 面,设计尺寸为 (100 ± 0.15) mm。为装夹方便,以 A 面定位,按工序尺寸 L 调整机床。工序尺寸 $280^{+0.1}_{0}$ mm、$80^{0}_{-0.06}$ mm 在前道工序中已经得到,在本工序的尺寸链中为组成环。而本工序间接得到的设计尺寸 (100 ± 0.15) mm 为尺寸链的封闭环,尺寸 $80^{0}_{-0.06}$ mm 和 L 为增环,$280^{+0.1}_{0}$ mm 为减环,那么工序尺寸 L 及其公差应为(　　　)mm。

A. $300^{+0.15}_{-0.15}$　　　B. $300^{0}_{-0.15}$　　　C. $300^{+0.1}_{0}$　　　D. $300^{+0.15}_{+0.01}$

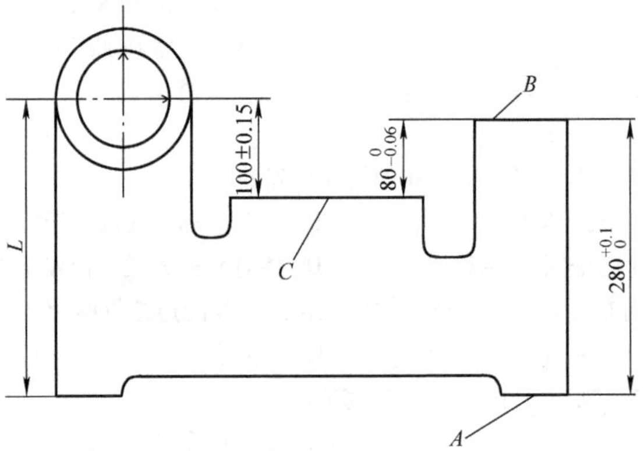

图 3-14　思考练习题图

二、判断题

1. 一个完善的程序,必须包含程序名称和程序结束。　　　　　　　　　　　　(　　　)

2. 基点是采用拟合算法逼近非圆曲线时,人为选定的点。　　　　　　　　　　(　　　)

3. 采用直线拟合的办法去加工非圆曲线,由于计算简单,所以逼近程序较短。　(　　　)

4. 在确定一台数控机床的坐标系时,应按 X、Y、Z、A、B、C 的顺序来一一确定各轴的正方向。　(　　　)

5. 坐标尺寸字主要用在程序段中,指定刀具运动后应到达的位置。　　　　　　(　　　)

6. 模拟式的检测反馈装置比数字式的反馈装置抗干扰能力强。　　　　　　　　(　　　)

7. 一个加工程序中只能使用一个确定的坐标原点。　　　　　　　　　　　　　(　　　)

8. 工艺尺寸链中，组成环可分为增环与减环。　　　　　　　　　　　　（　　）

9. 尺寸链按其功能可分为设计尺寸链和工艺尺寸链，按其尺寸性质可分为线性尺寸链和角度尺寸链。　　　　　　　　　　　　　　　　　　　　　　　　　　　（　　）

10. 数控机床采用无间隙传动部件的目的是提高传动精度和刚性。　　（　　）

三、简答题

1. 数控编程的内容有哪些？

2. 一个完整的加工程序由哪几部分组成？编写时各部分能否省略？为什么？

3. 数控机床坐标系的确定原则是什么？

4. 试说明数控加工中要用到哪些坐标系。它们之间的关系是什么？

5. 何谓手工编程和计算机编程？

6. 举例说明"文字地址程序段格式"，为什么现在的数控系统采用这种格式？

7. 何谓数控机床的机床零点、工件零点、编程零点？

8. 数控铣床的程序编制有何特点？

9. 在什么条件下数控机床可以按零件轮廓形状编程？

10. 常用地址字有哪几种？

第四章
数控铣床（加工中心）编程指令

【学习目的】

通过零件的编程练习，掌握不同数控系统中常用的编程指令和编程格式。通过复杂零件的加工练习，掌握常用的 G 代码、子程序与固定循环功能在数控铣床与加工中心中的应用。

【学习重点】

掌握不同数控系统中常用的编程指令和编程格式；掌握常用的 G 代码、子程序与固定循环等功能在数控铣床与加工中心中的应用。

第一节　数控铣床（加工中心）常用编程指令

一、主轴功能 S、进给功能 F、刀具功能 T、辅助功能 M

1. 主轴功能（S 功能）

主轴功能也称主轴转速功能即 S 功能，它是用来指令机床主轴转速（切削速度）的功能。目前有用代码指定主轴转速（S2 位数指令）和直接指定主轴转速（S5 位数指令）两种表示法。另外，对具有恒线速度切削功能的数控机床，其加工程序中的 S 指令既可指令恒定转速（r/min），也可指令加工时的切削速度（m/min）。在编程时除用 S 代码指令主轴转速外，还要用 M 代码（详见辅助功能）指令主轴旋转方向，如顺时针方向（CW）或逆时针方向（CCW）。

（1）用代码指定主轴速度　一般的经济型数控机床是用一位或两位数字约定的代码来控制主轴某一机械档位的高速和低速。如国内有些数控机床用 S1 指定高速，S2 指定低速，这里的高速和低速只是相对于机床的某个机械档位而言的。

例：想要指定机床主轴转速为 560r/min，顺时针方向，则先将机床变速档位打在 1120/560 档位上（手动），编程时只需在程序段中输入指令"S2　M3"即可满足转速要求。

（2）直接指定主轴转速（S5 位数指令）　主轴转速可以直接用地址 S 后的数值（r/min）指定。

例：S1500　M03：主轴转速为 1500r/min，顺时针方向；

S800　M04：主轴转速为 800r/min，逆时针方向。

（3）恒表面切削速度控制　对于具有恒定表面切削速度控制功能的数控系统，在 S 后面指定表面切削速度（刀具和工件之间的相对速度）。主轴旋转，使表面切削速度维持恒定，而不管刀具的位置如何。用 G96（恒定表面速度控制指令）、G97（取消恒定表面速度控制指令）配合 S 代码来指定主轴转速，使之随刀具位置的变化来保持刀具与工件表面的相对速度不变。

指令格式如下：

1）恒定表面速度控制指令：

G96　S×××××；　　表面切削速度（m/min）

注：根据机床制造厂的指定，该速度单位可以改变。

2）取消恒定表面速度控制指令：

G97　S×××××；　　主轴转速（r/min）

3）最高主轴转速限制：

G92　S__；　　S 后面指定最高主轴速度（r/min）

例："G96　S70；"表示表面切削速度恒为 70m/min。

"G97　S1000；"表示取消 G96，使主轴转速为 1000r/min。

"G92　S3000；"表示主轴的最高转速被限制在 3000r/min。

S 是模态指令，S 功能一经指定就一直有效，直到被一个新的地址 S 取代为止。

S 功能只在主轴速度可调节时有效，借助操作面板上的倍率按键，S 可在一定范围内进行倍率修调。

2. 进给功能（F 功能）

进给功能 F 表示刀具中心运动时的进给速度。由地址码 F 和后面若干位数字构成，其进给的方式有每分钟进给和每转进给两种。

（1）每分钟进给　即刀具每分钟走的距离，单位为 mm/min，与主轴转速快慢无关。这种方式用 G94（每分钟进给方式）配合指令，在指定 G94 以后，刀具每分钟的进给量由 F 之后的数值直接指定。如："G94　F200；"表示刀具每分钟向进给方向移动 200mm 的距离。G94 是模态代码。一旦 G94 被指定，在 G95（每转进给）指定前一直有效。在电源接通时，默认设置为每分钟进给方式。

（2）每转进给　即铣床主轴每转 1 圈，刀具向进给方向移动的距离，单位为 mm/r（或

in/r）。其进给速度随主轴转速的变化而变化。这种方式用 G95（每转进给）配合指令，在指定 G95 之后，在 F 之后的数值直接指定主轴每转刀具的进给量。如："G95   F0.3;"表示主轴每转 1 圈，刀具向进给方向移动 0.3mm。G95 是模态代码。一旦指定 G95，直到 G94 指定之前一直有效。

在华中、FANUC 及 SIEMENS 数控系统中，都是用 G94 和 G95 分别对每分钟进给和每转进给加以区分的。

借助操作面板上的倍率按键，F 可在一定范围内进行倍率修调。倍率值为 0 ~ 254%（间隔 1%）。详细情况见机床制造厂的有关说明书。另外，F 功能数值的指定范围要参照机床系统说明书中所规定的数值范围进行设定，不可超出指定的范围。

3. 刀具功能（T 功能）

刀具功能 T 用于选刀，地址 T 后面有两位或四位数字。

在一个程序段中只能指定一个 T 代码，关于地址 T 可指令的位数以及 T 代码对应的机床动作，请见机床厂的说明书。

当移动指令和 T 代码在同一程序段中指定时，指令的执行有下面两种方法：

1）移动指令和 T 功能指令同时执行。

2）移动指令执行完后执行 T 功能指令。

选择哪一种执行方法取决于机床制造厂的规范，详细情况请见机床制造厂的说明书。

加工中心具有自动换刀装置。自动换刀指令是 M06。在加工中心上执行 T 指令：刀库转动，选择所需的刀具，然后等待，直到 M06 指令作用时自动完成换刀。

通常选刀和换刀分开进行，换刀动作必须在主轴停转条件下进行。换刀完毕起动主轴后，方可执行下面程序段的加工动作；选刀动作可与机床的加工动作重合，即利用切削时间选刀。常用的换刀程序如下。

方法一：…

      N050   G28   Z0   T02   M06;

      …

方法二：N040   G01   Z __   T02;

      …

      N080   G28   Z0   M06;

      N090   G01   Z __   T03;

      …

多数加工中心都规定了"换刀点"位置，即定距换刀。一般立式加工中心规定换刀点的位置在 Z0 处（即机床 Z 轴零点）。采用方法一换刀时，Z 轴返回参考点的同时，刀库进行选刀，然后进行刀具交换，若 Z 轴的回零时间小于选刀时间，则换刀占用的时间较长；方法二采用的是提前换刀，回零后立即换刀，所以这种方法较好。

4. 辅助功能（M 代码）

辅助功能由地址字 M 及其后面的两位数字组成，主要用于控制零件程序的走向以及机床各种辅助功能的开关动作。

通常在一个程序段中仅能指定一个 M 代码。在某些情况下可以最多指定三个 M 代码。

1）辅助功能有两种类型。

① 辅助功能（M 代码）：用来指令数控机床中的辅助装置的开关动作或状态，如主轴起动，主轴停止，切削液开、关等。辅助功能由地址 M 及其后续数字组成。

② 第二辅助功能（B 代码）：用于指定分度工作台定位。其指令由地址符 B 及其后面三位数表示，如 B15 表示工作台旋转 15°。

2）M 功能有非模态 M 功能和模态 M 功能两种形式。

① 非模态 M 功能（当前段有效代码）：只在书写了该代码的程序段中有效。

② 模态 M 功能（持续有效代码）：一组可相互注销的 M 功能，这些功能在被同一组的另一个功能注销前一直有效。

模态 M 功能组中包含一个默认功能，系统上电时将被初始化为该功能。

3）M 功能还可分为前作用 M 功能和后作用 M 功能两类。

① 前作用 M 功能：在程序段编制的轴运动之前执行。

② 后作用 M 功能：在程序段编制的轴运动之后执行。

数控装置常用 M 代码及功能见表 4-1。

表 4-1　数控装置常用 M 代码及功能

代码	模态功能	功能说明	代码	模态功能	功能说明
M00	非模态后作用	程序停止	M03	模态、前作用	主轴正转起动
M01	非模态	选择停止	M04	模态、前作用	主轴反转起动
M02	非模态后作用	程序结束	M06	非模态后作用	换刀
M05	模态、前作用	▶主轴停止转动	M07	模态、前作用	切削液打开
M30	非模态后作用	程序结束并返回程序起点	M09	模态、后作用	▶切削液停止
M98	非模态	调用子程序	M99	非模态	子程序结束

注：标记▶为默认值。

其中：M00、M02、M30 用于控制零件程序的走向，是 CNC 内定的辅助功能，不由机床制造厂家设计决定，即与 PLC 程序无关。M01 与 M00 的功能基本相似，只有在按下"选择停止"后，M01 才有效，否则机床继续执行后面的程序段；按"起动"键，继续执行后面的程序。

其余 M 代码用于机床各种辅助功能的开关动作控制，其功能不由 CNC 内定而是由 PLC 程序指定，所以有可能因机床制造厂家不同而有差异（表内为标准 PLC 指定的功能），请使用者参考机床说明书。

4）CNC 内定的辅助功能有以下三种指令：

① 程序暂停指令 M00。当 CNC 执行到 M00 指令时，将暂停执行当前程序，以方便操作者进行刀具和工件的尺寸测量、工件调头、手动变速等操作。暂停时机床的主轴、进给及切削液停止，而全部现存的模态信息保持不变。欲继续执行后续程序，需重新按操作面板上的"循环起动"键。

M00 为非模态后作用 M 功能。

② 程序结束指令 M02。M02 编在主程序的最后一个程序段中。当 CNC 执行到 M02 指令时，机床的主轴、进给、切削液全部停止，加工结束。

使用 M02 的程序结束后，若要重新执行该程序就必须重新调用该程序，然后按操作面板上的"循环起动"键。

M02 为非模态后作用 M 功能。

③ 程序结束并返回到零件程序头指令 M30。M30 和 M02 功能基本相同，只是 M30 指令还兼有控制返回到零件程序头的作用。使用 M30 的程序结束后，若要重新执行该程序，只需再次按操作面板上的"循环起动"键即可。

5）PLC 设定的辅助功能有以下三种指令：

① 主轴控制指令 M03、M04、M05。

M03：起动主轴以程序中编制的主轴速度顺时针方向（从 Z 轴正向朝 Z 轴负向看）旋转。

M04：起动主轴以程序中编制的主轴速度逆时针方向（从 Z 轴正向朝 Z 轴负向看）旋转。

M05：使主轴停止旋转。

M03、M04 为模态前作用 M 功能，M05 为模态后作用 M 功能。

M05 为默认功能。

M03、M04、M05 可相互注销。

② 换刀指令 M06。M06 用于在加工中心上调用一个欲安装在主轴上的刀具，刀具将被自动地安装在主轴上。

M06 为非模态后作用 M 功能。

③ 切削液打开停止指令 M07、M08、M09。M07 指令将打开切削液管道；M09 指令将关闭切削液管道；M08 指令将打开第二切削液管道。

M07、M08 为模态前作用 M 功能，M09 为模态后作用 M 功能，M09 为默认功能。

二、准备功能（G 代码）

准备功能 G 指令由 G 及其后面的一或二位数字组成，它用来规定刀具和工件的相对运动轨迹、机床坐标系、坐标平面、刀具补偿、坐标偏置等多种加工操作。

G 功能有非模态 G 功能和模态 G 功能之分。

1）非模态 G 功能：只在所规定的程序段中有效，程序段结束时被注销。

2）模态 G 功能：一组可相互注销的 G 功能，这些功能一旦被执行则一直有效，直到被同一组的 G 功能注销为止。

模态 G 功能组中包含一个默认 G 功能，上电时将被初始化为该功能。

没有共同参数的不同组 G 代码可以放在同一程序段中，而且与顺序无关。

G 代码有 100 个，从 G00～G99。在 100 个 G 代码中有一部分未规定其含义，留待将来修订时再用；另一部分"永不指定"的 G 代码，即使将来修订时也不指定其含义，这一部分由机床设计者自行规定其含义。由于数控系统的功能越来越强，所需的准备功能越来越多，现在已有许多系统厂家对原有的 G 代码进行了扩展，比如 FANUC 系统、SIEMENS 系统出现了 G150、G258 等。

虽然 G 代码有国际上的标准和国内的标准，但是现在对于不同的数控系统厂家，即使相同的厂家生产的不同版本的系统，同一个 G 代码也赋予了不同的功能，不同数控系统的编程差异较大，故必须按照所用数控系统的说明书的具体规定使用。针对这个问题，本教材主要讲述当前的部分主流数控系统（HNC – 22M、FANUC – 0i – MA、SIEMENS 802D）常用 G 代码的功能、含义、异同点，并且在后面的代码和程序中会注明所用的系统。

以上三种系统的常用 G 代码比较见表 4-2～表 4-4。

表 4-2　准备功能（G 代码）比较（一）

数控系统功能	HNC－21M/22M 系统代码	FANUC 0i（FANUC 0i－MA）系统代码	SIEMENS 802D 系统代码	SIEMENS 880 系统代码
快速定位	G00	G00	G0	G00
直线插补	▶G01	▶G01	▶G1	▶G01
顺圆插补	G02	G02	G2	G02
逆圆插补	G03	G03	G3	G03
螺旋线插补	G02/G03	G02/G03	G2/G3	—
暂停时间	G04	G04	G4	G04
螺纹插补	—	G33	G33/G331	G33
回参考点	G28	G28	G74	
回固定点	G29	G29（G27 返回参考点检测）	G75	
工件坐标系设定	G92	G92.1	—	
零点偏置	▶G54～G59	▶G54～G59	▶G54～G59	▶G54～G59
旋转	G68(开)/▶G69(关)	G68(开)/▶G69(关)	ROT/▶AROT	
镜像	G24(开)/▶G25(关)	G50.1/▶G51.1	MIRROR/▶AMIRROR	
比例缩放	▶G50(关)/G51(开)	▶G50/G51	SCALE/▶ASCALE	▶G50/G51
可编程偏置	—	—	TRANS/▶ATRANS	
极坐标指令	G38	G15/G16	G110/G111/G112	
刀具半径补偿取消	▶G40	▶G40	▶G40	▶G40
半径左补偿	G41	G41	G41	G41
半径右补偿	G42	G42	G42	G42
刀具长度补偿取消	▶G49	▶G49	—	
长度正补偿	G43	G43	—	
长度负补偿	G44	G44	—	
X/Y 平面	▶G17	▶G17	▶G17	
X/Z 平面	G18	G18	G18	
Y/Z 平面	G19	G19	G19	
准确定位	G60/G09/▶G61	G60/G09	G9/G60	
连续路径切削	▶G64	▶G64	▶G64	
米制尺寸	▶G21	▶G21	▶G71/G710	▶G71
英制尺寸	G20	G20	G70/G700	G70
绝对尺寸	▶G90	▶G90	▶G90	▶G90
增量尺寸	G91	G91	G91	G91
进给率/(mm/min)	▶G94	▶G94	▶G94	▶G94
进给率/(mm/r)	G95	G95	G95	G95
深孔钻循环	G73/G83	G73/G83	CYCLE83	G83(或调用 L83)
左旋攻螺纹循环	G74	G74	—	
精镗循环	G76	G76	—	
固定循环取消	▶G80	▶G80	—	▶G80
钻孔循环	G81/G82	G81/G82	CYCLE82	
攻螺纹循环	G84	G84	CYCLE84	G84(或调用 L84)

（续）

数控系统功能	HNC - 21M/22M 系统代码	FANUC 0i（FANUC 0i - MA）系统代码	SIEMENS 802D 系统代码	SIEMENS 880 系统代码
镗孔循环	G85/G86/G88/G89	G85/G86/G88/G89	CYCLE85/86/88	G85 粗镗循环（或调用 L85）G86/G87/G88/G89 精镗循环（或调用 L86、L87、L88、L89）
背镗循环	G87	G87	—	

注：标计▶为默认值。

表 4-3　准备功能（G 代码）比较（二）

G 代码	HNC - 21/22M	FANUC 0i	SIEMENS 880 系统代码
G05.1		预读控制（超前读多个程序段）	
G06			样条插补
G07.1（G107）		圆柱插补	
G07	虚轴指定		
G08		预读控制	
G09	准停校验	准确停止	进给率减小，精确停止
G10		可编程数据输入	极坐标编程，快进
G11	单段允许	可编程数据输入方式取消	极坐标编程，直线插补
G12	单段禁止		极坐标编程，顺时针方向圆弧插补
G13			极坐标编程，逆时针方向圆弧插补
G15		极坐标指令消除	
G16		极坐标指令	自由选择轴平面
G22	脉冲当量输入	存储行程检测功能接通	
G23		存储行程检测功能断开	
G24	镜像功能开		
G25	镜像功能关		最小工作区限制
G26			主轴速度上限
G30		返回第 2、3、4 参考点	
G31		跳转功能	
G34	攻螺纹		螺纹切削，线性增螺距
G35			螺纹切削，线性减螺距
G37		自动刀具长度测量	
G39		拐角偏置圆弧插补	
G40.1（G150）		法线方向控制取消方式	
G41.1（G151）		法线方向控制左侧接通	
G42.1（G152）		法线方向控制右侧接通	
G45		刀具位置偏置加	
G46		刀具位置偏置减	
G47		刀具位置偏置加 2 倍	
G48		刀具位置偏置减 2 倍	离开轮廓
G50.1		可编程镜像取消	
G51.1		可编程镜像有效	
G52	局部坐标系统设定	局部坐标系统设定	
G53	直接机床坐标系编程	选择机床坐标系	零点偏置注销

（续）

G 代码	HNC – 21/22M	FANUC 0i	SIEMENS 880 系统代码
G54.1		选择附加工件坐标系	
G58	选择工件坐标系 5	选择工件坐标系 5	第一个可编程零点偏置
G59	选择工件坐标系 6	选择工件坐标系 6	第二个可编程零点偏置
G60	单方向定位	单方向定位	进给率减小，精确停
G61	准确停止校验方式	准确停止方式	
G62		自动拐角倍率	轮廓加工，含速度减小的段转换
G63		攻螺纹方式	无编码器攻螺纹，进给倍率100%
G64	连续方式	切削方式	轮廓加工，无速度减小的段转换
G65	子程序调用	宏程序调用	
G66		宏程序模态调用	
G67		宏程序模态调用取消	
G68	旋转变换	坐标旋转有效	沿最短路径（转轴）的绝对式尺寸系
G69	旋转取消	坐标旋转取消	
G74	逆攻螺纹循环	左旋攻螺纹循环	程序做参考点逼近
G76	精镗循环	精镗循环	
G80	固定循环取消	固定期循环取消/外部操作功能取消	取消固定循环
G81	定心钻循环	钻孔循环，锪镗循环或外部操作功能	钻削循环（或调用 L81）
G82	锪孔循环	钻孔循环或反镗循环	钻削循环（或调用 L82）
G92	工件坐标系设定	设定工件坐标系或最大主轴速度钳制	P __，柱面插补时，工作直径和单位直径间的关系 S __，按选的主轴转速极限 T __，切螺纹时的平稳进给跑合时间
G96		周速恒定控制（切削速度）	进给率，地址 F，mm/r 或 in/r 恒切削速度时，地址 S，单位为 mm/min 或 in/min
G97		周速恒定控制取消（切削速度）	取消 G96，存 G96 的最后位置点速度
G98	固定循环返回到起始点	固定循环返回到初始点	
G99	固定循环返回到 R 点	固定循环返回到 R 点	
G110			极坐标编程，把最后一个编程位置作为新的中心点
G111			极坐标编程，用角度和半径作极坐标编程
G147			用直线逼近轮廓
G148			用直线离开轮廓
G195			相对于转轴的进给率（mm/min）
G247			成象限逼近轮郭
G248			成象限离开轮郭
G347			成半圆逼近轮廓
G348			成半圆离开轮廓

说明：

1）电源接通或复位时 CNC 进入清除状态，此时的模态 G 代码用▶指示状态。

2）不同组的 G 代码在同一程序段中可以指令多个。如果在同一程序段指令了多个同组 G 代码，仅执行最后指令的 G 代码。

表 4-4 SINUMERIK 802D 指令补充表

G 代码	功 能 说 明	G 代码	功 能 说 明
G332	不带补偿夹具切削内螺纹	G450	圆弧过渡
G63	带补偿夹具攻螺纹	G451	等距线的交点，刀具有工件转角处不切削
G147	SAR——沿直线进给	RET	子程序结束
G148	SAR——沿直线后退	L	子程序名及子程序调用
G247	SAR——沿四分之一圆弧进给	M40	自动变换齿轮级
G248	SAR——沿四分之一圆弧后退	CYCLE81	钻削、中心钻孔
G347	SAR——沿半圆进给	CYCLE82	中心钻孔
G348	SAR 沿半圆后退	CYCLE83	深孔钻削
ROT	可编程旋转	CYCLE840	带补偿夹具攻螺纹
SCALE	可编程比例系数	CYCLE84	刚性攻螺纹
AROT	附加的可编程旋转	CYCLE85	铰孔
ASCALE	附加的可编程比例系数	CYCLE86	镗孔
G25	主轴转速下限	CYCLE87	镗孔 3
G26	主轴转速上限	CYCLE8	钻孔时停止
G110	极点尺寸，相对于上次编程的设定位置	CYCLE89	镗孔 5
G111	极点尺寸，相对于当前工件坐标系的零点	CYCLE90	螺纹铣削
G112	极点尺寸，相对于上次有效的极点	HOLES1	钻削直线排列的孔
G500	取消可设定零点偏置	HOLES2	钻削圆弧排列的孔
G53	按程序段方式取消设定零点偏置	SLOT1	铣槽
G60	准确定位	SLOT2	铣圆形槽
G64	连续路径方式	POCKET3	矩形箱
G9	准确定位，单程序段有效	POCKET4	圆形箱
G601	在 G60/G9 方式下准确定位	CYCLE71	端面铣
G602	在 G60/G9 方式下准确定位	CYCLE72	轮廓铣
CFC	圆弧加工时打开进给率修调	LONGHOLE	加长孔
CFTCP	关闭进给率修调	TURN	螺旋插补中附加的圆循环数量

1. 进给控制功能指令 G00、G01、G02/G03 的编程格式及应用

G00、G01、G02/G03 属于基本移动指令，分别是快速移动指令、直线插补指令和圆弧插补指令，在所有数控系统中，功能和应用上基本都是一致的，区别在于指令的格式上。下面针对 HNC-22M、FANUC 0i－MA 和 SIEMENS 802D 三种系统的指令格式和应用分别加以说明。

（1）快速移动指令（G00）

G00 指令：刀具相对于工件以各轴预先设定的速度，从当前位置快速移动到程序段指令的定位目标点。

G00 指令中的快速移动速度，由机床参数"快移进给速度"对各轴分别设定，不能用 F __ 规定。

G00 一般用于加工前快速定位或加工后快速退刀，快移速度可由面板上的快速修调旋钮修正。

G00 为模态功能，可由 G01、G02、G03 或 G33 等指令注销。

1）HNC – 22M 系统编程格式：G00　X __　Y __　Z __；

X __　Y __　Z __：快速定位终点，在 G90（绝对值指令）时为终点在工件坐标系中的坐标；在 G91（增量值指令）时为终点相对于起点的位移量。

2）FANUC 0i- MA 系统编程格式：G00　IP __；

IP __：绝对值指令时，是终点的坐标值；增量值指令时，是刀具移动的距离。

3）SIEMENS 802D 系统编程格式：G0　X __　Y __　Z __

X __　Y __　Z __：绝对值指令时，是终点的坐标值；增量值指令时，是刀具移动的距离。

注意：

在执行 G00 指令时，由于各轴以各自速度移动，不能保证各轴同时到达终点，因而联动直线轴的合成轨迹不一定是直线。操作者必须格外小心，以免刀具与工件发生碰撞。常见的做法是将 Z 轴移动到安全高度，再放心地执行 G00 指令。

例 4-1　如图 4-1 所示，刀具从 A 点快速定位到 B 点，其程序如图 4-1 所示。

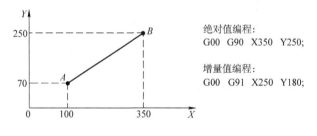

绝对值编程：
G00　G90　X350　Y250；

增量值编程：
G00　G91　X250　Y180；

图 4-1　G00 编程举例

由于三种系统指令格式相同，在这里只写出一种编程格式。注意 G00 的走刀轨迹，并且 G00 只适合空行程，不能用于实际切削。

（2）直线插补指令（G01）

G01 指令：刀具以联动的方式，按 F 规定的合成进给速度，从当前位置按线性路线（联动直线轴的合成轨迹为直线）移动到程序段指令的终点。

直到新的值被指定之前，F 指定的进给速度一直有效，因此无须对每个程序段都指定 F。

用 F 代码指令的进给速度是沿着直线轨迹测量的，如果 F 代码不指令，则进给速度被当作零。

G01 是模态代码，可由 G00、G02、G03 或 G33 指令注销。

1）HNC – 22M 系统编程格式：G01　X __　Y __　Z __　F __；

X __ Y __ Z __：线性进给终点，在 G90（绝对值指令）时为终点在工件坐标系中的坐标；在 G91（增量值指令）时为终点相对于起点的位移量。

F __：合成进给速度。

2）FANUC 0i-MA 系统编程格式：G01 IP __   F __；

IP __：绝对值指令时，是终点的坐标值；增量值指令时，是刀具移动的距离。

F __：刀具的进给速度（进给量）。

3）SIEMENS 802D 系统编程格式：G1 X __ Y __ Z __   F __

X __ Y __ Z __：绝对值指令时，是终点的坐标值；增量值指令时，是刀具移动的距离。

F __：合成进给速度。

例 4-2　如图 4-2 所示，刀具从 *A* 点以 150mm/min 的速度直线切削到 *B* 点，其程序如图 4-2 所示。

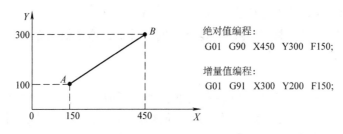

图 4-2　G01 编程举例

（3）圆弧插补指令（G02/G03）

G02/G03 指令：刀具沿圆弧轮廓从起点运行到终点。

运行的方向由 G 功能定义：G02——顺时针圆弧插补；G03——逆时针圆弧插补。

判别方法：顺时针或逆时针是从垂直于圆弧所在平面的坐标轴的正方向，向负方向看到的回转方向。不同平面 G02 和 G03 的选择如图 4-3 所示。

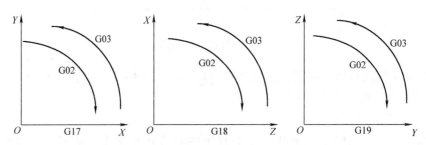

图 4-3　不同平面 G02 和 G03 的选择

1）HNC-22M、FANUC 0i-MA 系统编程格式：

$$G17 \begin{Bmatrix} G02 \\ G03 \end{Bmatrix} X\_\_ \ Y\_\_ \begin{Bmatrix} I\_\_ & J\_\_ \\ R\_\_ \end{Bmatrix} F\_\_;$$

$$G18 \begin{Bmatrix} G02 \\ G03 \end{Bmatrix} X\_\_ \ Z\_\_ \begin{Bmatrix} I\_\_ & K\_\_ \\ R\_\_ \end{Bmatrix} F\_\_;$$

$$G19 \quad \begin{Bmatrix} G02 \\ G03 \end{Bmatrix} \quad Y\_\_ \quad Z\_\_ \quad \begin{Bmatrix} J\_\_ & K\_\_ \\ & R\_\_ \end{Bmatrix} \quad F\_\_;$$

2）SIEMENS 802D 系统编程格式：

G17　G02（G03）　X __ 　Y __ 　CR __ 　F __

G17　G02（G03）　I __ 　J __ 　F __

G18、G19 平面与 G17 平面指令编程格式相同。

说明：

G02：顺时针圆弧插补（图 4-3）。

G03：逆时针圆弧插补（图 4-3）。

G17：*XY* 平面的圆弧。

G18：*ZX* 平面的圆弧。

G19：*YZ* 平面的圆弧。

X、Y、Z：在绝对坐标（G90）时，为圆弧终点在工件坐标系中的坐标；在相对坐标（G91）时，为圆弧终点相对于圆弧起点的位移量。

I、J、K：I、J 或 K 后的数值是从起点向圆弧中心看的矢量分量，并且，不管是 G90 编程还是 G91 编程，I、J、K 总是增量值。I、J 和 K 必须根据方向指定其符号（正或负），也等于圆心的坐标减去圆弧起点的坐标，带符号，如图 4-4 所示。

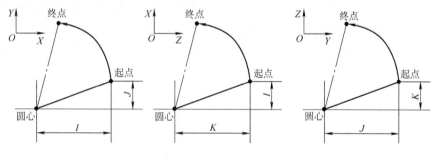

图 4-4　I、J、K 的选择

R（CR）：圆弧半径，当圆弧圆心角小于 180°时，R（CR）为正值，否则 R（CR）为负值。当圆弧圆心角等于 180°时，R（CR）可为正值也可为负值。

F：被编程的两个轴的合成进给速度。

注意：

1）前述 G00、G01 移动指令既可在平面内进行，也可实现三轴联动，而圆弧插补只能在某平面内进行，因此，若要在某平面内进行圆弧插补加工，必须用 G17、G18、G19 指令事先将该平面设置为当前加工平面；否则将会产生错误警告。事实上，空间圆弧曲面的加工都是转化为一段段的空间直线（或平面圆弧）而进行的。

2）机床起动时默认的加工平面是 G17。如果程序中刚开始时所加工的圆弧属于 *XY* 平面，则 G17 可省略，一直到有其他平面内的圆弧加工时才指定相应的平面设置指令；再返回到 *XY* 平面内加工圆弧时，则必须指定 G17。如果指令了不在指定平面的轴，则显示报警。

3）坐标平面选择 G17、G18、G19。该组指令用于选择进行圆弧插补和刀具半径补偿的平面。G17、G18、G19 为模态功能，可相互注销。

4）移动指令与平面选择无关。例如：执行"G17　G01　Z10；"指令时，Z轴照样会移动。

5）整圆编程时，不可以使用R（CR），只能用I、J、K；同时编入R（CR）与I、J、K时，R（CR）有效。

6）I0、J0和K0可以省略。当X、Y和Z省略（终点与起点相同），并且中心用I、J和K指定时，轨迹是360°的圆弧（整圆）。例如："G02　I20；"指令一个半径为20mm的整圆。

7）如果X、Y和Z全都省略，即终点和起点位于相同位置，并且用R指定，编程轨迹是一个0°的圆弧。例如：执行"G02　R20；"指令时，刀具不移动。

例4-3　使用G03对图4-5所示劣弧①和优弧②编程。

如图4-5所示，刀具从起点分别经①和②两条路径到达终点。其程序如下：

圆弧①：

绝对编程：G90　G03　X0　Y20.0　R20.0；

增量编程：G91　G03　X–20.0　Y20.0　R20.0；

圆弧②：

绝对编程：G90　G03　X0　Y20.0　R–20.0；

增量编程：G91　G03　X–20.0　Y20.0　R–20.0；

8）机床起动时默认的加工平面是G17。如果程序中刚开始时所加工的圆弧属于XY平面，则G17可省略，一直到有其他平面内的圆弧加工时才指定相应的平面设置指令；再返回到XY平面内加工圆弧时，则必须指定G17。如果指令了不在指定平面的轴，则显示报警。

例4-4　如图4-6所示，用G02、G03编程。

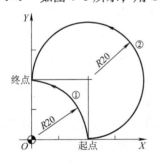

图4-5　用圆弧半径R编程

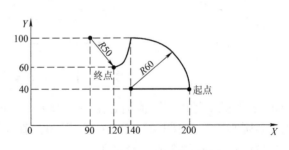

图4-6　G02、G03编程举例

程序如下：

（1）绝对值编程

G92　X200.0　Y40.0　Z0；　　//设定工件坐标系

G90　G03　X140.0　Y100.0　R60.0　F300.0；

G02　X120.0　Y60.0　R50.0；

或

G92　X200.0　Y40.0　Z0；

G90　G03　X140.0　Y100.0　I–60.0　F300.0；

G02　X120.0　Y60.0　I–50.0；

（2）增量值编程

G91　G03　X－60.0　Y60.0　R60.0　F3000.0；

G02　　X－20.0　Y－40.0　R50.0；

或

G91　G03　X－60.0　Y60.0　I－60.0　F300.0；

G02　　X－20.0　Y－40.0　I－50.0；

2. 简单零件的编程练习

结合前面所讲的指令功能及应用格式，下面通过具体地例子来更好地理解基本移动指令的应用。

例4-5　有一零件如图4-7所示，□120，四角有圆角 $R10$，用 $\phi16mm$ 圆柱铣刀铣四周，刀具轨迹如图所示。若围绕零件顺时针方向加工，从 $P_{s1} \rightarrow P_{f1}$；若围绕零件逆时针方向加工，从 $P_{s2} \rightarrow P_{f2}$。现编制程序如下（在不考虑刀具尺寸补偿的情况下，只编制其外形轮廓的铣削程序）：

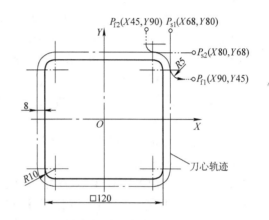

图4-7　简单零件编程

$P_{s1} \rightarrow P_{f1}$ 编程	说　明
O0001；（LX01）	程序名
N5　G00　X68.0　Y80.0；	P_{s1} 点
N6　G01　Y－50.0　F60；	
N7　G02　X50.0　Y－68.0　I－18.0；	右下角
（或G02　X50.0　Y－68.0　CR＝18.0）	
N8　　G01　X－50.0；	
N9　　G02　X－68.0　Y－50.0　J18.0；	左下角
（或G02　X－68.0　Y－50.0　CR＝18.0）	
N10　G01　Y50.0；	
N11　G02　X－50.0　Y68.0　R18.0；	左上角
（或G02　X50.0　Y68.0　CR＝18.0）	
N12　G01　X50.0；	
N13　G02　X68.0　Y50.0　J－18.0；	右上角
（或G02　X68.0　Y50.0　CR＝18.0）	
N14　G03　X73.0　Y45.0　R5.0；	
（或G03　X73.0　Y45.0　CR＝5.0）	
N15　G00　X90.0；	P_{f1} 点

注：括号内为西门子系统编程，其余为华中和FANUC系统编程。

以上只是编写了 $P_{s1} \rightarrow P_{f1}$ 的程序。$P_{s2} \rightarrow P_{f2}$ 的程序，读者可以自己去完成。

三、其他常用指令

1. 工件坐标系的设定 G92（华中和 FANUC 系统）

当用绝对尺寸编程时，必须先建立一个坐标系，用来确定绝对坐标原点（又称编程原点或程序原点），这个坐标系就是工件坐标系。

编程格式：G92　X＿＿　Y＿＿　Z＿＿；

其中：X、Y、Z 尺寸字是指起刀点相对于程序原点的位置。

执行 G92 指令时，机床不动作，即 X、Y、Z 轴均不移动，但 CRT 显示器上的坐标值发生了变化。以图 4-8 为例，在加工工件前，用手动或自动的方式，令机床回到机床零点。此时，刀具中心对准机床零点（图 4-8a），CRT 显示各轴坐标均为 0。当机床执行"G92　X－10　Y－10;"后，就建立了工件坐标系（图 4-8b）。刀具中心（或机床零点）应在工件坐标系的 $X－10$、$Y－10$ 处，图中虚线代表的坐标系，即为工件坐标系。O_1 为工件坐标系的原点，CRT 显示的坐标值为 $X－10.000$、$Y－10.000$，但刀具相对于机床的位置没有改变。在运行后面的程序时，凡是绝对尺寸指令中的坐标值均为点在 $X_1O_1Y_1$ 这个坐标系中的坐标值。

2. 工件坐标系的选取（G54~G59）

在机床行程范围内可用 G54~G59 指令设定 6 个不同的工件坐标系。一般先用手动输入或者程序设定的方法设定每个坐标系距机床机械原点的 X、Y、Z 轴向的距离，然后用 G54~G59 调用。G54~G59 分别对应于第 1~6 工件坐标系。这些坐标系存储在机床存储器内，在机床重开机时仍然存在，在程序中可以交替选取任意一个工件坐标系使用。值得注意的是，G54~G59 是在加工前就设定好坐标系，而 G92 是在程序中设定坐标系，如果使用了 G54~G59 指令，就没有必要使用 G92 指令了，否则用 G54 设定的坐标系将被 G92 所设定的坐标系替换，所以必须避免。

例 4-6　如图 4-9 所示，刀具从 A 点定位到 B 点，编程如下：

N0100　G54　G00　G90　X30.0　Y40.0;　//快速定位至 G54 坐标系中 $X30.0$、$Y40.0$ 处
N0110　G59;　　　　　　　　　　　//将 G59 置为当前工件坐标系
N0120　G00　X45.0　Y45.0;　　　　//快速移至 G59 坐标系中的 $X45.0$、$Y45.0$ 处

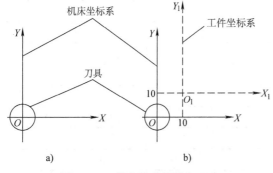

图 4-8　工件坐标系的设定 G92

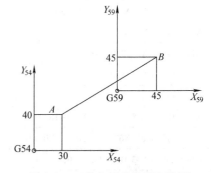

图 4-9　工件坐标系的选取举例

3. 绝对值编程 G90 与相对值编程 G91

编程格式：G90;

　　　　　G91;

G90：绝对值编程，每个编程坐标轴上的编程值是相对于程序原点的。

G91：增量值编程，每个编程坐标轴上的编程值是相对于前一位置而言的，该值等于沿轴移动的距离。

G90、G91 为模态功能，可相互注销。G90 为默认值。

4. 坐标平面选择 G17、G18、G19

编程格式：G17；

G18；

G19；

说明：

G17：选择 XY 平面；

G18：选择 ZX 平面；

G19：选择 YZ 平面。

该组指令用于选择进行圆弧插补和刀具半径补偿的平面。

G17、G18、G19 为模态功能，可相互注销。G17 为默认值。

注意：移动指令与平面选择无关。例如：执行"G17　G01　Z10；"指令时，Z 轴照样会移动。

5. 暂停延时 G04

G04 指令可使刀具做短暂的无进给光整加工，一般用于锪平面、镗孔等场合。

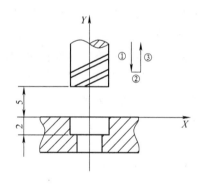

图 4-10　G04 编程举例

编程格式：G04 $\begin{Bmatrix} X\ \underline{\quad} \\ P\ \underline{\quad} \end{Bmatrix}$；

其中地址 X 后可以用带小数点的数，单位为 s，如暂停 1s 可写成"G04　X1.0；"；地址 P 不允许用小数点输入，只能用整数，单位为 ms，如暂停 1s 可写成"G04　P1000；"。例如：图 4-10 所示为锪孔加工，孔底有表面粗糙度要求，程序如下：

G91　G01　Z−7.0　F60；

G04　X5.0；　　　　　　　　刀具在孔底停留 5s

G00　Z7.0；

6. 尺寸单位的设定

1）米制尺寸：G21（华中和 FANUC 系统）

G71 和 G710（SIEMENS 802D 系统）

2）英制尺寸：G20（华中和 FANUC 系统）

G70 和 G700（SIEMENS 802D 系统）

G21、G20 是两个互相取代的 G 代码，机床出厂时将 G21 设定为参数默认状态，用米制输入程序时可不再指定 G21；但用英制输入程序时，在程序开始设定工件坐标系之前，必须指定 G20。在同一个程序中米制、英制可混合使用，另外，G21、G20 指令在断电再接通后，仍保持其原有状态。

7. 返回机床参考点 G28、G29

机床参考点是机床上一个固定点，与加工程序无关。数控机床的型号不同，其参考点的位置也不同。通常立式铣床指定 *X* 轴正向、*Y* 轴正向和 *Z* 轴正向的极限点为参考点。对机床加工范围比较大的机床，可设置在距机床原点较近的适当位置。而机床原点也称为机床零点，它是通过机床参考点间接确定的，机床原点一般设在机床加工范围下平面的左前角。机床起动后，首先要将机床位置"回零"，即执行手动返回参考点，这样数控装置才能通过参考点确认出机床原点的位置，从而在数控系统内部建立一个以机床零点为坐标原点的机床坐标系，这样在执行加工程序时，才能有正确的工件坐标系。

（1）自动返回参考点 G28

编程格式：G28　X ＿＿　Y ＿＿　Z ＿＿；

执行 G28 指令，使各轴快速移动，分别经过指定的中间点（坐标值为 X、Y、Z）返回到参考点位置。在使用 G28 指令时，原则上必须先取消刀具半径补偿和刀具长度补偿。G28 指令一般用于自动换刀。

（2）从参考点返回 G29

编程格式：G29　X ＿＿　Y ＿＿　Z ＿＿；

执行 G29 指令时，首先使被指定的各轴快速移动到前面 G28 所指令的中间点，然后移动到被指定的位置（坐标值为 X、Y、Z 的返回点）上定位。如果 G29 指令的前面未指定中间点，则执行 G29 指令时，被指定的各轴经程序零点，再移到 G29 指令的返回点上定位。如图 4-11 所示，刀具由 *A* 经中间点 *B* 到参考点 *R* 换刀，再经中间点返回 *C* 点定位。

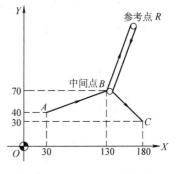

图 4-11　自动返回参考点

绝对值尺寸编程：

G90　G28　X130.0　Y70.0；　　　当前点 *A→B→R*

M06；　　　　　　　　　　　　　换刀

G29　X180.0　Y30.0；　　　　　参考点 *R→B→C*

增量值尺寸编程：

G91　G28　X100.0　Y30.0；

M06；

G29　X50　Y −40；

8. 进给速度的单位设定

编程格式：G94　F ＿＿ ；

　　　　　　G95　F ＿＿；

说明：G94：每分钟进给（mm/min 或 in/min）；

　　　　G95：每转进给（mm/r 或 in/r）；

　　　　F 为进给速度，具体数值由尺寸单位（G20/G21 和 G700/G710）决定。

四、零件的编程练习

例 4-7　根据图 4-12 编写加工程序。

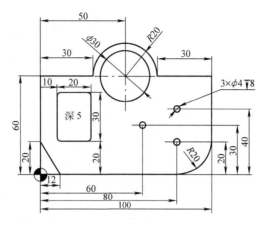

图 4-12 复杂零件编程

程序如下（用 SIEMENS 系统）：

	说明
FZ11. MPF；	
G54；	T1 号刀具零偏
M6　T1　D1；	换 1 号刀
S1000　M3；	主轴正转
G00　X0　Y0　Z2；	快速定位
G01　Z－4　F60；	
G41　G01　Y60　F100；	加左刀补铣外轮廓
X30；	
G02　X70　Y60　I20　J0；	
G01　X100；	
Y20；	
G02　X80　Y0　CR＝20；	
G01　X12；	
X0　Y20；	
G40　X－8；	
G00　Z30；	刀具升到安全高度
M6　T2　D1；	换 2 号刀
G55；	
G00　X50　Y60；	
G01　Z－2　F35；	铣形腔
G91　G03　X0　Y0　I0　J－2　F75；	
G01　Y5；	
G03　X0　Y0　I0　J－7；	
G01　Y5；	
G03　X0　Y0　I0　J－12；	
G90　G01　Z5；	铣方形腔
G00　X27　Y47；	
G01　Z－5　F35；	
G91　X－14　F75；	
Y－5；	
X14；	
Y－5；	
X－14；	

（续）

	说明
FZ11. MPF；	
Y – 5；	
X14；	
Y – 5；	
X – 14；	
Y – 5；	
X14；	
G90　Y47；	
X13；	
Y23；	
X27；	
G00　Z30；	
M6　T3　D1；	
G56；	
S600　M03；	
G00　X60　Y30　Z2；	钻孔
G01　Z – 8　F30；	
Z2；	
G00　X80　Y40；	
G01　Z – 8　F30；	
Z2；	
G00　X0　Y0　Z30；	
M2；	
M5；	

例 4-8　图 4-13a 所示零件，以中间 φ30mm 的孔定位加工外形轮廓，在不考虑刀具尺寸补偿的情况下，试编制其外形轮廓的铣削程序。

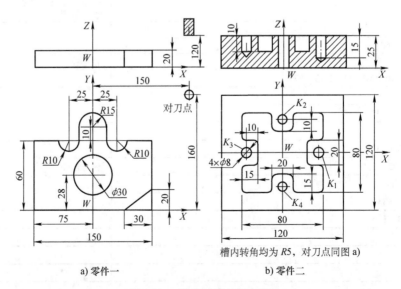

a) 零件一　　　　　b) 零件二

图 4-13　简单零件编程举例

程序如下：

程 序 内 容	含　　义	
O0001；	主程序号	程序头
G92　X150.0　Y160.0　Z120.0；	建立工件坐标系，编程零点 W	程序头
G90　G00　X100.0　Y60.0；	绝对值方式，快进到 $X=100$、$Y=60$ 处	程序头
Z–2.0　S1000　M03；	Z 轴快速移到 $Z=-2$ 处，主轴以 $1000r/min$ 速度正转	程序头
G01　X75.0　F100；	直线插补至 $X=75$、$Y=60$ 处，进给速度为 $100mm/min$	程序主干
X35.0；	直线插补至 $X=35$、$Y=60$ 处	程序主干
G02　X15.0　R10.0；	顺时针圆弧插补至 $X=15$、$Y=60$ 处，圆弧半径为 $10mm$	程序主干
G01　Y70.0；	直线插补至 $X=15$、$Y=70$ 处	程序主干
G03　X–15.0　R15.0；	逆时针圆弧插补至 $X=-15$、$Y=70$ 处，圆弧半径为 $15mm$	程序主干
G01　Y60.0；	直线插补至 $X=-15$、$Y=60$ 处	程序主干
G02　X–35.0　R10.0；	顺时针圆弧插补至 $X=-35$、$Y=60$ 处，圆弧半径为 $10mm$	程序主干
G01　X–75.0；	直线插补至 $X=-75$、$Y=60$ 处	程序主干
Y0；	直线插补至 $X=-75$、$Y=0$ 处	程序主干
X45.0；	直线插补至 $X=45$、$Y=0$ 处	程序主干
X75.0　Y20.0；	直线插补至 $X=75$、$Y=20$ 处	程序主干
Y65.0；	直线插补至 $X=75$、$Y=65$ 处，轮廓切削完毕	程序主干
G00　X100.0　Y60.0　M05；	快速退刀至 $X=100$、$Y=60$ 处，主轴停转	程序尾
Z120.0；	快速抬刀至 $Z=120$ 的对刀点平面	程序尾
X150.0　Y160.0；	快速退刀至对刀点	程序尾
M30；	程序结束，复位	程序尾

例4-9　铣槽与钻孔。图 4-13b 所示零件，以外形定位，加工内槽和钻凸耳处的四个圆孔（在不考虑刀具尺寸补偿和加工工艺的情况下）。K_1 孔深 15mm，K_3 孔深 10mm，K_2、K_4 孔深 2mm。

为保证钻孔质量，整个零件采用先铣槽后钻孔的顺序。内槽铣削使用 $\phi10mm$ 的铣刀，先采用行切（双向切削）去除大部分材料，整个周边留单边 0.5mm 的余量；最后，采用环切加工整个内槽周边。整个内槽铣切的位置点关系及路线安排如图 4-14 所示。

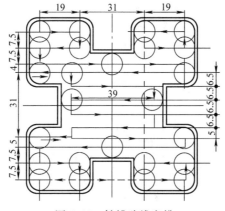

图 4-14　铣槽路线安排

程序如下：

程序内容	说　明	
O2345；	程序号	程序开始
G92　X150.0　Y160.0　Z120.0；	建立工件坐标系，工件零点在对称中心	
G90　G00　X－34.5　Y34.5；	绝对值方式，快速移到槽内铣削起点的正上方	
Z5.0　S2000　M03；	快速下刀至距工件上表面 5mm 处	
G01　Z－5.0　F50；	进给下刀至槽底部，进给速度 50mm/min	
N100　G91　G01　X19.0；	横向进给，增量方式，右移 19mm（行切开始）	
Y－7.5；	下移 7.5mm	切槽
X－19.0；	左移 19mm	
Y－7.5；	下移 7.5mm	
N110　X69.0；	右移 69mm，铣至宽槽处	
Y－4.0；	下移 4mm	
X－69.0；	左移 69mm	
G90　X－19.5；	绝对值方式，往回移至 X＝－19.5 处，准备向下进给	
G91　Y－6.5；	增量值方式，下移 6.5mm	
N120　X39.0；	右移 39mm，铣槽的中腰部	
Y－6.5；	下移 6.5mm	
X－39.0；	左移 39mm	
Y－6.5；	下移 6.5mm	
X39.0；	右移 39mm	
Y－6.5；	下移 6.5mm	
X－39.0；	左移 39mm	
Y－5.0；	下移 5mm	
X－15.0；	左移 15mm	
N130　X69.0；	右移 69mm（重复 15mm），铣下部宽槽	
Y－4.0；	下移 4mm	
X－69.0；	左移 69mm	
Y－7.5；	下移 7.5mm	
N140　X19.0；	右移 19mm，铣左下部窄槽	
X－7.5；	下移 7.5mm	
X－19.0；	左移 19mm	
N150　G01　Z15.0；	向上抬刀 15mm	
G00　X50.0；	快速右移至右下角窄槽区	
G01　Z－15.0；	下刀进给至槽底部	
N160　X19.0；	右移 19mm	
Y7.5；	上移 7.5mm	
X－19.0；	左移 19mm	
N170　G90　Y27.0；	绝对值方式，向上进给移动到右上角窄槽区	
N180　X34.5；	右移至 X＝34.5 处（右端）	
Y34.5；	上移至 Y＝34.5 处	
X15.5；	左移至 X＝15.5 处（内槽粗铣完毕，行切结束）	

（续）

程序内容	说　　明	
N190　G91　G01　X-0.5　Y0.5　F20；	增量方式，进给至切削刀接近右上角顶部直线段的左端点处	
N200　X20.0；	右移20mm，开始沿顺时针方向对周边进行环切	
Y-20.0；		
X-15.0；		
Y-30.0；		
X15.0；		
Y-20.0；		
X-20.0；		
Y15.0；		
X-30.0；		
Y-15.0；		
X-20.0；		
Y20.0；		
X15.0；		
Y30.0；		
X-15.0；		
Y20.0；		
X20.0；		
Y-15.0；	内槽周边铣切的最后一刀，环切结束	
X30.0；	抬刀至距工件上表面5mm的上部，主轴停	切槽
N210　Y15.0；		
N220　G90　G01　Z30.0　M05；		
G28　Z120.0；	Z 轴返回参考点	
G28　X150.0　Y160.0；	X、Y 轴返回参考点	
N230　M00；	暂停程序运行，准备进行手动换刀	
N240　G90　G00　X35.0　Y0；	快速移至孔 K_1 正上方	
Z5.0　S1200　M03；	快速下刀至距工件上表面5mm的安全平面高度处，主轴正转	
N250　G01　Z-15.0　F10；	钻孔 K_1，进给速度为10mm/min	
G04　P1500；	孔底暂停1.5s	
G00　Z30.0；	快速提刀至安全平面高度	
X0　Y35.0；	快移至孔 K_2 的正上方	
Z5.0　S1200　M03；	快速下刀至距工件上表面5mm的安全平面高度处，主轴正转	
N260　G01　Z-2.0；	钻孔 K_2	
G00　Z30.0；	提刀至安全平面	
X-35.0　Y0；	快移至孔3的上方	
Z5.0　S1200　M03；	快速下刀至距工件上表面5mm的安全平面高度处，主轴正转	
N270　G01　Z-10.0；	钻孔 K_3	
G00　Z30.0；	提刀至安全平面	
X0　Y-35.0；	快移至孔 K_4 的上方	
Z5.0　S1200　M03；	快速下刀至距工件上表面5mm的安全平面高度处，主轴正转	

（续）

程序内容	说　明	
N280　G01　Z-2.0；	钻孔 K_4	切槽
G28　Z120.0；	提刀并返回 Z 轴参考点所在平面高度	
G28　X150.0　Y160.0；	返回 X、Y 轴参考点	
M05；	主轴停	
M30；	程序结束并复位	

第二节　详解 G 代码

一、子程序

如果程序包含固定的顺序或多次重复的图形，这样的顺序或图形可以编成子程序在存储器中存储，以简化编程。

子程序可以由主程序调用，被调用的子程序也可以调用另一个子程序。

1. 子程序的编写格式

严格来讲子程序与主程序的编写格式没有什么区别，但在不同的系统中格式有所区别。

（1）华中系统子程序编写格式

O ××××或％××××；　　　子程序名

　∶　　　　　　　　　　　　程序体部分

M99；　　　　　　　　　　子程序结束并返回主程序

（2）FANUC 系统子程序编写格式　子程序编写格式与华中系统相同。

在以上两个系统中，子程序必须用 M99 结束。

（3）SIEMENS 系统子程序的编写格式　与主程序编写格式一致，以两个字母开头，后面可以是字母、数字或下划线，子程序结束用 M30 或 RET。

注意：在编写子程序时，必须有程序名和结束符。

2. 子程序的调用格式

（1）HNC-22M 系统调用格式

M98　P＿＿　L＿＿；

说明：

P：被调用的子程序号。

L：重复调用的次数，调用一次可以省略。

例如："M98　P1000　L3；"表示调用名为 O1000 的子程序，执行三次；"M98 P1000；"表示调用名为 O1000 的子程序，执行一次。

（2）FANUC-0i-M 系统调用格式

　　M98　P ××××；

子程序被执⤶　└─子程序号
行的次数

例如："M98　P31000；"表示调用名为 O1000 的子程序，执行三次；"M98　P1000；"表示调用名为 O1000 的子程序，执行一次。

注意：当不指定重复数据时，子程序调用只一次。

（3）SIEMENS 802D 系统调用格式 在一个程序中可以直接用子程序名来调用子程序，如果要连续调用子程序，则在子程序名后需加上 P 和调用次数。

例如："XY11 P3"表示调用名为 XY11 的子程序，执行三次；"ABC21"表示调用名为 ABC21 的子程序，执行一次。

注意：调用时，子程序名和调用次数必须独占一行；P 省略表示子程序执行一次。

3. 子程序的执行和嵌套

子程序的执行过程在以上系统中都是相同的，在这里只以一个系统为例来进行讲解。执行过程如图 4-15 所示。

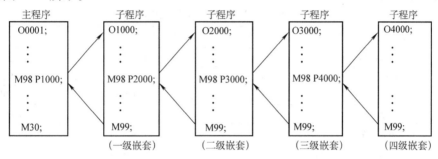

图 4-15 子程序执行过程

当主程序调用子程序时，这时的子程序称为一级子程序。在应用时，子程序可以调用子程序，这种应用称为子程序的嵌套。

1）在不同的系统中，嵌套层数是不相同的，华中系统和 FANUC 0i 系统允许 4 层嵌套，SIEMENS 802D 系统允许 8 层嵌套。

2）调用指令可以重复地调用子程序，最多 999 次。

例 4-10 如图 4-16 所示，要钻五个同样大小、同样深度的圆孔，由于孔位排列比较规则，用子程序编程如下：

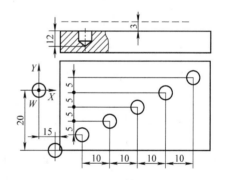

图 4-16 子程序举例

主 程 序	子 程 序
O0004;	O1000;
G92 X0 Y0 Z50.0;	G91 G00 X10.0 Y5.0;
G90 G00 X15.0 Y-20.0;	G01 Z-15.0 F50;
G43 Z3.0 H01 S630 M03 M08;	G04 P1000;
M98 P1000 L5;	G00 Z15.0;
G90 G49 Z3.0 M09;	M99;
G28 Z50.0 M05;	
G28 X0 Y0 M30;	

二、固定循环功能

在数控加工中，某些加工动作循环已经典型化。例如，钻孔、镗孔的动作是孔位平面定位、快速引进、工作进给、快速退回等，这一系列典型的加工动作已经预先编好程序，存储在内存中，可用一个 G 代码对程序段进行调用，从而简化编程工作，这种功能称为固定循环功能。

在华中系统和 FANUC 系统中，固定循环主要应用在孔加工中，包括钻孔、镗孔、攻螺纹等；对于 SIEMENS 802D 系统来讲，固定循环除了应用于孔加工以外，还应用于挖槽、轮廓加工等。下面先来讲解华中系统和 FANUC 系统中的孔加工固定循环。

在华中系统和 FANUC 系统中，孔加工固定循环的功能、刀具动作、G 代码名称及应用都是相同的，只是在 G 代码中参数的格式上有所区别，所以在这里两种系统一起讲解。FANUC 铣削系统的固定循环功能见表 4-5。

表 4-5　FANUC 铣削系统的固定循环功能

G 代码	钻孔操作（−Z 方向）	在孔底的动作	退刀操作（+Z 方向）	应　　用
G73	间歇进给	—	快速移动	高速深孔钻循环
G74	切削进给	停刀→主轴正转	切削进给	左旋攻螺纹循环
G76	切削进给	主轴定向停止	快速移动	精镗循环
G80	切削进给	—	—	取消固定循环
G81	切削进给	—	快速移动	钻孔循环，点钻循环
G82	切削进给	停刀	快速移动	钻孔循环，锪镗循环
G83	间歇进给	—	快速移动	深孔钻循环
G84	切削进给	停刀→主轴正转	切削进给	攻螺纹循环
G85	切削进给		切削进给	镗孔循环
G86	切削进给	主轴停止	快速移动	镗孔循环
G87	切削进给	主轴正转	快速移动	背镗循环
G88	切削进给	停刀→主轴正转	手动移动	镗孔循环
G89	切削进给	停刀	切削进给	镗孔循环

1. 固定循环动作中涉及的一些基本概念

（1）初始平面（G98）　初始平面是为安全下刀而规定的一个平面。初始平面到零件表面的距离可以在安全高度的范围内任意设定，当使用同一把刀具加工若干个孔时，只有孔间存在障碍需要跳跃或全部孔加工结束才使用 G98。这项功能使刀具返回到初始平面上的初始点。

（2）R 点平面（G99）　R 点平面又称 R 参考平面。这个平面是刀具下刀时从快进转为工进的高度平面，确定其距工件表面的距离时主要考虑工件表面尺寸的变化，一般可取 2～5mm。使用 G99 时刀具将返回到该平面上的 R 点。

（3）孔底平面　加工不通孔时孔底平面就是孔底的 Z 轴高度，加工通孔时一般刀具还要伸出工件底平面一段距离，主要是保证全部孔深都加工到尺寸。钻削加工时还应考虑钻头的钻尖对孔深的影响。

孔加工循环与平面选择指令（G17、G18 或 G19）无关，即不管选择了哪个平面，孔加工都是在 XY 平面上定位，并在 Z 轴方向上钻孔。

孔加工固定循环指令有 G73、G74、G76、G80～G89，通常由下述 6 个动作构成（图 4-17）：

1）X、Y 轴定位。

2）定位到 R 点（定位方式取决于上次是 G00 还是 G01）。

3）孔加工。

4）在孔底的动作。

5）退回到 R 点（参考点）。

6）快速返回到初始点。

固定循环的数据表达形式可以用绝对坐标（G90）和相对坐标（G91）表示，如图 4-18 所示。其中，图 4-18a 所示为采用 G90 的表示，图 4-18b 所示为采用 G91 的表示。

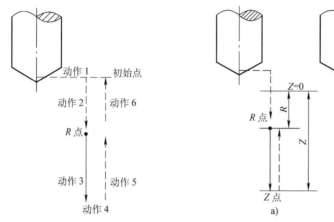

图 4-17　固定循环动作　　　　图 4-18　固定循环的数据形式

固定循环的程序格式包括数据形式、返回点平面、孔加工方式、孔位置数据、孔加工数据和循环次数。数据形式（G90 或 G91）在程序开始时就已指定，因此在固定循环程序格式中可不注出。

2. 常用的固定循环指令

（1）高速深孔加工循环 G73

1）HNC – 22M 系统编程格式：

$$\begin{Bmatrix} G98 \\ G99 \end{Bmatrix} \quad G73 \quad X\underline{\quad} \quad Y\underline{\quad} \quad Z\underline{\quad} \quad R\underline{\quad} \quad Q\underline{\quad} \quad P\underline{\quad} \quad K\underline{\quad} \quad F\underline{\quad} \quad L\underline{\quad};$$

说明：

G98：返回初始平面；

G99：返回 R 点平面；

X、Y：加工起点到孔位的距离（G91）或孔位坐标（G90）；

R：初始点到 R 点的距离（G91）或 R 点的坐标（G90）；

Z：R 点到孔底的距离（G91）或孔底坐标（G90）；

Q：每次进给深度；

K：每次退刀距离（K < Q）；

P：刀具在孔底的暂停时间；

F：切削进给速度；

L：固定循环的次数。

孔加工地址不一定全部都写，根据需要可省略若干地址和数据。

　　固定循环指令以及 Z、R、Q、P 等指令都是模态的，一旦指定，就一直保持有效，直到用 G80 撤销指令为止。因此，只要在开始时指令了这些指令，在后面连续的加工中不必重新指定。如果只是某个孔加工数据发生变化（如孔深发生变化），仅修改需要变化的数据即可，下述孔加工地址也如此。

　　2）FANUC 系统编程格式：

　　G73　X ___　Y ___　Z ___　R ___　Q ___　F ___　K ___；

说明：

　　X、Y：孔位坐标；

　　Z：从 R 点到孔底的距离；

　　R：从初始位置面到 R 点的距离；

　　Q：每次切削进给的切削深度；

　　F：切削进给速度；

　　K：重复次数，即固定循环次数，未指定时为 1 次。

　　G73 用于 Z 轴的间歇进给，使深孔加工时容易排屑，减少退刀量，可以进行高效率的加工。

　　G73 指令动作循环如图 4-19 所示。

　　（2）左旋螺纹加工循环 G74

　　1）HNC – 22M 系统编程格式：

　　G74　X ___　Y ___　Z ___　R ___　P ___　F ___　L ___；

　　参数含义见 G73（以下循环指令中，如有相同参数，不再复述）。

　　G74 加工左旋螺纹时主轴反转，到孔底时主轴正转然后退回。

　　2）FANUC 系统编程格式：

　　G74　X ___　Y ___　Z ___　R ___　P ___　F ___　K ___；

　　其中 P 为暂停时间。

　　G74 指令动作循环如图 4-20 所示。

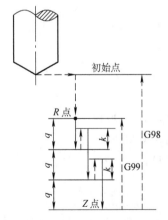

图 4-19　G73 指令动作循环

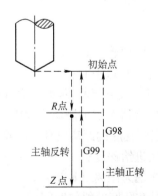

图 4-20　G74 指令动作循环

注意：

　　1）攻螺纹时速度倍率、进给保持均不起作用。

2）R 应选在距工件表面 7mm 以上的地方。

3）如果 Z 的移动量为零，该指令不执行。

（3）精镗循环 G76

1）HNC – 22M 系统编程格式：

G76 X ＿ Y ＿ Z ＿ R ＿ P ＿ I ＿ J ＿ F ＿ L ＿ ;

说明：

I：X 轴刀尖反向位移量；

J：Y 轴刀尖反向位移量。

2）FANUC 系统编程格式：

G76 X ＿ Y ＿ Z ＿ R ＿ Q ＿ P ＿ F ＿ K ＿ ;

说明：

1）Q 为偏移量，其余与前面相同。

2）G76 精镗时，主轴在孔底定向停止后，向刀尖反方向移动，然后快速退刀。这种带有让刀的退刀不会划伤已加工平面，保证了镗孔精度。

3）G76 指令动作循环如图 4-21 所示。

注意： 如果 Z 的移动量为零，该指令不执行。

（4）钻孔循环 G81（中心钻）

1）HNC – 22M 系统编程格式：

G81 X ＿ Y ＿ Z ＿ R ＿ F ＿ L ＿ ;

2）FANUC 系统编程格式：

G81 X ＿ Y ＿ Z ＿ R ＿ F ＿ K ＿ ;

说明：

G81：钻孔动作循环，包括 X、Y 坐标定位，快进工进和快速返回等动作；

G81：指令动作循环如图 4-22 所示。

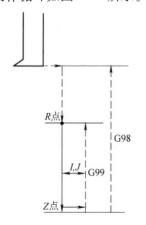

图 4-21　G76 指令动作循环

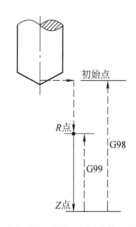

图 4-22　G81 指令动作循环

注意： 如果 Z 向移动量为零，该指令不执行。

（5）带停顿的钻孔循环 G82

1）HNC – 22M 系统编程格式：

G82　X＿＿　Y＿＿　Z＿＿　R＿＿　P＿＿　F＿＿　L＿＿；

2）FANUC 系统编程格式：

G82　X＿＿　Y＿＿　Z＿＿　R＿＿　P＿＿　F＿＿　K＿＿；

说明：

G82：除了要在孔底暂停外，其他动作与 G81 相同，暂停时间由地址 P 给出。

G82：主要用于加工不通孔以提高孔深精度。

注意： 如果 Z 的移动量为零，该指令不执行。

（6）深孔加工循环 G83

1）HNC－22M 系统编程格式：

G83　X＿＿　Y＿＿　Z＿＿　R＿＿　Q＿＿　P＿＿　K＿＿　F＿＿　L＿＿；

说明：

Q：每次进给深度；

K：每次退刀后，再次进给时，由快速进给转换为切削进给时距上次加工面的距离。

2）FANUC 系统编程格式：

G83X＿＿　Y＿＿　Z＿＿　R＿＿　Q＿＿　F＿＿　K＿＿　P＿＿；

说明：

Q：每次切削进给的切削速度。

G83 指令动作循环如图 4-23 所示。

注意： Z、K、Q 移动量为零时，该指令不执行。

（7）攻螺纹循环 G84

1）HNC－22M 系统编程格式：

G84　X＿＿　Y＿＿　Z＿＿　R＿＿　P＿＿　F＿＿　L＿＿；

2）FANUC 系统编程格式：

G84　X＿＿　Y＿＿　Z＿＿　R＿＿　P＿＿　F＿＿　K＿＿；

说明：

G84：攻螺纹时，从 R 点到 Z 点主轴正转，在孔底暂停后主轴反转，然后退回。

G84 指令动作循环如图 4-24 所示。

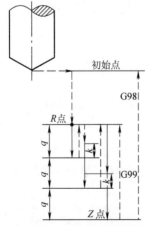

图 4-23　G83 指令动作循环

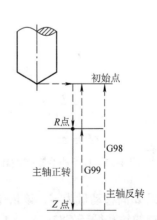

图 4-24　G84 指令动作循环

注意：

1）攻螺纹时速度倍率、进给保持均不起作用。

2）R 应选在距工件表面 7mm 以上的地方。

3）如果 Z 的移动量为零，该指令不执行。

（8）镗孔循环 G85　G85 指令与 G84 指令相同，但在孔底时主轴不反转。

（9）镗孔循环 G86　G86 指令与 G81 相同，但在孔底时主轴停止，然后快速退回。

注意：

1）如果 Z 的移动位置为零，该指令不执行。

2）调用此指令之后主轴将保持正转。

（10）反镗循环　G87

1）HNC－22M 系统编程格式：

G87　X＿＿　Y＿＿　Z＿＿　R＿＿　P＿＿　I＿＿　J＿＿　F＿＿　L＿＿；

说明：

I：X 轴刀尖反向位移量；

J：Y 轴刀尖反向位移量。

2）FANUC 系统编程格式：

G87　X＿＿　Y＿＿　Z＿＿　R＿＿　O＿＿　P＿＿　F＿＿　K＿＿；

说明：

Q：刀具偏移量。

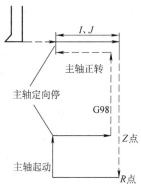

G87 指令动作循环（图 4-25）描述如下：

1）在 X、Y 轴定位。

2）主轴定向停止。

3）在 X、Y 方向分别向刀尖的反方向移动 I、J 值。

4）定位到 R 点（孔底）。

5）在 X、Y 方向分别向刀尖方向移动 I、J 值。

6）主轴正转。

7）在 Z 轴正方向上加工至 Z 点。

8）主轴定向停止。

图 4-25　G87 指令动作

9）在 X、Y 方向分别向刀尖反方向移动 I、J 值。

10）返回到初始点（只能用 G98）。

11）在 X、Y 方向分别向刀尖方向移动 I、J 值。

12）主轴正转。

注意：如果 Z 的移动量为零，该指令不执行。

（11）镗孔循环 G88

1）HNC－22M 系统编程格式：

G88　X＿＿　Y＿＿　Z＿＿　R＿＿　P＿＿　F＿＿　L＿＿；

2）FANUC 系统编程格式：

G88　X＿＿　Y＿＿　Z＿＿　R＿＿　P＿＿　F＿＿　K＿＿；

G88 指令动作循环（图 4-26）描述如下：

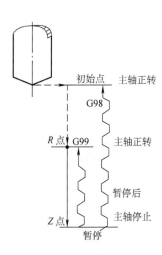

图 4-26　G88 指令动作

1）在 *X*、*Y* 轴定位。

2）定位到 *R* 点。

3）在 *Z* 轴方向上加工至 *Z* 点（孔底）。

4）暂停后主轴停止。

5）转换为手动状态，手动将刀具从孔中退出。

6）返回到初始平面。

7）主轴正转。

注意： 如果 *Z* 的移动量为零，该指令不执行。

（12）镗孔循环 G89 G89 指令与 G86 指令相同，但在孔底有暂停。

注意： 如果 *Z* 的移动量为零，G89 指令不执行。

（13）取消固定循环 G80 该指令能取消固定循环，同时 *R* 点和 *Z* 点也被取消。

使用固定循环时应注意以下几点：

1）在固定循环指令前应使用 M03 或 M04 指令使主轴回转。

2）在固定循环程序段中，X、Y、Z、R 数据应至少指令一个才能进行孔加工。

3）在使用控制主轴回转的固定循环（G74、G84、G86）中，在连续加工一些孔间距比较小，或者初始平面到 *R* 点平面的距离比较短的孔时，会出现在进入孔的切削动作前，主轴还没有达到正常转速的情况，遇到这种情况时应在各孔的加工动作之间插入 G04 指令以获得时间。

4）当用 G00 ~ G03 指令注销固定循环时，若 G00 ~ G03 指令和固定循环出现在同一程序段，按后出现的指令运行。

5）在固定循环程序段中，如果指定了 M 指令，则在最初定位时送出 M 指令信号，等待 M 指令信号完成才能进行孔加工循环。

例 4-11 使用 G88 指令编制图 4-27 所示的螺纹加工程序：设刀具起点距工作表面 100mm 处，背吃刀量为 10mm。

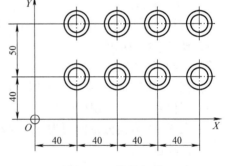

图 4-27 螺纹加工

用华中系统编程：

（1）先用 G81 钻孔

%1000；
G92 X0 Y0 Z0；
G91 G00 M03 S600；
G99 G81 X40 Y40 G90 R-98 Z-110 F200；
G91 X40 L3；
Y50；
X-40 L3；
G90 G80 X0 Y0 Z0 M05；
M30；

（2）再用 G84 攻螺纹

%2000；
G92　X0　Y0　Z0；
G91　G00　M03　S600；
G99　G84　X40　Y40　G90　R－93　Z－110　F100；
G91　X40　L3；
Y50；
X－40　L3；
G90　G80　X0　Y0　Z0　M05；
M30；

3. SIEMENS 802D 系统固定循环功能

（1）中心钻孔 CYCLE82

编程格式：CYCLE82（RTP，RFP，SDIS，DP，DPR，DTB）

说明：

RTP：后退平面（绝对）；

RFP：参考平面（绝对）；

SDIS：安全间隙（无符号输入）；

DP：最后钻孔深度（绝对）；

DPR：相当于参考平面的最后钻孔深度（无符号输入）；

DTB：最后钻孔深度时的停顿时间。

功能：刀具按照编程的主轴速度和进给率钻孔，直至到达输入的最后钻孔深度。到达最后钻孔深度时允许停顿一定时间。

（2）深孔钻削 CYCLE83

编程格式：CYCLE83（RTP，RFP，SDIS，DP，DPR，FDEP，FDPR，DAM，DTB，DTS，FRF，VARI）

说明：

FDEP：起始钻孔深度（绝对值）；

FDPR：相当于参考平面的起始钻孔深度（无符号输入）；

DAM：递减量（无符号输入）；

DTS：起始点处和用于排屑的停顿时间；

FRF：起始钻孔深度的进给率系数（无符号输入），取 0.001～1；

VARI：加工类型：0 为断屑，1 为排屑。

其余参数见 CYCLE82。

功能：刀具按照编程的主轴速度和进给率开始钻孔，直至定义的最后钻孔深度。深孔钻削是通过多次执行最大可定义的深度并逐步增加至到达最后钻孔深度来实现的。

（3）刚性攻螺纹 CYCLE84

编程格式：CYCLE84（RTP，RFP，SDIS，DP，DPR，DTB，SDAC，MPIT，PIT，POSS，SST，SST1）

说明：

SDAC：循环结束后的旋转方向，取值 3、4 或 5（用于 M3、M4 或 M5）；

MPIT：螺距由螺纹尺寸决定（有符号）；

PIT：螺距由数值决定（有符号）；

POSS：循环中定位主轴的位置（以度为单位）；

SST：攻螺纹速度；

SST1：退回速度。

其余参数见 CYCLE82。

功能：刀具按照编程的主轴速度和进给率进行钻孔，直至到达定义的最终螺纹深度。

注：只有用于镗孔操作的主轴在技术上可以进行位置控制，才能使用 CYCLE84。

（4）带补偿夹具攻螺纹 CYCLE840

编程格式：CYCLE840（RTP，RFP，SDIS，DP，DPR，DTB，SDR，SDAC，ENC，MPIT，PIT）

说明：

SDR：退回时的旋转方向，取值 0（旋转方向自动颠倒）、3 或 4（用于 M3 或 M4）；

ENC：带/不带编码器攻螺纹，取值 0（带编码器）或 1（不带编码器）。

其余参数见 CYCLE84。

功能：刀具按照编程的主轴速度和进给率进行钻孔，直至到达定义的最终螺纹深度。

（5）铰孔 CYCLE85

编程格式：CYCLE85（RTP，RFP，SDIS，DP，DPR，DTB，FFR，RFF）

说明：

FFR：进给率；

RFF：退回进给率；

其余参数见 CYCLE82。

功能：刀具按照编程的主轴速度和进给率开始钻孔，直至到达定义的最后钻孔的深度。

（6）镗孔 CYCLE86

编程格式：CYCLE86（RTP，RFP，SDIS，DP，DPR，DTB，SDIR，RPA，RPO，RPAP，POSS）

说明：

SDIR：旋转方向，取值 3（用于 M3）或 4（用于 M4）；

RPA：平面中第一轴上的返回路径（增量，带符号输入）；

RPO：平面中第二轴上的返回路径（增量，带符号输入）；

RPAP：镗孔轴上的返回路径（增量，带符号输入）。

其余参数见 CYCLE84。

功能：用于镗孔，刀具按照编程的主轴速度和进给率开始钻孔，直至到达最后钻孔的深度。镗孔时，一旦到达钻孔深度，便激活了定位主轴的停止功能。然后，主轴从返回平面快速回到编程的返回位置。

（7）带停止镗孔 CYCLE88

编程格式：CYCLE88（RTP，RFP，SDIS，DP，DPR，DTB，SDIR）

参数含义见 CYCLE86。

功能：刀具按照编程的主轴速度和进给率开始钻孔，直至到达最后钻孔的深度。带停止镗孔时，到达最后钻孔深度时会产生主轴停止和已编程的停止。按机床控制面板上的 START 键在快速移动时，持续退回动作，直至到达退回平面。

例 4-12 刚性攻螺纹。

在 XY 平面中的 X30、Y35 处进行不带补偿夹具的刚性攻螺纹，攻螺纹轴是 Z 轴。程序中未编入停顿时间，编程的深度值为相对值，必须给旋转方向参数和螺距参数赋值。被加工螺纹公称直径为 M5（图 4-28）。

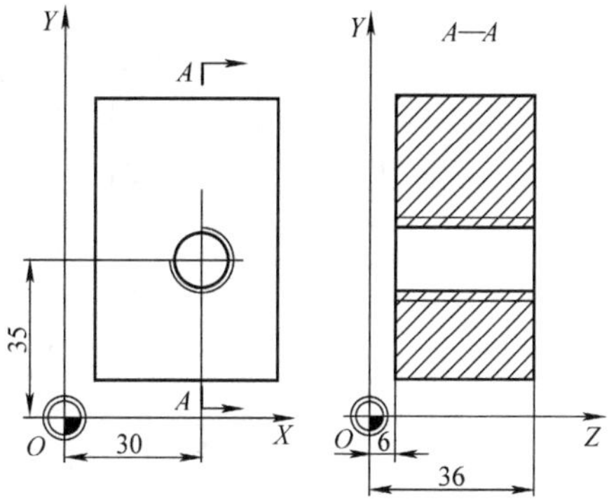

图 4-28　攻螺纹编程

程序如下：

```
N10  G00  G90  T1  D1
N20  G17  X30  Y35  Z40
N30  CYCLE84（40，36，2，，30，，3，5，，90，200，500）
N40  M30
```

注意：在上述循环中，如果参数不赋值，则参数的位置一定要有（即用"，，"来表示），具体表示见程序。

4. 使用固定循环功能注意事项

1）在指令固定循环之前，必须用辅助功能使主轴旋转。如：

M03；　　　主轴正转

G××；　　　固定循环

当使用了主轴停转指令之后，一定要注意再次使主轴回转。若在主轴停止功能 M05 之后，接着指令固定循环则是错误的，这与其他加工情况一样。

2）在固定循环方式中，其程序段必须有 X、Y、Z 轴（包括 R）的位置数据，否则不执行固定循环。

3）撤销固定循环指令除了 G80 外，G00、G01、G02、G03 也能起撤销作用，因此编程时要注意。

4）在固定循环方式中，G43、G44 仍起着刀具长度补偿的作用。

5）操作时应注意，在固定循环中途，若利用复位或急停使数控装置停止，则这时孔加工方式和孔加工数据还被存储着，所以在开始加工时要特别注意，使固定循环剩余动作进行到结束。

例 4-13 用三把刀具加工图 4-29 所示工件的孔，1～6 钻 φ10mm，7～10 钻 φ20mm 孔，11～13 镗 φ95mm 孔（深度 50mm），刀具长度如图所示。偏置值 +200 被设置在偏置号 No. 11 中，偏置值 +190 被设置在偏置号 No. 15 中，而偏置值 +150 被设置在偏置号 No. 31 中。程序如下：

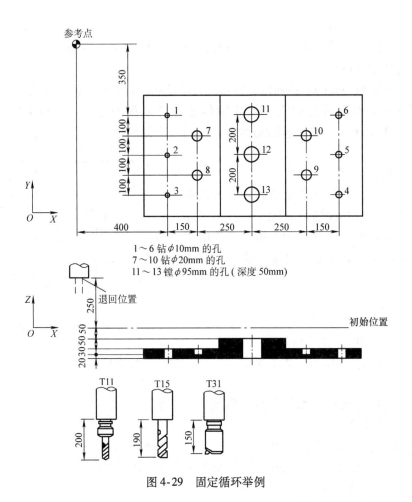

图 4-29 固定循环举例

程 序 内 容	含 义
%	
O1000；	程序号
N010 G92 X0 Y0 Z0；	在参考点设置工件坐标
N020 G90 G00 Z250.0 T11 M06；	刀具交换
N030 G43 Z0 H11；	初始位置，刀具长度偏置
N040 S300 M03；	主轴起动
N050 G99 G81 X400.0 Y－350.0 Z－153.0 R－97.0	定位，钻孔 1，并返回到 R 点位置
F120；	定位，钻孔 2，并返回到 R 点位置
N060 Y－550.0；	定位，钻孔 3，并返回到初始位置
N070 G98 Y－750.0；	定位，钻孔 4，并返回到 R 点位置
N080 G99 X1200.0；	定位，钻孔 5，并返回到 R 点位置
N090 Y－550.0；	定位，钻孔 6，并返回到初始位置
N100 G98 Y－350.0；	返回参考点，主轴停止
N110 G00 X0 Y0 M05；	取消刀具长度偏置，换刀
N120 G49 Z250.0 T15 M06；	初始位置，刀具长度偏置
N130 G43 Z0 H15；	主轴起动
N140 S200 M03；	

（续）

程 序 内 容	含 义
N150　G99　G82　X550.0　Y - 450.0　Z - 130.0　R - 97.0 P3000;	定位，钻孔 7，返回到 R 点位置
N160　G98　Y - 650.0;	定位，钻孔 8，返回到初始位置
N170　G99　X1050.0;	定位，钻孔 9，返回到 R 点位置
N180　G98　Y - 450.0;	定位，钻孔 10，返回到初始位置
N190　G00　X0　Y0　M05;	返回参考点，主轴停止
N200　G49　Z250.0　T31　M06;	取消刀具长度偏置，换刀
N210　G43　Z0　H31;	初始位置，刀具长度偏置
N220　S100　M03;	主轴起动
N230　G85　G99　X800.0　Y - 350.0　Z - 153.0　R47.0　F50;	定位，镗孔 11，返回到 R 点位置
N240　G91　Y - 200.0　K2;	定位，镗孔 12、13，返回到 R 点位置
N250　G28　X0　Y0　M05;	返回参考点，主轴停止
N260　G49　Z0　G80;	取消刀具长度偏置
N270　M02;	程序结束

三、一些不常用的 G 代码

1. 极坐标系设定指令

1）HNC 系统 G38

编程格式：G×× 　 G38 　 X ___ 　 Y ___ 　 Z ___; 　　　　//开始极坐标指令极坐标方式

$\qquad\qquad\qquad$ G00 　 RP = 　 AP = 　 ; 　　　　　//极坐标指令

说明：

X、Y、Z：极坐标系的极点位置，该极点位置是相对于当前工件坐标系的零点位置。

G××：极坐标指令的平面选择 G17、G18 或 G19；

RP：极坐标半径，极坐标半径定义该点到极点的距离，如图 4-29 所示。该值一直保存，只有当极点发生变化或平面更改后才需重新编程。

AP：极坐标角度，指与所在平面中的横坐标轴之间的夹角（比如 XOY 平面中的 X 轴），如图 4-30 所示。该角度可以是正角，也可以是负角。该值一直保存，只有当极点发生变化或平面更改后才需重新编程。

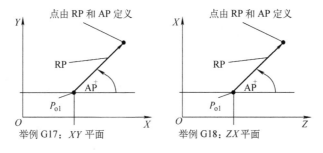

图 4-30　在不同平面中正方向的极坐标半径和极角

例 4-14　程序如下：

G38 　 X0 　 Y0; 　　　　　　　　　　XY 平面（G17 平面）

G01　AP = 45　RP = 20;　　　　　在当前工件坐标系中的极点坐标

2) FANUC 系统 G15、G16

编程格式: G×× 　G×× 　G16; 开始极坐标指令极坐标方式

G00 IP __ ;　　　　　　　　　极坐标指令

⋮

G15;　　　　　　　　　　　取消极坐标指令取消极坐标方式

说明:

G16: 极坐标指令;

G15: 极坐标指令取消;

G××: 极坐标指令的平面选择 G17、G18 或 G19;

G××: G90 指定工件坐标系的零点作为极坐标系的原点, 从该点测量半径; G91 指定当前位置作为极坐标系的原点, 从该点测量半径;

IP __: 指定极坐标系选择平面的轴地址及其值, 第 1 轴为极坐标半径, 第 2 轴为极角。

用绝对值编程指令指定半径 (零点和编程点之间的距离)。工件坐标系的零点设定为极坐标系的原点 (图 4-31)。

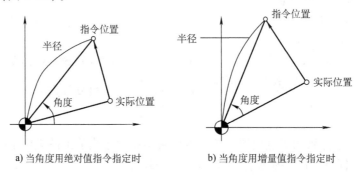

a) 当角度用绝对值指令指定时　　　　　b) 当角度用增量值指令指定时

图 4-31　极坐标 (绝对值编程)

用增量值编程指令指定半径 (当前位置和编程点之间的距离)。当前位置指定为极坐标系的原点 (图 4-32)。

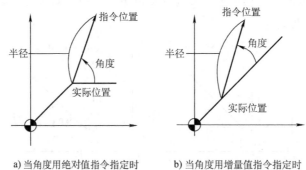

a) 当角度用绝对值指令指定时　　　　　b) 当角度用增量值指令指定时

图 4-32　极坐标 (增量值编程)

3) SIEMENS 802D 系统 G110、G111、G112

编程格式: G110 (或 G111 或 G112) AP = 　RP = 　;

说明：

G110：极点定义，相对于上次编程的设定位置；

G111：极点定义，相对于当前工件坐标系的零点；

G112：极点定义，相对于最后有效的极点，平面不变；

RP：极坐标半径；

AP：极坐标角度。

功能与华中系统 G38 相似。

例 4-15 程序如下：

G17 G111 X17 Y36 在当前工件坐标系中的极点坐标

G112 AP = 45 RP = 27.8 新的极点，相对于上一个极点，作为一个极坐标

注：在极坐标系中可应用的插补指令：

G00——快速移动线性插补；

G01——带进给率线性插补；

G02——顺时针圆弧插补；

G03——逆时针圆弧插补。

2. 坐标轴控制指令

（1）螺旋插补

编程格式：

$$G17 \begin{Bmatrix} G02 \\ G03 \end{Bmatrix} X\_\_ \ Y\_\_ \ \begin{pmatrix} I\_\_ & J\_\_ \\ R\_\_ & \end{pmatrix} Z\_\_ \ F\_\_;$$

$$G18 \begin{Bmatrix} G02 \\ G03 \end{Bmatrix} X\_\_ \ Z\_\_ \ \begin{pmatrix} I\_\_ & K\_\_ \\ R\_\_ & \end{pmatrix} Y\_\_ \ F\_\_;$$

$$G19 \begin{Bmatrix} G02 \\ G03 \end{Bmatrix} Y\_\_ \ Z\_\_ \ \begin{pmatrix} J\_\_ & K\_\_ \\ R\_\_ & \end{pmatrix} X\_\_ \ F\_\_;$$

说明：

X、Y、Z 中由 G17/G18/G19 平面选定的两个坐标为螺旋线投影圆弧的终点，意义同圆弧进给，第三坐标是与选定平面相垂直的轴终点。

其余参数的意义同圆弧进给。

该指令对另一个不在圆弧平面上的坐标轴施加运动指令，对任何小于 360°的圆弧可附加任一数值的单轴指令。

（2）螺纹切削 G33

编程格式：G33 Z__ F__ （K__）；

说明：

Z：终点坐标；

F：螺纹导程（HNC、FANUC 系统）；

K：螺纹导程（SIEMENS 系统）。

功能：能切削等导程的直螺纹，装在主轴上的位置编码器实时地读取主轴速度，读取的主轴速度转换成刀具的每分钟进给量。

例 4-16 切削螺距为 1.5mm 的螺纹，程序如下：

G33　Z10　F1.5；

（3）切削进给速度控制

G09：准确定位，单程序段有效。刀具在程序段的终点减速，执行到位检查，然后执行下个程序段。

G60：准确定位，模态有效。刀具在程序段的终点减速，执行到位检查，然后执行下个程序段。

G64：连续路径加工。刀具在程序段的终点不减速而执行下个程序段。

图 4-33 所示为从程序段（1）到程序段（2）的刀具轨迹在三种方式下的区别。

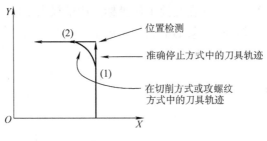

图 4-33　刀具轨迹

3. 其他功能指令

其他功能指令主要有可编程序零点偏置 TRANS、ATRANS（SIEMENS 802D 系统）等。

如果工件上在不同的位置有重复出现的形状或结构，或者选用了一个新的参考点，在这种情况下就需要可编程序的零点偏置。由此产生一个当前工件坐标系，新输入的尺寸均是在该坐标系中的数据尺寸。编程格式：

TRANS　X ＿　Y ＿　Z ＿　　　可编程序零点偏置

ATRANS　X ＿　　Y ＿　Z ＿　可编程序零点偏置，附加于当前指令

TRANS；　　　　　　　　　　　不带数值，取消偏置

TRANS/ATRANS 指令要求一个独立的程序段。

第四章思考练习题

一、单项选择题

1. 在一个程序的执行过程中，模态 G 代码被取消的条件是（　　）。

A. 出现了一个非模态代码　　　B. 出现了程序停止指令

C. 再次出现同一指令　　　　　D. 出现同组指令

2. （　　）不一定能缩短走刀路线。

A. 减少空行程　　　　　　　　B. 缩短切削加工路线

C. 缩短换刀路线　　　　　　　D. 减少程序段

3. 数控加工中心的固定循环功能适用于（　　）。

A. 曲面形状加工　　　　　　　B. 平面形状加工

C. 孔系加工

4. 当系统定义某一个指令为模态指令时，该指令（　　）生效。

A. 一次使用永久　　　　　　　B. 一次使用，只在本段

C. 自系统通电后，即开始　　　D. 一次使用，在其他同组指令出现前，继续

5. 当被加工圆弧对应的圆心角为 360°时，（　　）采用半径编程。

A. 可以　　　　　　B. 不可以　　　　　　C. 经处理后可以　　　　　　D. 以上全错

6. ISO 标准规定增量尺寸方式的指令为（　　）。

A. G90　　　　　　B. G91　　　　　　C. G92　　　　　　D. G50

7. G00 的指令移动速度值由（　　）。

A. 机床参数指定　　　B. 数控程序指定　　　C. 操作面板指定

8. 一个数控加工程序中的运行轨迹的位置是由（　　）决定的。

A. 刀具补偿值　　　B. 编程原点　　　C. 程序内容　　　D. 上述三者共同

9. 一个数控加工程序中，可以有（　　）个编程原点。

A. 1　　　　　　B. 2　　　　　　C. 6　　　　　　D. 任意多

10. 在编制加工中心的加工程序时，一个主程序可以调用的子程序的数量为（　　）个。

A. 1　　　　　　B. 2　　　　　　C. 999　　　　　　D. 任意多

11. 在编程时，若被加工圆弧的圆心角大于 180°，则（　　）。

A. 只能使用 G02 指令　　　　　　B. 只能使用 G03 指令

C. R 值应大于 0　　　　　　D. R 值应小于 0

12. 圆弧插补指令"G03　X __ Y __ R __;"中，X、Y 后的值表示圆弧的（　　）。

A. 起点坐标值　　　B. 终点坐标值　　　C. 圆心坐标相对于起点的值

13. G00 指令与下列的（　　）指令不是同一组的。

A. G01　　　　　　B. G02、G03　　　　　　C. G04

14. 设定工件原点的依据是：既要符合图样尺寸的标注习惯，又要便于（　　）。

A. 操作　　　　　　B. 计算　　　　　　C. 观察　　　　　　D. 编程

15. 绝对编程和增量编程也可在（　　）程序中混合使用，称为混合编程。

A. 同一　　　　　　B. 不同　　　　　　C. 多个　　　　　　D. 主

16. 辅助功能中与主轴有关的 M 指令是（　　）。

A. M06　　　　　　B. M09　　　　　　C. M08　　　　　　D. M05

17. 辅助功能中表示无条件程序暂停的指令是（　　）。

A. M00　　　　　　B. M01　　　　　　C. M02　　　　　　D. M30

18. 辅助功能中表示程序计划停止的指令是（　　）。

A. M00　　　　　　B. M01　　　　　　C. M02　　　　　　D. M30

19. G17、G18、G19 指令可用来选择（　　）的平面。

A. 曲线插补　　　B. 直线插补　　　C. 刀具半径补偿

20. 在完成编有 M00 代码的程序段中的其他指令后，主轴停止、进给停止、（　　）关断、程序停止。

A. 刀具　　　　　　B. 面板　　　　　　C. 切削液　　　　　　D. G 功能

21. 辅助功能指令主要用于机床加工操作时的（　　）性指令。

A. 工艺　　　　　　B. 规范　　　　　　C. 选择　　　　　　D. 判断

22. M99 指令功能代码是子程序结束，即使子程序（　　）到主程序。

A. 返回　　　　　　B. 跳转　　　　　　C. 嵌入　　　　　　D. 设定

23. 以 5 或 10 为间隔选择程序段号，以便以后（　　）程序段时不会改变程序段号的顺序。

A. 删除　　　　　　B. 编辑　　　　　　C. 插入　　　　　　D. 修改

24. 用恒线速度控制加工端面、锥度、圆弧时，X 坐标不断变化，当刀具逐渐移近工件旋转中心时，主轴转速会越来越高，工件可能从卡盘中飞出。为防止事故放生，（　　）限定主轴最高转速。

A. 一般　　　　　　B. 必须　　　　　　C. 可以　　　　　　D. 不一定

25. 程序段"G50　X200.0　Z263.0;"表示刀尖距（　　）距离 X = 200、Z = 263。

A. 机械零点   B. 参考点   C. 工件原点   D. 机床零点

26. G00 是指令刀具以（   ）移动方式，从当前位置运动并定位于目标位置的指令。

A. 点动   B. 走刀   C. 快速   D. 标准

27. 在程序中，应用第一个 G01 指令时，一定要规定一个（   ）指令，在以后的程序段中，在没有新的 F 指令以前，进给量保持不变。

A. S   B. M   C. T   D. F

28. 数控机床主轴以 800r/min 正转时，其指令应是（   ）。

A. M03 S800   B. M04 S800   C. M05 S800

29. G02 及 G03 方向的判别方法：对于 XZ 平面，从 Y 轴（   ）方向看，顺时针方向为 G02，逆时针方向为 G03。

A. 负   B. 侧   C. 正   D. 前

30. 由于系统的自动加减速作用，刀具在拐角处的轨迹不是直角。如果拐角处的精度要求很高，其轨迹必须是直角时，可在拐角处使用（   ）指令。

A. G07   B. 插补   C. 补偿   D. 暂停

31. 圆弧插补方向（顺时针方向和逆时针方向）的规定与（   ）有关。

A. X 轴   B. Z 轴   C. 不在圆弧平面内的坐标轴

32. 刀具从起始点经由规定的路径运动，以 F 指令的进给速度进行切屑，然后（   ）返回到起始点。

A. 原路   B. 立即   C. 快速   D. 按规定

33. 子程序"M98 P __ L __;"中（   ）为重复调用子程序的次数，若省略，表示只调用一次。

A. 空格   B. M98   C. P   D. L

34. 打开切削液用（   ）代码编程。

A. M03   B. M05   C. M08   D. M09

35. 在 FANUC 铣床系统中，用于深孔加工的代码是（   ）。

A. G73   B. G81   C. G82   D. G86

36. 孔加工循环结束后，刀具返回起始平面的指令为（   ）。

A. G96   B. G97   C. G98   D. G99

37. 在数控编程指令中，表示程序结束并返回程序开始处的功能指令是（   ）。

A. M02   B. M03   C. M08   D. M30

38. 数控机床加工轮廓时，一般最好沿着轮廓（   ）进刀。

A. 法向   B. 切向   C. 45°方向   D. 任意方向

39. 用数控铣床铣削一直线成形面轮廓，确定坐标系后，应计算零件轮廓的（   ），如起点、终点、圆弧圆心、交点或切点等。

A. 基本尺寸   B. 外形尺寸   C. 轨迹和坐标值   D. 半径偏移量

40. 数控铣床中，R 基准面一般是指（   ）。

A. XY 平面   B. YZ 平面

C. 工件的表面   D. 离开工件一定距离的 XY 平面

二、判断题

1. 在数控加工中，如果圆弧指令后的半径遗漏，则圆弧指令作直线指令执行。   （   ）

2. 在数控机床上加工零件时，进给速度 F150 一定比 F200 慢。   （   ）

3. 进行零件的型腔加工时，所选刀具半径必须大于零件轮廓上的最小的圆角半径，以保证表面质量。

                                                                     （   ）

4. G00 指令不受 F 值影响。   （   ）

5. 在数控铣床上攻螺纹时主轴倍率是无效的。   （   ）

6. 一个程序指令若只在本程序段中生效，则称之为非模态指令。　　　　　　　　（　　）

7. G00、G01 指令都能使机床坐标轴准确到位，因此它们都是插补指令。　　　　（　　）

8. 子程序的编写方式必须是增量方式。　　　　　　　　　　　　　　　　　　　（　　）

9. I、K 方向取决于从圆弧起点指向终点与坐标轴轴线的同异。　　　　　　　　（　　）

10. 执行程序"G90　G01　G44　Z－50　H02　F100；"（H02 补偿值为 2.00mm）后，镗孔深度是 50mm。　　　　　　　　　　　　　　　　　　　　　　　　　　　　　　　　　　　（　　）

三、编程练习

1. 试编制图 4-34 中各零件的数控加工程序（设工件厚度均为 15mm）。

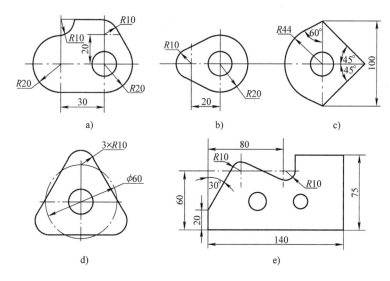

图 4-34　思考练习题图 1

2. 加工图 4-35 所示零件，利用固定循环与子程序，编写孔加工程序。

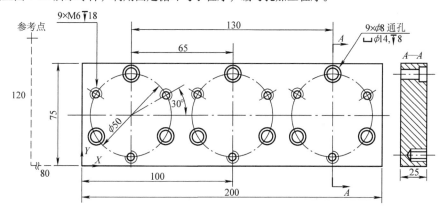

图 4-35　思考练习题图 2

3. 加工图 4-36 所示零件，坯料厚度为 10mm，利用固定循环与子程序，分别按走刀路线最短、加工精度最高的原则编写孔加工程序。

4. 图 4-37 所示箱盖零件的材料为 45 钢，毛坯尺寸为 95mm×50mm×18mm，试分析零件数控铣削加工工艺，并编写数控铣削加工程序。

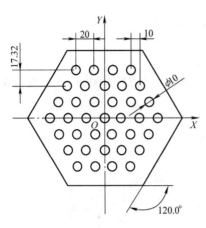

图 4-36　思考练习题图 3

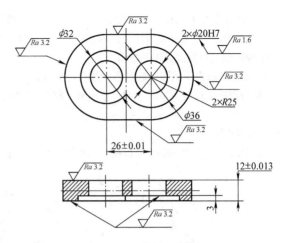

图 4-37　思考练习题图 4

第五章
刀具参数补偿功能指令

【学习目的】

了解刀具半径补偿功能指令的意义及格式；掌握刀具半径补偿指令的应用；了解过切现象产生的原因及避免方法；了解刀具长度补偿功能指令的意义及格式；掌握刀具长度补偿指令的应用。

【学习重点】

刀具半径补偿功能指令的意义、格式及应用；刀具长度补偿功能指令的意义、格式及应用。

第一节　刀具的半径补偿

一、刀具半径补偿指令（G40、G41、G42）

在零件轮廓加工过程中，由于刀具有圆弧半径，刀具中心运动轨迹并不等于加工零件的实际轮廓。因此，在实际加工时，刀具中心轨迹要偏移零件轮廓表面一个刀具圆弧半径值，即进行刀具半径补偿。应用刀具半径补偿功能具有以下优点：在编程时可以不考虑刀具圆弧的半径，直接按图样所给尺寸编程，只要在实际加工时输入刀具圆弧的半径即可；可以使粗加工的程序简化；通过改变刀具补偿量，可用一个加工程序完成不同尺寸要求的工件加工。

刀具半径补偿编程格式：

$$\begin{Bmatrix} G17 \\ G18 \\ G19 \end{Bmatrix} \begin{Bmatrix} G41 \\ G42 \end{Bmatrix} \begin{Bmatrix} G00 \\ G01 \end{Bmatrix} X \underline{\quad} Y \underline{\quad} D \underline{\quad};$$

取消刀具半径补偿编程格式：

$$\begin{Bmatrix} G00 \\ G01 \end{Bmatrix} G40 \quad X \underline{\quad} Y \underline{\quad};$$

刀具半径补偿指令说明见表 5-1。

表 5-1　刀具半径补偿指令说明

指令	说　　　明
G41	刀具半径左补偿，是指沿着刀具运动方向向前看，刀具位于零件左侧的刀具半径补偿（通常顺铣时采用左侧补偿），如图 5-1 所示
G42	刀具半径右补偿，是指沿着刀具运动方向向前看，刀具位于零件右侧的刀具半径补偿（通常逆铣时采用右侧补偿），如图 5-1 所示
G40	刀具半径补偿取消。使用该指令后，G41、G42 指令无效
X、Y、Z	刀具移至终点时，轮廓曲线（编程轨迹）上点的坐标值
D	刀具半径补偿寄存器地址字，后面一般用两位或三位数字表示偏置量的代号，偏置量可用 MDI 方式输入。有些数控系统用 H 指令这个值

　　为了保证刀具从无半径补偿运动到所希望的刀具半径补偿起始点，必须用一直线程序段 G00 或 G01 指令来建立刀具半径补偿。

　　直线情况时（图 5-2），刀具欲从起点 A 移至终点 B，当执行有刀具半径补偿指令的程序后，将在终点 B 处形成一个与直线 AB 相垂直的新矢量 BC，刀具中心由 A 移至 C 点。沿着刀具前进方向观察，用 G41 指令时，形成的新矢量在直线左边，刀具中心偏向编程轨迹左边；而用 G42 指令时，刀具中心偏向编程轨迹右边。

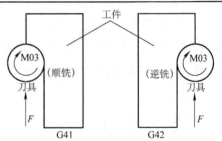

图 5-1　G41、G42 指令示意图

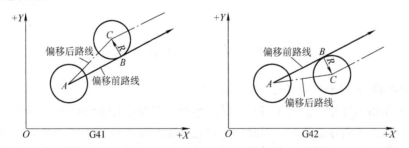

图 5-2　刀具半径补偿时的移动轨迹关系（直线情况）

　　圆弧情况时（图 5-3），B 点的偏移矢量垂直于直线 AB，圆弧上 B 点的偏移矢量与圆弧过 B 点的切线相垂直。圆弧上每一点的偏移矢量方向总是变化的，由于直线 AB 和圆弧相切，所以在 B 点，直线和圆弧的偏移矢量重合，方向一致，刀具中心都在 C 点。若直线和圆弧不相切，则这两个矢量方向不一致，此时要进行拐角偏移圆弧插补。

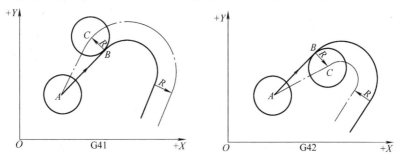

图 5-3　刀具半径补偿时的移动轨迹关系（圆弧情况）

最后一段刀具半径补偿轨迹加工完成后，与建立刀具半径补偿类似，也应有一直线程序段或 G01 指令取消刀具半径补偿，以保证刀具从刀具半径补偿终点运动到取消刀具半径补偿点。

取消刀具半径补偿指令 G40 中有 X、Y 时，X 和 Y 表示编程轨迹取消刀补点的坐标值。如图 5-4 所示，刀具欲从刀补终点 A 移至取消刀补点 B，当执行取消刀具半径补偿指令 G40 的程序段时，刀具中心将由 C 点移至 B 点。

指令中若无 X、Y 值，则刀具中心 C 点将沿旧矢量的相反方向运动到 A 点，如图 5-5 所示。

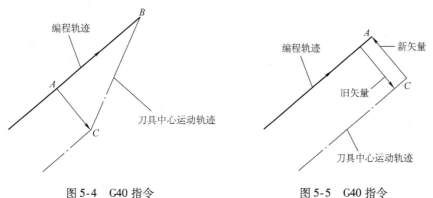

图 5-4　G40 指令　　　　　　　　图 5-5　G40 指令

取消刀具半径补偿除用 G40 指令外，还可以用

$$\left. \begin{matrix} G00 \\ G01 \end{matrix} \right\} \quad X \underline{\quad} \quad Y \underline{\quad} \quad D00 ;$$

二、拐角偏移圆弧插补指令（G39）

在有刀具半径补偿时，若编程轨迹的相邻两直线（或圆弧）不相切，则必须进行拐角圆弧插补，即要在拐角处产生一个以偏移量为半径的附加圆弧，此圆弧与刀具中心运动轨迹的相邻直线（或圆弧）相切，如图 5-6 所示。

对于具有刀具半径补偿 C 功能的 CNC 系统，可以自动实现零件廓形各种拐角组合形成的折线形尖角过渡，直接按零件廓形进行编程，如图 5-7 所示。但对于只具有刀具半径补偿 B 功能的 CNC 系统，在零件的外拐角处必须人为编制出附加圆弧插补程序段，才能实现尖角过渡。

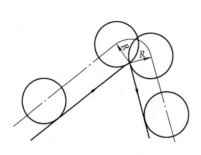

图 5-6　拐角偏移

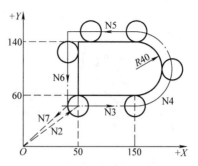

图 5-7　按零件廓形进行编程

拐角偏移圆弧插补指令编程格式：

G39　X ＿　Y ＿；

说明：

X、Y：与新矢量垂直的直线上任一点的坐标值。

例如，图 5-8 所示零件轮廓 *ABC* 的加工程序：

G90　G17　G00　G41　X100.0　Y50.0　D08；　　刀具从 *O* 点快速定位到 *A* 点，执行

刀具半径左补偿

G01　X200.0　Y100.0　F150；　　　　　　　　刀具从 *A* 点直线插补到 *B* 点

G39　X300.0　Y50.0；　　　　　　　　　　　　*B* 点处进行拐角偏移

X300.0　Y50.0；　　　　　　　　　　　　　　刀具从 *B* 点直线插补到 *C* 点

三、半径补偿编程实例

例 5-1　结合图 5-9 和程序来介绍刀补的运动及过切现象的产生（按增量方式编程）。

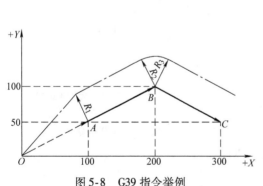

图 5-8　G39 指令举例

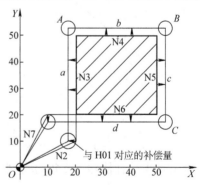

图 5-9　刀补动作

程序内容	说　明
O0001（OFFSET INC.）；	程序名及注释
N1　G91　G17　G00　M03　S1000；	由 G17 指定刀补平面
N2　G41　X20.0　Y10.0　D01；	刀补启动
N3　G01　Y40.0　F100；	
N4　X30.0；	
N5　Y－30.0；	刀补状态
N6　X－40.0；	
N7　G00　G40　X－10.0　Y－20.0　M05；	解除刀补
N8　M30；	程序结束

加工程序如下：

分析刀补动作：

（1）启动阶段　当 N2 程序段中写上 G41 和 D01 指令后，运算装置即同时先行读入 N3、N4 两段，在 N2 段的终点（N3 段的始点）作出一个矢量，该矢量的方向是与下一段的前进方向垂直向左，大小等于刀补值（即 D01 的值）。刀具中心在执行这一段（N2 段）时，就移向该矢量终点。在该段中，动作指令只能用 G00 或 G01，不能用 G02 或 G03。

（2）刀补状态　从 N3 开始进入刀补状态，在此状态下，G01、G00、G02、G03 都可使用。它也是每段都先行读入两段，自动按照启动阶段的矢量作法，作出每个沿前进方向左侧，加上刀补的矢量路径。像这种在每段开始都先行读入两段、计算出其交点使刀具中心移向交点的方式称为交点运算方式。

（3）取消刀补　当 N7 程序段中用到 G40 指令时，则在 N6 段的终点（N7 段的始点），作出一个矢量，它的方向是与 N6 段前进方向垂直朝左，大小为刀补值。刀具中心就停止在这矢量的终点，然后从这一位置开始，一边取消刀补一边移向 N7 段的终点。此时也只能用 G01 或 G00，而不能用 G02 或 G03 等。

在这里需要特别注意的是，在启动阶段开始后的刀补状态中，如果存在两段以上的没有移动指令或存在非指定平面轴的移动指令段，则有可能产生进刀不足或进刀超差。下面举例说明。

在图 5-9 中，有 Z 轴移动时，设加工开始位置为距工件表面 100mm，切削深度为 10mm。则按下述方法编程时，会产生图 5-10 所示的进刀超差（过切）。

进刀超差程序如下：

程　序　内　容	说　　　　明
O0002 （OFFSET Z-NG.）； N1　G91　G17　G00　M03　S1000； N2　G41　X20.0　Y10.0　D01； N3　Z-98.0； N4　G01　Z-12.0　F100； N5　Y40.0； N6　X30.0； N7　Y-30.0； N8　X-40.0； N9　G00　Z110.0　M05； N10　G40　X-10.0　Y-20.0； N11　M30；	程序名及注释 由 G17 指定刀补平面 刀补启动 ⎫ ⎬ 连续两段只有 Z 轴的移动 ⎭ ⎫ ⎬ 取消刀补 ⎭

其原因是当从 N2 段进入刀补启动阶段后，只能读入 N4、N5 两段，但由于 Z 轴是非刀补平面的轴，而且读不到 N6 以下的段，也就是作不出矢量，确定不了前进的方向。此时虽然用 G41 进入到了刀补状态，但刀具中心却并未加上刀补，而是直接移动到了 P_1 点，当在 P_1 点执行完 N4、N5 段后，再执行 N6 段，刀具中心从 P_1 点移到交点 A。此时就产生了图 5-10 所示的进刀超差。

为避免上述问题，可将上面的程序改成如下程序：

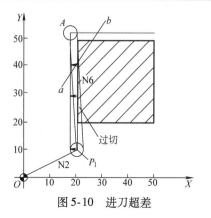

图 5-10　进刀超差

程 序 内 容	说　　明
O0003 （OFFSET Z - OK. ）;	
N1　G91　G17　G00　M03　S1000;	
N2　G41　X20.0　Y9.0　D01;	XY 平面指定
N3　Y1.0;	刀补启动
N4　Z - 98.0;	⎫
N5　G01　Z - 12.0　F100;	⎬ 两者运动方向必须完全一致
N6　Y40.0;	⎭
N7　X30.0;	
N8　Y - 30.0;	
N9　X - 40.0;	⎫
N10　G00　Z110.0　M05;	⎬ 取消刀补
N11　G40　X - 10.0　Y - 20.0;	⎭
N12　M30;	

按此程序运行时，N3 段和 N6 段的指令是相同的方向，因而当从 N2 段开始刀补启动后，在 P_1（20，9）点上即作出了与 N3 段前进方向垂直向左的矢量，刀具中心也就向着该矢量终点移动。当执行 N3 时，由于在 N4、N5 段是沿 Z 轴方向运动，数控装置能预读两个程序段，因此刀具不知道下段的前进方向。此时刀具中心就移向在 N3 段终点 P_2（20，10）处所作出的矢量的终点 P_3。在 P_3 点执行完 N4、N5 后，再移向交点 A，此时的刀具轨迹如图 5-11 所示，这样就不会产生进刀超差了。这种方法中重要的是 N3 段指令的方向与 N6 段必须完全相同，移动量大小则无关系（一般用 1.0mm 即可）。

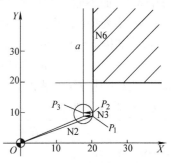

图 5-11　消除超差的方法

除上述方法之外，下述方法也可避免进刀超差，而且比较简单，但条件是刀具下刀位置与工件绝对没有干涉。程序如下：

（1）O0001 （FIRST INC. ）
　　N1　G91　G17　G00　M03　S1000;
　　N2　Z - 98.0;
　　N3　G41　X20.0　Y10.0　D01;
　　N4　G01　Z - 12.0　F100;
　　N5　Y40.0;
　　…

（2）O0002 （SECOND INC. ）
　　N1　G91　G17　G00　M03　S1000;
　　N2　G41　X20.0　Y10.0　Z - 98.0　D01;
　　N3　G01　Z - 12.0　F100;
　　N4　Y40.0;
　　…

（3）O0003 （THIRD INC. ）
　　N1　G91　G17　G00　X20.0　M03　S1000;
　　N2　Z - 98.0;
　　N3　G01　Z - 12.0　F100;
　　N4　G41　Y10.0　D01;
　　N5　Y40.0;
　　…

例5-2 铣削图5-12所示的外形轮廓，采用 φ16mm 立铣刀，刀具补偿号为 D010。

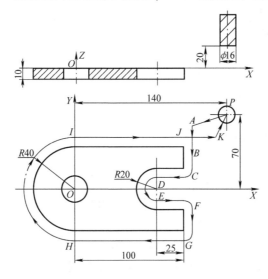

图5-12 刀具半径补偿举例图

加工程序如下：

程 序 内 容	含 义
O1004；	程序号
N010 G54 G90 G00 X140 Y70；	刀具快速定位到点 P
N015 Z120；	
N020 M03 S600；	主轴正转，转速600r/min
N025 Z5；	
N030 G01 Z−12；	刀具下降至 Z−12 处
N040 G41 G01 X100 D010 F80；	刀具左侧补偿，直线插补到点 A
N050 Y20；	点 A → 点 B → 点 C
N060 X75；	点 C → 点 D
N070 G03 Y−20 R−20；	点 D → 点 E，走 R20 的半圆
N080 G01 X100；	点 E → 点 F
N090 Y−40；	点 F → 点 G
N100 X0；	点 G → 点 H
N110 G02 Y40 R−40；	点 H → 点 I，走 R40 的半圆
N120 G01 X140；	点 I → 点 J → 点 K
N130 G40 Y70；	取消刀具半径补偿，插补到点 P
N140 G00 Z20；	刀具上升到起刀点
N150 M02；	程序结束

第二节 刀具的长度补偿

一、刀具长度补偿指令（G43、G44、G49）

加工中心的一个重要部分就是自动换刀装置（ATC）。为了能在一次加工中使用多把长度不尽相同的刀具，就需要利用刀具长度补偿功能。

刀具长度补偿指令一般用于刀具轴向（Z 方向）的补偿，它使刀具在 Z 方向上的实际位移量比程序给定值增加或减少一个偏置量。这样，在程序编制中，可以不必考虑刀具的实际长度以及各把刀具不同的长度尺寸。另外，当刀具磨损、更换新刀或刀具安装有误差时，也可使用刀具长度补偿指令，补偿刀具在长度方向上的尺寸变化，不必重新编制加工程序、重新对刀或重新调整刀具。

刀具长度补偿编程格式：

$$\left\{\begin{matrix}G43\\G44\end{matrix}\right\} \quad Z \underline{\quad} \quad H \underline{\quad};$$

取消刀具长度补偿编程格式：

说明：G49　Z＿；

G43：刀具长度正补偿指令；

G44：刀具长度负补偿指令；

Z：目标点的编程坐标值；

H：刀具长度补偿值的寄存器地址，后面一般用两位数字表示补偿量代号，补偿量 a 可以用 MDI 方式存入该代号寄存器中。

如图 5-13 所示，执行程序段"G43　Z＿　H＿；"时：

Z 的实际值 = Z 的指令值 + a

执行程序段"G44　Z＿　H＿；"时：

Z 的实际值 = Z 的指令值 - a

其中，a 可以是正值，也可以是负值。

采用取消刀具长度补偿指令 G49 或用"G43　H00；"和"G44　H00；"可以撤销长度补偿指令。

同一程序中，既可采用 G43 指令，也可采用 G44 指令，只需改变补偿量的正负号即可，如图 5-14 所示。A 为程序指定点，B 为刀具实际到达点，O 为刀具起点，采用 G43 指令，补偿量 a = -200mm，将其存放于代号为 5 的补偿值寄存器中，则程序为

G92　X0　Y0　Z0；　　　　　　设定 O 为程序零点

G90　G00　G43　Z30.0　H05；　　到达程序指定点 A，实际到达 B 点

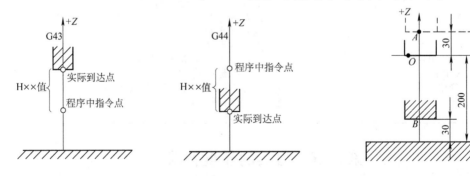

图 5-13　刀具长度补偿　　　　　　图 5-14　改变补偿量的正负号

这样，实际值（B 点坐标值）为 -170，等于程序指令值（A 点坐标值）30 加上补偿量 -200。

如果采用 G44 指令，则补偿量 a = 200mm，那么程序为

G92　X0　Y0　Z0；

G90　G00　G44　Z30.0　H05；

同样，实际值（B 点坐标值）为 -170，等于程序指令值（A 点坐标值）30 减去补偿量 200。

二、长度补偿编程实例

例 5-3 加工图 5-15 所示的孔，按理想刀具进行的对刀编程，现测得实际刀具比理想刀具短 8mm，设定（H01）= -8mm，（H02）=8mm。

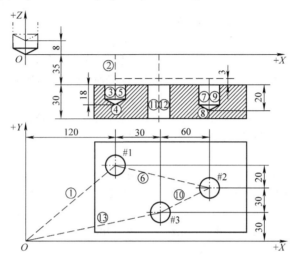

图 5-15 刀具长度补偿举例

孔加工程序如下：

程 序 内 容	含　义
O1005；	程序号
N010 G91 G00 X120.0 Y80.0；	增量编程方式，快速定位到孔#1 的正上方
N020 G43 Z-32.0 H01 S630 M03；	理想刀具下移至 $Z=-32$mm，实际刀具下移至 $Z=-32$mm +
（N020 G44 Z-32.0 H02）	（-8mm）=-40mm，即下移到离工件上表面 3mm 的上方。主轴正转，转速为 630r/min
N030 G01 Z-21.0 F100；	加工孔#1，进给速度为 100mm/min
N040 G04 P2000；	孔底暂停 2s
N050 G00 Z21.0；	快速提刀至安全高度平面
N060 X90.0 Y-20.0；	定位到孔#2
N070 G01 Z-23.0；	加工孔#2
N080 G04 P2000；	孔底暂停 2s
N090 G00 Z23.0；	快速上移23mm，提刀返回至安全平面
N100 X-60.0 Y-30.0；	定位到孔#3
N110 G01 Z-41.0；	加工孔#3
N120 G49 G00 Z73.0；	刀具沿 Z 向退回至初始平面，取消刀具长度补偿
N130 X-150.0 Y-30.0；	刀具返回初始位置处
N140 M02；	程序结束

第五章思考练习题

一、单项选择题

1. 在采用半径补偿进行轮廓铣削时，若加大刀补值，则刀具的（　　）。

A. 加工轨迹远离零件　　　　B. 加工轨迹趋近加工轮廓

C. 加工轨迹 Z 向提高　　　　D. 加工轨迹 Z 向降低

2. 在加入刀具半径补偿的程序段中，不能使用（　　）指令。

A. F　　　　　　　B. S　　　　　　　C. G01　　　　　　　D. G02

3. 下述（　　）情况中不能用半径补偿。

A. 外轮廓铣削加工　　B. 内轮廓铣削加工　　C. 平面铣削加工　　　D. 钻孔加工

4. 下列测量中不能确定刀具长度补偿值的是（　　）。

A. 机外对刀仪　　　B. 机内对刀仪　　　C. 对刀样块　　　　D. 寻边器

5. 下列各原点中直接影响程序运行轨迹的位置的是（　　）。

A. 机床坐标系原点　B. 机床固定原点　　C. 工件坐标系原点　D. 浮动原点

6. 在使用长度补偿编程进行零件外轮廓的铣削时，改变长度补偿值会使刀具轨迹（　　）。

A. 在 XY 平面内远离零件轮廓　　　　　B. 在 XY 平面内接近零件轮廓

C. 在 Z 轴高度上发生位移　　　　　　 D. 不发生变化

7. G40 代码是（　　）刀具半径补偿功能，它使数控系统通电后刀具恢复起始状态。

A. 取消　　　　　　B. 检测　　　　　　C. 输入　　　　　　D. 计算

8. 在执行刀具半径补偿命令时，刀具会自动（　　）一个刀具半径补偿值。

A. 插补　　　　　　B. 计算　　　　　　C. 偏移　　　　　　D. 建立

9. 刀具补偿号可以是 00 ~ 32 中的任意一个数，刀具补偿号为（　　）时，表示取消刀具补偿。

A. 01　　　　　　　B. 10　　　　　　　C. 32　　　　　　　D. 00

10. 在数控铣床上铣一个正方形零件（外轮廓），如果使用的铣刀直径比原来小 1mm，则加工后的正方形尺寸（　　）。

A. 小 1mm　　　　　B. 小 0.5mm　　　　C. 大 1mm　　　　　D. 大 0.5mm

11. 在数控铣床上用 ϕ20mm 铣刀执行下列程序后，其加工圆弧的直径尺寸是（　　）。

N1　G90　G17　G41　X18.0　Y24.0　M03　H06;

N2　G02　X74.0　Y32.0　R40.0　F180;　　//刀具半径补偿偏置值是 ϕ20.2mm

A. ϕ80.2mm　　　　B. ϕ80.4mm　　　　C. 79.8mm

12. 执行下列程序后，镗孔深度是（　　）。

G90　G01　G43　Z - 50　H02　F100;//H02 补偿值 2.00mm

A. 48mm　　　　　　B. 52mm　　　　　　C. 50mm

13. 在数控铣床上用 ϕ20mm 铣刀执行下列程序后，其加工圆弧的直径尺寸是（　　）。

N1　G90　G00　G41　X18.0　Y24.0　S600　M03　D01;　　//D01 = 10.1mm

N2　G02　X74.0　Y32.0　R40.0　F180;

A. ϕ80.2mm　　　　B. ϕ80.4mm　　　　C. ϕ79.8mm　　　　D. ϕ79.6mm

14. 加工凹形曲面时，球头铣刀的球半径通常要（　　）加工曲面的曲率半径。

A. 小于　　　　　　B. 大于　　　　　　C. 等于　　　　　　D. ABC 都可以

15. 用数控铣床铣削凹模型腔时，粗、精铣的余量可用改变铣刀直径设置值的方法来控制，半精铣时，铣刀直径设置值应（　　）铣刀实际直径值。

A. 小于　　　　　　B. 等于　　　　　　C. 大于　　　　　　D. 小于或等于

16. 一般情况下，直径（　　）的孔应由普通机床先粗加工，给数控铣床预留余量为 4 ~ 6mm（直径方向），再由加工中心加工。

A. 小于 ϕ8mm　　　B. 大于 ϕ30mm　　C. 等于 ϕ7mm　　　D. 小于 ϕ10mm

17. 沿刀具前进方向观察，刀具偏在工件轮廓的左边是（　　）指令。

A. G40　　　　　　　B. G41　　　　　　　C. G42　　　　　　　D. G43

18. 执行 "G91　G43　G01　Z - 15.0;" 后的实际移动量为（　　）。

A. 9mm　　　　　　B. 21mm　　　　　　C. 15mm

19. 当机器开机之后，首先操作的项目通常是（　　）。

A. 输入刀具补正值　　　　　　　　　B. 输入参数资料

C. 机械原点复位　　　　　　　　　　D. 程式空车测试

二、编程练习

1. 铣削图 5-16 所示外形轮廓，毛坯材料为 45 钢，坯料厚 5mm，刀具采用 ϕ10mm 立铣刀，试用刀具半径补偿指令编制外轮廓加工程序。

2. 加工图 5-17 所示零件，毛坯尺寸为 72mm×42mm×5mm，材料为 45 钢，分内、外轮廓的粗、精加工，试编制该零件粗、精加工程序。

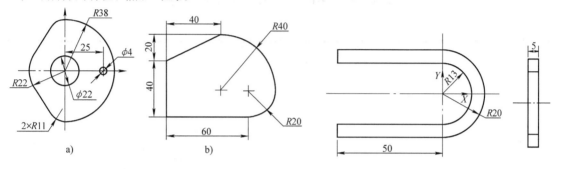

图 5-16　思考练习题图 1　　　　　　　图 5-17　思考练习题图 2

3. 加工图 5-18 所示专用夹具，在其他机床上已把零件的轮廓加工好，由于对 12 个孔距的要求比较高，所以在数控铣床上进行孔加工，采用 4 把刀具分别进行加工：1 号刀为 ϕ10.2mm 麻花钻，刀具补偿号为 H01；2 号刀为 ϕ20mm 键槽铣刀，刀具补偿号为 H02；3 号刀为 ϕ40mm 锥柄可微调镗刀，刀具补偿号为 H03；4 号刀为 ϕ12mm 机用丝锥，刀具补偿号为 H04。试用刀具长度补偿指令编写各孔的加工程序。

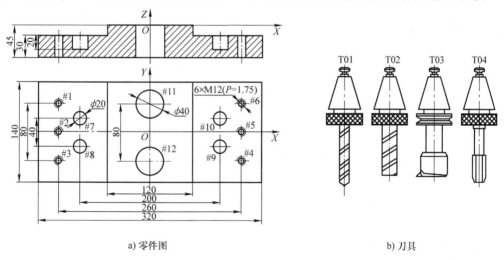

a) 零件图　　　　　　　　　　　　　b) 刀具

图 5-18　思考练习题图 3

第六章
其他辅助功能指令

【学习目的】

掌握 HNC-21M/22M 系统、FANUC 0i-MA 系统和 SIEMENS 802D 系统的镜像功能、旋转功能和缩放功能指令的格式及应用。

【学习重点】

镜像功能和旋转功能指令的格式及应用。

第一节　镜像功能指令的格式及应用实例

当工件相对于某一轴具有对称形状时，可以利用镜像功能和子程序，只对工件的一部分进行编程，就能加工出工件的对称部分，这就是镜像功能。

一、HNC-22M 系统镜像功能指令

1）镜像功能指令：G24、G25

2）编程格式：

G24　X __ 　Y __ 　Z __；

M98　P __；

G25　X __ 　Y __ 　Z __；

说明：

G24：建立镜像；

G25：取消镜像；

X、Y、Z：镜像位置。

当某一轴的镜像有效时，该轴执行与编程方向相反的运动。

G24、G25 为模态指令，可相互注销。G25 为默认值。

二、FANUC 0i-MA 系统镜像功能指令

1）镜像功能指令：G50.1、G51.1

2）编程格式：

G51.1　IP __；设置可编程镜像：根据 G51.1　IP __指定的对称轴生成在这些程序段中指定的镜像

G50.1　IP __；取消可编程镜像。

说明：

IP __：用 G51.1 指定镜像的对称点（位置）和对称轴；用 G50.1 指定镜像的对称轴，不指定对称点。

三、SIEMENS 802D 系统镜像功能指令

1）镜像功能指令：MIRROR、AMIRROR

2）编程格式：

MIRROR　X __　Y __　Z __可编程的镜像功能。

AMIRROR　X __　Y __　Z __可编程镜像功能，附加于当前的指令

MIRROR；不带参数，清除所有有关偏移、旋转、镜像、比例系数的指令（即取消功能）

四、应用实例

例6-1　使用镜像功能编制图 6-1 所示轮廓的加工程序（设刀具起点距工件上表面 100mm，背吃刀量为 5mm）。

1. HNC-22M 系统镜像功能指令编程

%0041 ；	主程序	G25　Y0 ；	取消 X 轴镜像
G90　G54　G00　X0　Y0　Z100；		M05	
		M30	
G91　G17　M03　S600；		%100 ；	子程序（①的加工程序）
M98　P100 ；	加工①	N100　G41　G00　X10　Y4　D01；	
G24　X0 ；	Y 轴镜像，镜像位置为 X=0	N120　G43　Z−98　H01；	
M98　P100 ；	加工②	N130　G01　Z−7　F300；	
G25　X0 ；	取消 Y 轴镜像，镜像位置为 X=0 镜像	N140　Y26；	
		N150　X10；	
G24　X0　Y0 ；	X 轴、Y 轴镜像，镜像位置为（0，0）	N160　G03　X10　Y−10　I10　J0；	
M98　P100 ；	加工③	N170　G01　Y−10；	
G25　X0　Y0 ；	取消 X 轴、Y 轴镜像	N180　X−25；	
G24　Y0	X 轴镜像，镜像位置为 Y=0	N185　G00　G49　Z105；	
		N200　G40　X−5　Y−10；	
M98　P100 ；	加工④	N210　M99；	

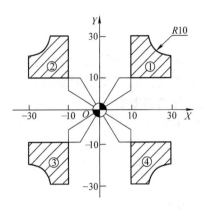

图 6-1 镜像编程

2. FANUC 0i-MA 系统镜像功能指令编程

%0042;	主程序	%100;	子程序（①的加工程序）
G90 G54 G00 X0 Y0 Z100.0;		N100 G41 G00 X10.0 Y4.0 D01;	
G91 G17 M03 S600;		N120 G43 Z-98. H01;	
M98 P100;	加工①	N130 G01 Z-7.0 F300;	
G51.1 X0;	Y轴镜像，镜像位置为 X=0	N140 Y26.0;	
M98 P100;	加工②	N150 X10.0;	
G51.1 Y0;	X、Y轴镜像，镜像位置为（0 0）	N160 G03 X10. Y-10.0 I10.0 J0;	
M98 P100;	加工③	N170 G01 Y-10.0;	
G50.1 X0;	X轴镜像继续有效，取消Y轴镜像	N180 X-25.0;	
M98 P100;	加工④	N185 G49 G00 Z105.0;	
G50.1 Y0;	取消镜像	N200 G40 X-5.0 Y-10.0;	
M30;		N210 M99;	

3. SIEMENS 802D 系统镜像功能指令编程

JX43	主程序	JXL1.SPF	子程序（①的加工程序）
G90 G54 G00 X0 Y0 Z100		N100 G41 G00 X10 Y4 D01	
G91 G17 M03 S600		N120 Z-98	
JXL1	加工①	N130 G1 Z-7 F300	
MIRROR X0	Y轴镜像	N140 Y26	
JXL1	加工②	N150 X10	
MIRROR Y0	X、Y轴镜像	N160 G3 X10 Y-10 CR=10	
JXL1	加工③	N170 G1 Y-10	
AMIRROR X0	X轴镜像继续有效	N180 X-25	
JXL1	加工④	N185 G0 Z105	
MIRROR	取消镜像	N200 G40 X-5 Y-10	
M30		N210 RET	

说明：在指定平面对某个轴镜像时，有些指令会发生变化，见表6-1。

表6-1 指定平面对某个轴镜像时发生变化的指令

指 令	说 明
圆弧指令	G02 和 G03 被互换
刀具半径补偿	G41 和 G42 被互换
坐标旋转	CW 和 CCW（旋转方向）被互换

例6-2 用镜像功能指令编程加工，毛坯材料为铸铝，已经粗加工，如图6-2所示。

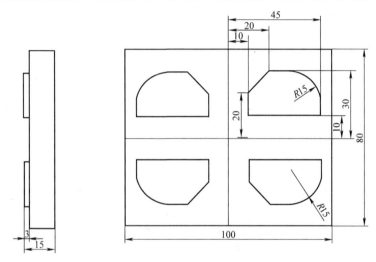

图6-2 镜像加工练习图形

1. 相关知识

通过分析图样可知：

1）工件采用台虎钳装夹，用工件的底平面进行定位。

2）工件具有轴对称性，可以采用镜像编程指令。具体指令格式参见前面章节的相关内容。编程零点设在工件的对称中心上。

3）毛坯材料为铸铝，可选择ϕ16mm的双刃立铣刀进行粗加工，用ϕ10mm的三刃面铣刀进行精加工。

2. 工艺分析（表6-2）

表6-2 数控加工工艺卡片

机床种类	产品名称或代号		工件材质	毛坯规格	工序号	程序编号	夹具名称
数控铣床或加工中心	JX-1		铝	100mm × 80mm × 15mm	001		台虎钳
工步号	工步内容	刀具号	刀具规格/mm	主轴转速/r · min^{-1}	进给速度/mm · min^{-1}	刀具长度补偿/mm	刀具半径补偿/mm
1	粗加工外轮廓	T1	ϕ16	750	150	−3	8
2	精加工外轮廓	T2	ϕ10	1000	120	−3	5

3. 参考程序

（1）华中 HNC-21M 系统编程

程　序	说明	程　序	说明
00009；		M05；	
G54　G91　G94　G17　M3　S600；		M02；	
G00　X0　Y0　Z10；			
G01　Z－3　F60；		O100；	子程序
M98　P100；	调用子程序	G41　G01　X10　Y10　D01　F100；	
G24　X0；	镜像	Y20；	
M98　P100；		X20　Y30；	
G24　Y0；		X30；	
M98　P100；		G2　X45　Y10　R15；	
G25　X0；		G1　X10；	
M98　P100；		G40　X0　Y0；	
G25　Y0；		M99；	
G00　Z30；			

（2）FANUC 0i 系统编程

程　序	说明	程　序	说明
00010；		M05；	
G54　G91　G94　G17　M3　S600；		M02；	
G00　X0　Y0　Z10；			
G01　Z－3.0　F60；		O100；	子程序
M98　P100；	调用子程序	G41　G01　X10.0　Y10.0　D01　F100.0；	
G51.1　X0；	镜像	Y20.0；	
M98　P100；		X20.0　Y30.0；	
G51.1　Y0；		X30.0；	
M98　P100；		G02　X45.0　Y10.0　R15.0；	
G50.1　X0；		G01　X10.0；	
M98　P100；		G40　X0　Y0；	
G50.1　Y0；		M99；	
G00　Z30.0；			

（3）SIEMENS 802D 系统编程

程　序	说明	程　序	说明
JX11. MPF		M05	
G54　G91　G94　G17　M3　S600		M02	
G0　X0　Y0　Z10			
G1　Z－3　F60		JXZ1. SPF	子程序
JXZI	调用子程序	G41　G1　X10　Y10　D01　F100	
MIRROR　X0	镜像	Y20	
JXZ1		X20　Y30	
MIRROR　Y0		X30	
JXZ1		G2　X45　Y10　CR＝15	
AMIRROR　X0		G1　X10	
JXZ1		G40　X0　Y0	
MIRROR		RET	
G0　Z30			

五、注意事项

在应用过程中，注意不同系统的镜像功能指令的格式、参数含义及指令的应用；另外，注意不同系统的子程序的编写方法和调用方式的区别。

第二节　旋转功能指令的格式及应用实例

编程形状能够绕某一点旋转，用该功能（旋转指令）可将工件旋转某一指定的角度。另外，如果工件的形状由许多相同的图形组成，则可将图形单元编成子程序，然后用主程序的旋转指令调用。这样可简化编程，省时且省存储空间。

一、HNC-22M 系统旋转功能指令

1）旋转功能指令：G68、G69

2）编程格式：

G17　G68　X ＿＿　Y ＿＿　P ＿＿；

G18　G68　X ＿＿　Z ＿＿　P ＿＿；

G19　G68　Y ＿＿　Z ＿＿　P ＿＿；

M98　P ＿＿；

G69；

说明：

G68：建立旋转；

G69：取消旋转；

X、Y、Z：旋转中心的坐标值；

P：旋转角度单位是度（°），$0° \leqslant P \leqslant 360°$。

在有刀具补偿的情况下，先旋转后刀补（刀具半径补偿、长度补偿）；在有缩放功能的情况下，先缩放后旋转。

G68、G69 为模态指令，可相互注销。G69 为缺省值。

二、FANUC 0i-MA 系统旋转功能指令

1）旋转功能指令：G68、G69

2）编程格式：

G17　G68　α ＿＿　β ＿＿　R ＿＿；

G18　G68　α ＿＿　β ＿＿　R ＿＿；

G19　G68　α ＿＿　β ＿＿　R ＿＿；

G69；

说明：

G68：建立旋转；

G69：取消旋转；

α、β：旋转中心的坐标值；

R：旋转角度最小输入增量单位是 0.001°，R 值的有效范围为 $-360.000 \leqslant R \leqslant 360.000$，正值表示逆时针方向旋转，负值表示顺时针方向旋转。

注：

1）当用小数指定角度（R）时，个位对应度。

2）在坐标系旋转方式中，与返回参考点有关的 G 代码（G27、G28 、G29、G30 等）和那些与坐标系有关的 G 代码（G52 到 G59、G92 等）不能指定。如果需要使用这些 G 代码，必须在取消坐标系旋转方式以后才能指定。

3）坐标系旋转取消指令（G69）以后的第一个移动指令必须用绝对值指定，如果用增量值指令将不执行正确的移动。

三、SIEMENS 802D 系统旋转功能指令

1）旋转功能指令：ROT、AROT

2）编程格式：

ROT APL = ___   可编程序旋转

AROT APL = ___   附加的可编程序旋转

ROT   没有设定值，旋转取消

其中，APL 表示旋转角度，正为逆时针，负为顺时针。

四、应用实例

例 6-3 使用旋转功能编制图6-3所示轮廓的加工程序（设刀具起点距工件上表面50mm，背吃刀量为5mm）。

1. HNC-22M 系统旋转功能指令编程

%0068 ；	主程序	%200 ；	子程序（①的加工程序）
N10 G54 G00 X0 Y0 Z50 ；			
N15 G90 G17 M03 S600 ；		N100 G41 G01 X20 Y − 5 D02 F300 ；	
N20 G43 Z − 5 H02 ；		N105 Y0 ；	
N25 M98 P200 ；	加工①	N110 G02 X40 I10 ；	
N30 G68 X0 Y0 P45 ；	旋转45°	N120 X30 I − 5 ；	
N40 M98 P200 ；	加工②	N130 G03 X20 I − 5 ；	
N60 G68 X0 Y0 P90 ；	旋转90°	N140 G01 Y − 6 ；	
N70 M98 P200 ；	加工③	N145 G40 X0 Y0 ；	
N77 G49 Z50 ；		N150 M99 ；	
N80 G69 M05 ；	取消旋转		
N90 M30 ；			

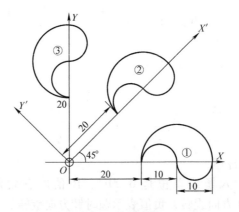

图 6-3 旋转编程

2. FANUC 0i-MA 系统旋转功能指令编程

O0068；	主程序	N90　M30；	
N10　G54　G00　X0　Y0　Z50.0；		%200；	子程序（①的加工程序）
N15　G90　G17　M03　S600；			
N20　G43　Z-5.0　H02；		N100　G41　G01　X20.0　Y-5.0　D02　F300；	
N25　M98　P200；	加工①		
N30　G68　X0　Y0　R45.0；	旋转45°	N105　Y0；	
N40　M98　P200；	加工②	N110　G02　X40.0　I10.0；	
N60　G68　X0　Y0　R90.0；	旋转90°	N120　X30.0　I-5.0；	
N70　M98　P200；	加工③	N130　G03　X20.0　I-5.0；	
N77　G49　Z50.0；		N140　G01　Y-6.0；	
N80　G69；		N145　G40　X0　Y0；	
N85　M05；		N150　M99；	

3. SIEMENS 802D 系统旋转功能指令编程

XZH1. MPF	主程序	N80　M5	
N10　G54　G0　X0　Y0　Z50		N90　M30	
N15　G90　G17　M3　S600		XZH11. SPF	子程序（①的加工程序）
N20　G0　Z5		N100　G41　G1　X20　Y-5　D02　F300	
N22　G1　Z-5　F300		N105　Y0	
N25　XZH11	加工①	N110　G2　X40　I10	
N30　ROT　APL=45	旋转45°	N120　X30　I-5	
N40　XZH11	加工②	N130　G3　X20　I-5	
N60　ROT　APL=90	旋转90°	N140　G01　Y-6	
N70　XZH11	加工③	N145　G40　X0　Y0	
N75　ROT	取消旋转	N150 RET	
N77　G0　Z50			

例 6-4　应用坐标旋转功能加工图 6-4。

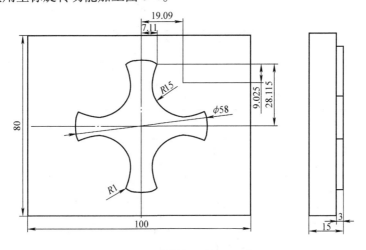

图 6-4　旋转加工练习图形

(一) 相关知识

通过分析图样可知：

1）工件采用台虎钳装夹，用工件的底平面进行定位。

2）工件具有中心对称性，可以采用旋转编程指令，具体指令格式参见前面章节的相关内容。编程零点设在工件的对称中心上。

3）毛坯材料为铸铝，可选择 ϕ20mm 的双刃立铣刀进行粗加工，用 ϕ10mm 的三刃面铣刀进行精加工。

(二) 工艺分析（表6-3）

表**6-3** 数控加工工艺卡片（例6-4）

机床种类	产品名称或代号	工件材质	毛坯规格	工序号	程序编号	夹具名称
数控铣床或加工中心	XZ-1	铝	100mm×80mm ×15mm	001		台虎钳
工步号	工步内容	刀具号	刀具规格/ mm	主轴转速/ r·min^{-1}	进给速度/ mm·min^{-1}	刀具长度补偿 /mm	刀具半径补偿 /mm
1	粗加工外轮廓	T1	ϕ20	750	150	−3	10
2	精加工外轮廓	T2	ϕ10	1000	120	−3	5

(三) 参考程序

1. 华中 HNC-21M 系统编程

程　序	说明	程　序	说明
O0010;		M02;	
G54;		O200;	子程序
S800　M3;		G90　G00　X−50　Y34;	
G90　G94　G00　X0　Y0　Z10;		G01　Z−3　F100;	
M98　P200;	调用子程序	G41　G01　X0　Y29;	
G68　X0　Y0　P90;	旋转90°	G02　X7.11　Y28.115　R29　R1;	
M98　P200;		G03　X28.115　Y7.11　R15　R1;	
G68　X0　Y0　P180;	旋转180°	G02　X29　Y0　R29;	
M98　P200;		G01　Y−50;	
G68　X0　Y0　P270;	旋转270°	G00　Z10;	
M98　P200;		G40　X0　Y0;	
G69;	取消	M99;	
G0　Z100;			
M05;			

2. FANUC-0i-MA 系统编程

程　序	说明	程　序	说明
O0011;		M98　P200;	
G54;		G68　X0　Y0　R180.0;	旋转180°
S800　M3;		M98　P200;	
G90　G94　G00　X0　Y0　Z10.0;		G68　X0　Y0　R270.0;	旋转270°
M98　P200;	调用子程序	M98　P200;	
G68　X0　Y0　R90.0;	旋转90°	G69;	取消

（续）

程　序	说明	程　序	说明
G0　Z100.0；		G2　X7.11　Y28.115　R29.0　R1.0；	
M05；		G3　X28.115　Y7.11　R15.0　R1.0；	
M02；		G2　X29.0　Y0　R29.0；	
		G1　Y－50.0；	
O200；	子程序	G0　Z10.0；	
G90　G0　X－50.0　Y34.0；		G40　X0　Y0；	
G1　Z－3.0　F100.0；		M99；	
G41　G1　X0　Y29.0；			

3. SIEMENS 802D 系统编程

程　序	说明	程　序	说明
XZ11. MPF		M30	
G54			
S800　M3		XZZ1. SPF	子程序
G90　G94　G0　X0　Y0　Z10		G90　G0　X－50　Y34	
XZZ1	调用子程序	G1　Z－3　F100	
ROT　APL＝90	旋转90°	G41　G1　X0　Y29	
XZZ1		G2　X7.11　Y28.115　CR＝29　RND＝1	
ROT　APL＝180	旋转180°	G3　X28.115　Y7.11　CR＝15　RND＝1	
XZZ1		G2　X29　Y0　CR＝29	
ROT　APL＝270	旋转270°	G1　Y－50	
XZZ1		G0　Z10	
ROT	取消	G40　X0　Y0	
G0　Z100		RET	
M5			

（四）注意事项

在应用过程中，注意不同系统的旋转功能指令的格式、参数含义及指令的应用；另外，注意不同系统的子程序的编写方法以及子程序的调用方式的不同。

第三节　缩放功能指令的格式及应用实例

一、HNC-22M 系统缩放功能指令

1）缩放功能指令：G50、G51

2）编程格式：

G51　X＿＿　Y＿＿　Z＿＿　P＿＿；

M98　P＿＿；

G50；

说明：

G51：建立缩放；

G50：取消缩放；

X、Y、Z：缩放中心的坐标值；

P：缩放倍数。

G51 既可指定平面缩放，也可指定空间缩放。在 G51 后，运动指令的坐标值以（X，Y，

Z）为缩放中心，按 P 规定的缩放比例进行计算。

二、FANUC 0i- MA 系统缩放功能指令

1）缩放功能指令：G50、G51

2）编程格式：

① 沿所有轴以相同的比例缩放，格式及参数与 HNC-22M 系统相同。

② 沿所有轴以不同的比例缩放，编程格式为：

G51　X ＿　Y ＿　Z ＿　I ＿　J ＿　K；

M98　P ＿；

G50；

说明：

X、Y、Z：比例缩放中心坐标值的绝对值；

I、J、K：X、Y 和 Z 各轴对应的缩放比例。

注意：

须在单独的程序段内指定 G51，在图形放大或缩小之后，指定 G50 以取消缩放方式。

三、SIEMENS 802D 系统缩放功能指令

1）缩放功能指令：SCALE、ASCALE

2）编程格式：

SCALE　X ＿　Y ＿　Z ＿　　　　可编程序的比例系数

ASCALE　X ＿　Y ＿　Z ＿　　　附加的可编程序比例系数

SCALE　　　　　　　　　　　　　　不带参数，取消缩放

说明：

X、Y、Z：各轴的缩放比例系数。SCALE、ASCALE 指令要求有一个独立的程序段。

注意：①图形为圆时，两轴的比例系数必须一致；②如果在 SCALE/ASCALE 有效时编程 ATRANS，则偏移量同样也被比例缩放。

四、应用实例

例 6-5　使用缩放功能编制图 6-5 所示轮廓的加工程序：已知 △ABC 的顶点为 A (10，30)，B (90，30)，C (50，110)，△$A'B'C'$ 是缩放后的图形，其中缩放中心为 D (50，50)，缩放系数为 0.5，设刀具起点距工件上表面 50mm。工件钻孔，其进给速度为 10mm/min。

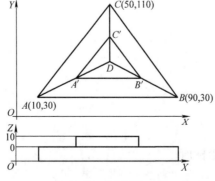

图 6-5　缩放编程

1. HNC-22M 系统缩放功能指令编程

％0051；	主程序	M05；	
G54　G00　X0　Y0　Z60；		M30；	
G91　G17　M03　S600　F300；		％100；	子程序（△ABC 的加工程序）
G43　G00　X50　Y50　Z－46　H01；		N100　G42　G00　X－44　Y－20　D01；	
#51＝14；		N120　Z［－#51］；	
M98　P100；	加工△ABC	N150　G01　X84；	
#51＝8；		N160　X－40　Y80；	
G51　X50　Y50　P0.5；	缩放中心为（50，50），缩放系数为0.5	N170　X－44　Y－88；	
		N180　Z［#51］；	
M98　P100；	加工△A′B′C′	N200　G40　G00　X44　Y28；	
G50；	取消缩放	N210　M99；	
G49　Z46；			

2. FANUC 0i-MA 系统缩放功能指令编程

％0052；	主程序	G49　Z46.0；	
G90　G54　G00　X0　Y0　Z60.0；		M05；	
G91　G17　M03　S600　F300；		M30；	
G43　G00　X50.0　Y50.0　Z－46.0　H01；		％100；	子程序（△ABC 的加工程序）
M98　P100；	加工△ABC	N150　G01　X84.0；	
#51＝8；		N160　X－40.0　Y80.0；	
G51　X50.0　Y50.0　P500；	缩放中心为（50，50），缩放系数为0.5	N170　X－44.0　Y－88.0；	
		N180　Z［#51］；	
M98　P100；	加工△A′B′C′	N200　G40　G00　X44.0　Y28.0；	
G50；	取消缩放	N210　M99；	

3. SIEMENS 802D 系统缩放功能指令编程

SFL1	主程序	M30	
G54　G00　X0　Y0　Z60		SF1.SPF	子程序（△ABC 的加工程序）
G91　G17　M03　S600　F300		N100　G42　G00　X－44　Y－20　D01	
G00　X50　Y50　Z10			
R1＝14		N120　Z＝－R1	
SF1		N150　G01　X84	
R1＝8		N160　X－40　Y80	
SCALE　X0.5　Y0.5	缩放中心为（50，50），缩放系数为0.5	N170　X－44　Y－88	
SF1	加工△A′B′C′	N180　Z＝R1	
SCALE	取消缩放	N200　G40　G00　X44　Y28	
G0　Z46		N210　RET	
M05			

例6-6 如图6-6所示图形，利用缩放功能指令编程，缩放中心为（15，15），放大2倍。

（一）相关知识

通过分析图样可知：

1）工件采用台虎钳装夹，用工件的底平面进行定位。

2）采用旋转编程指令，具体指令格式参见前面章节的相关内容。编程零点设定如图 6-6 所示。

3）毛坯材料为铸铝，可选择 $\phi16mm$ 的双刃立铣刀进行粗加工，用 $\phi10mm$ 的三刃面铣刀进行精加工。

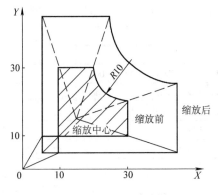

图 6-6 缩放加工练习图形

（二）工艺分析（表6-4）

表 6-4 数控加工工艺卡片

机床种类	产品名称或代号	工件材质	毛坯规格	工序号	程序编号	夹具名称
数控铣床或加工中心	SF-1	铝	50mm × 50mm × 15mm	001		台虎钳

工步号	工步内容	刀具号	刀具规格/mm	主轴转速/r·min⁻¹	进给速度/mm·min⁻¹	刀具长度补偿/mm	刀具半径补偿/mm
1	粗加工缩放前外轮廓	T1	$\phi16$	700	150	−3	8
2	粗加工缩放后外轮廓	T1	$\phi16$	700	150	−6	8
3	精加工缩放前外轮廓	T2	$\phi10$	900	100	−3	5
4	精加工缩放后外轮廓	T2	$\phi10$	900	100	−6	5

（三）参考程序

1. 华中 HNC-21M 系统编程

程 序	说明	程 序	说明
O0022；	主程序	M02；	
G54 G90 G94 G17 S800 M03；			
G00 X0 Y0 Z25；		O100；	子程序
G00 Z2；		G41 G00 X10 Y4 D01；	
G01 Z−10 F100；		G01 Y30；	
M98 P100；		X20；	
G01 Z−20；		G03 X30 Y20 I10；	
G51 X15 Y15 P2；	缩放	G01 Y10；	
M98 P100；		X5；	
G50；	取消	G40 G00 X0 Y0；	
G00 Z25；		M99；	
M05；			

2. FANUC 0i-MA 系统编程

程　　序	说明	程　　序	说明
O0023；	主程序	M02；	
G54　G90　G94　G17　S800　M03；			
G00　X0　Y0　Z25.0；		O100；	子程序
G00　Z2.0；		G41　G00　X10.0　Y4.0　D01；	
G01　Z-10.0　F100；		G01　Y30.0；	
M98　P100；		X20.0；	
G01　Z-20.0；		G03　X30.0　Y20.0　I10.0；	
G51　X15.0　Y15.0　P2；	缩放	G01　Y10.0；	
M98　P100；		X5.0；	
G50；	取消	G40　G00　X0　Y0；	
G00　Z25.0；		M99；	
M05；			

3. SIEMENS 802D 系统编程

程　　序	说明	程　　序	说明
SF11.MPF	主程序	M5	
G54　G90　G94　G17　S800　M3		M2	
G0　X0　Y0　Z25			
G0　Z2		SF12.SPF	子程序
G1　Z-10　F100		G41　G0　X10　Y4　D01	
SF12		G1　Y30	
G1　Z-20		X20	
TRANS　X15　Y15	坐标偏移到缩放中心	G3　X30　Y20　I10	
SCALE　X2　Y2	放大2倍	G1　Y10	
SF12		X5	
SCALE	取消缩放和偏移	G40　G0　X0　Y0	
G0　Z25		RET	

（四）注意事项

1）在应用过程中，注意不同系统的缩放功能指令的格式、参数含义及指令的应用；另外，注意不同系统的子程序的编写方法，以及子程序的调用方式的不同。

2）在 SIEMENS 系统中，注意偏移指令的应用。如果在 SCALE/ASCALE 有效时编程 ATRANS，则偏移量同样也被比例缩放；如果在 ATRANS 有效时 SCALE/ASCALE 编程，则偏移量不被比例缩放。

3）各轴用不同的比例缩放，当指定负比例时，形成镜像。

4）即使对圆弧插补的各轴指定不同的缩放比例，刀具也不画出椭圆轨迹。

5）比例缩放对刀具半径补偿值、刀具长度补偿值和刀具偏置值无效。

6）在下面的固定循环中，Z 轴的移动缩放无效：

① 深孔钻循环 G83、G73 的切入值 Q 和返回值 d。

② 精镗循环 G76。

③ 背镗循环 G87 中，手动运行时，X 轴和 Y 轴的偏移值 Q 不能用缩放功能增减。

7）在缩放状态不能指令返回参考点的 G 代码（G27～G30 等）和指令坐标系的 G 代码（G52～G59、G92 等）。若必须指令这些 G 代码，应在取消缩放功能后指定。

第六章思考练习题

6-1 如图 6-7 所示，用 ϕ10mm 立铣刀精铣凸块处轮廓，图形为对称图形，凸块厚度为 4mm。要求采用镜像功能编程。

6-2 如图 6-8 所示，用 ϕ12mm 立铣刀精铣三圆槽，已知大圆直径为 50mm，其余两圆直径分别是大圆的 3/5 和 2/5，槽深 5mm。要求采用图形缩放功能编程。

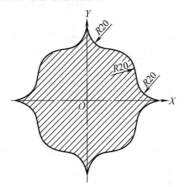

图 6-7 思考练习题图 1

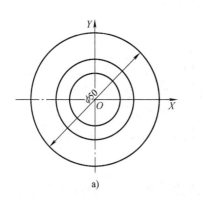 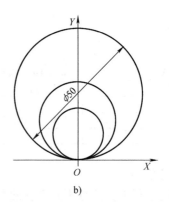

图 6-8 思考练习题图 2

第七章
零件综合编程实例

【学习目的】

了解平面加工的常用方法；掌握工件零点偏置 G54 和刀具参数的设置；掌握编制和调用子程序铣削工件；掌握使用刀具半径补偿功能对外轮廓进行编程和铣削；掌握使用 FANUC 0i 系统的比例缩放指令 G51 和 SIEMENS 802D 系统的矩形凹槽循环 POCKET3 铣削矩形槽；掌握使用 FANUC 0i 系统的 G73、G81 等钻孔指令和 SIEMENS 802D 的 CYCLE81、CYCLE82 等钻孔循环进行钻削加工；了解使用 FANUC 0i 系统和 SIEMENS 802D 系统的指令进行文字雕刻的方法。

【学习重点】

掌握面铣削、外形铣削、挖槽铣削、钻孔、雕刻文字等加工的不同切削方法以及它们在 FANUC 0i 系统、SIEMENS 802D 系统中的编程区别。

【学习模型】

以图 7-1 为学习模型，阐述面铣削、外形铣削、挖槽铣削、钻孔、雕刻文字等加工的程序编制。

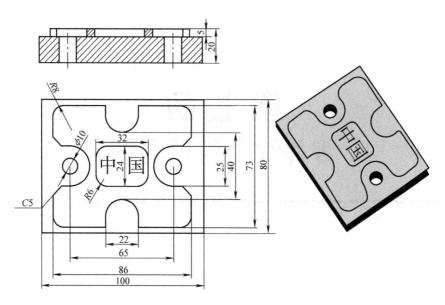

图 7-1 复杂零件综合编程模型

安排模型加工工艺见表 7-1。

表 7-1 数控加工工艺卡片

机床种类	产品名称或代号		工件材质	毛坯规格	工序号	程序编号	夹具名称
XK7134	复杂零件综合编程模型		45 钢	粗加工后 100mm×80mm×21mm	1	见各工步程序	平口钳
工步号	工步内容	刀具号	刀具规格/mm	主轴转速/r·min^{-1}	进给速度/mm·min^{-1}	刀具长度补偿	刀具半径补偿
1	铣平面	T01	φ40 平底立铣刀	477	143	H01	D01
2	铣外轮廓	T02	φ10 平底立铣刀	1432	214	H02	D02
3	铣矩形槽	T03	φ10 键槽铣刀	954	190	H03	D03
4	钻孔	T04	φ10 麻花钻	954	20	H04	D04
5	雕刻文字	T05	φ1 键槽铣刀	1500	90	H05	D05

第一节 面铣削加工实例

面加工是机械加工的基本环节，本节系统地阐述了平面加工的常用方法，并以双向横坐标平行法编写了图 7-1 所示模型的平面加工程序，通过本节学习读者应具备面加工的基本能力。

一、平面加工的常用方法

1. 双向横坐标平行法

该方法为刀具沿平行于横坐标方向加工，并且可以变换方向，如图 7-2a 所示。

2. 单向横坐标平行法

该方法为刀具仅沿一个方向平行于横坐标加工，如图 7-2b 所示。

3. 单向纵坐标平行法

该方法为刀具仅沿一个方向平行于纵坐标加工，如图 7-2c 所示。

4. 双向纵坐标平行法

该方法为刀具沿平行于纵坐标方向加工，并且可以变换方向，如图 7-2d 所示。

5. 内向环切法

该方法为刀具以矩形轨迹分别平行于纵坐标、横坐标由外向内加工，并且可以变换方向，如图 7-2e 所示。

6. 外向环切法

该方法为刀具以矩形轨迹分别平行于纵坐标、横坐标由内向外加工，并且可以变换方向，如图 7-2f 所示。

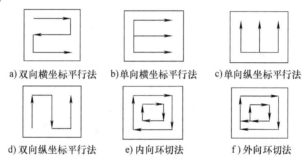

a) 双向横坐标平行法　　b) 单向横坐标平行法　　c) 单向纵坐标平行法

d) 双向纵坐标平行法　　e) 内向环切法　　f) 外向环切法

图 7-2　平面加工的常用方法

二、加工准备

1. 坯料选择

根据图样可知坯料经粗加工后，应保证长 100mm、宽 80mm、高 21mm（多出 1mm 用于面铣削）。

2. 刀具选择

根据图样分析可选用 $\phi40.00$mm 的平铣刀（T01），并设定刀具半径补偿值（D1）和刀具长度补偿值。

3. 夹具选择

根据图样特点和加工部位，选用机用虎钳装夹工件，伸出钳口 6～8mm 左右，并用百分表找正。

4. 选择编程零点

根据图样特点，确定工件零点为坯料上表面的中心，并通过对刀设定零点偏置 G54。

三、参考程序

程序编制采用双向横坐标平行法（图 7-3），行间距取 35mm。

图 7-3　双向横坐标平行法

1. 华中 HNC-21M 系统和 FANUC 0i 系统程序

程序内容	说　明
O0001；	程序名
G17　G90　G40　G21；	设定加工环境
G54；	建立工件坐标系
T01；	选定 1 号刀具
G00X – 80　Y40.；	刀具定位于工件左上角（下刀时不能碰撞工件）
G43　Z10　H01；	建立刀具长度补偿，并定位于安全平面
M03　S477；	起动主轴，设定转速（切削速度为 60m/min）
M08；	打开切削液
G01　Z – 1　F300；	快速下刀，背吃刀量为 1mm
X50　F143；	沿横坐标（X）正向切削
Y5；	沿纵坐标（Y）负向切削至下一行
X – 50；	沿横坐标（X）负向切削
Y – 30；	沿纵坐标（Y）负向切削至下一行
X80；	沿横坐标（X）正向切削
Z10　F300；	刀具快速退至安全平面
G00　G49　Z50；	取消刀具长度补偿，并定位于返回平面
M09；	关闭切削液
M05；	停止主轴
M30；	程序结束

2. SIEMENS 802D 系统程序（程序名为 XPMIAN. MPF）

程 序 内 容	说　明
G17　G90　G40　G71	设定加工环境
G54	建立工件坐标系
T1D1	选定 1 号刀具，并建立刀具长度和半径补偿
M3　S477	起动主轴,设定转速（切削速度约为 60m/min）
M8	打开切削液
G94　F143	设定进给速度
G0　X – 80　Y – 40	刀具定位于工件左上角（下刀时不能碰撞工件）
CYCLE71（50,0,10，– 1，– 50，– 40,100，80,0,1,35,5,0,120,31,5）	端面加工
G90　G0　X0　Y0	刀具定位于工件中心
M9	关闭切削液
M5	停止主轴
M2	程序结束

四、注意事项

1）使用寻边器确定工件零点时应采用碰双边法。

2）固定钳口应与工作台纵向平行。

3）每次铣削加工后，需用锉刀或油石去除毛刺，才可以进行下道工序的装夹和铣削。

4）加工时应选择正确的站位和操作手势，密切注意加工情况，随时准备处理突发情况，并调整进给修调开关和主轴倍率开关，提高工件表面质量。

第二节 外形铣削加工实例

外形加工是机械加工的重要环节，如何精确地加工出零件的形体是数控加工的难点，本节阐述了使用刀具半径补偿功能精确加工二维外形的基本思路，对于径向或轴向余量较大的零件加工，为了简化程序，常使用子程序，本节将对此做介绍。通过本节学习读者应具备二维外形加工的基本能力。

实例一 加工如图7-4所示零件。

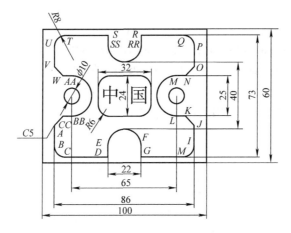

图7-4 外形铣削加工图样数学分析

（一）加工准备

1. 坯料选择

根据图样可知坯料经面铣削加工后，应保证长100mm、宽80mm、高20mm。

2. 刀具选择

根据图样分析可选用ϕ10mm的平头铣刀（T02），并设定刀具半径补偿值（D2）和刀具长度补偿值。

3. 夹具选择

根据图样特点和加工部位，选用机用虎钳装夹工件，伸出钳口6~8mm左右，并用百分表找正。

4. 选择编程零点

根据图样特点，确定工件零点为坯料上表面的中心，并通过对刀设定零点偏置G55（Z向比G54低1mm，X、Y向同G54）。

（二）图样数学分析

选定坯料上表面的中心为工件零点（图7-4），可知图中外轮廓各点的坐标值见表7-2。

表 7-2　外轮廓各点的坐标值

节　　点	横坐标 X 值	纵坐标 Y 值	节　　点	横坐标 X 值	纵坐标 Y 值
A	−43	−16	O	43	16
B	−43	−28.5	P	43	28.5
C	−35	−36.5	Q	35	36.5
D	−11	−36.5	R	11	36.5
E	−11	−31	RR	11	31
F	11	−31	S	−11	36.5
G	11	−36.5	SS	−11	31
H	35	−36.5	T	−35	36.5
I	43	−28.5	U	−43	28.5
J	43	−16	V	−43	16
K	39.5	−12.5	W	−39.5	12.5
L	32.5	−12.5	AA	−32.5	12.5
M	32.5	12.5	BB	−32.5	−12.5
N	39.5	12.5	CC	−39.5	−12.5

（三）加工路径

下刀→进刀→U→V→W→AA→BB→CC→A→B→C→D→E→F→G→H→I→J→K→L→M→N→O→P→Q→R→RR→SS→S→T→U→V→退刀→抬刀。

（四）参考程序

1. 华中 HNC-21M 系统和 FANUC 0i 系统程序

主程序：

程　序　内　容	说　　　　明
O0002；	程序名
G17　G90　G40　G21；	设定加工环境
G55；	建立工件坐标系
T02；	选定 2 号刀具
G00　X−50　Y60；	刀具定位于工件左上角（下刀时不能碰撞工件）
G43　Z10.H02；	建立刀具长度补偿，并定位于安全平面
M03　S1432；	起动主轴，设定转速（切削速度约为45m/min）
M08；	打开切削液
G01　Z−2.5　F300；	快速下刀，背吃刀量为 2.5mm
M98　P2001；	调用轮廓铣削子程序
G00　Y60；	
X−50；	
G01　Z−5　F300；	快速下刀，深度为 5mm
M98　P2001；	调用轮廓铣削子程序
G01　Z10　F300；	刀具退至安全平面
G00　G49　Z50；	取消刀具长度补偿，并定位于返回平面
M09；	关闭切削液
M05；	停止主轴
M30；	程序结束

子程序：

程序内容	说　明	程序内容	说　明
O2001；	程序名	X39.5　Y−12.5；	K 点
G01　G42　X−43　Y40　D02　F214；	进刀，并建立刀具半径补偿	X32.5；	L 点
Y16；	V 点	G02　X32.5　Y12.5　I0　J12.5；	M 点
X−39.5　Y12.5；	W 点	G01　X39.5；	N 点
X−32.5；	AA 点	X43　Y16；	O 点
G02　X−32.5　Y−12.5　I0　J−12.5；	BB 点	Y28.5；	P 点
G01　X−39.5；	CC 点	G03　X35　Y36.5　I−8　J0；	Q 点
X−43　Y−16；	A 点	G01　X11；	R 点
Y−28.5；	B 点	Y31；	RR 点
G03　X−35　Y−36.5　I8J0；	C 点	G02　X−11　Y31　I−11　J0；	SS 点
G01　X−11；	D 点	G01　Y36.5；	S 点
Y−31；	E 点	X−35；	T 点
G02　X11　Y−31　I11　J0；	F 点	G03　X−43　Y28.5　I0　J−8；	U 点
G01　Y−36.5；	G 点	G01　Y0；	经过 U 点
X35；	H 点	G40　X−70；	退刀，并撤消刀具半径补偿
G03　X43　Y−28.5　I0　J8；	I 点	M99；	返回主程序
G01　Y−16；	J 点		

2. SIEMENS 802D 系统程序

主程序（方法 1，程序名为 XWXING1. MPF）：

程序内容	说　明
G17　G90　G40　G71	设定加工环境
G55	建立工件坐标系
T2	选定 2 号刀具，并建立刀具长度补偿
G0　X−50　Y60	刀具定位于工件左上角（下刀时不能碰撞工件）
Z10	刀具定位于安全平面
M3　S500	起动主轴，设定转速（切削速度约为 60m/min）
M8	打开切削液
G1　Z−2.5　F300	下刀，背吃刀量为 2.5mm
SBXWXING	调用轮廓铣削子程序
G0　Y60　X−50	
G1　Z−5　F300	下刀，背吃刀量为 5mm
SBXWXING	调用轮廓铣削子程序
G1　Z10　F300	刀具退至安全平面
G0　Z50	定位于返回平面
M9	关闭切削液
M5	停止主轴
M2	程序结束

主程序（方法 2，程序名为 XWXING2. MPF）：

程 序 内 容	说 明
G17　G90　G40　G71	设定加工环境
G55	建立工件坐标系
T2	选定 2 号刀具，并建立刀具长度补偿
M3　S800	启动主轴，设定转速（切削速度约为 25m/min）
M8	打开切削液
G94　F300	设定进给速度
G0　X–50　Y60	刀具定位于工件左上角（下刀时不能碰撞工件）
Z50	刀具定位于返回平面
CYCLE72（"SBXWXING"，50，0，10，–5，2.5，1，0.5，120，20，11，42，2，15，300，2，15）；	
G0　X0　Y0	刀具定位于工件中心
M9	关闭切削液
M5	停止主轴
M2	程序结束

子程序（程序名为 SBXWXING. SPF）：

程 序 内 容	说 明	程 序 内 容	说 明
G1　G42　X–43　Y40　D2 F214	进刀，并建立刀具半径补偿	X39.5　Y–12.5	K 点
Y16	V 点	X32.5	L 点
X–39.5　Y12.5	W 点	G2　X32.5　Y12.5　I0　J12.5	M 点
X–32.5	AA 点	G1　X39.5	N 点
G2　X–32.5　Y–12.5　I0 J–12.5	BB 点	X43　Y16	O 点
			P 点
G1　X–39.5	CC 点	Y28.5	Q 点
X–43　Y–16	A 点	G3　X35　Y36.5　I–8　J0	R 点
Y–28.5	B 点	G1　X11	RR 点
G3　X–35　Y–36.5　I8　J0	C 点	Y31	SS 点
G1　X–11	D 点	G2　X–11　Y31　I–11　J0	S 点
Y–31	E 点	G1　Y36.5	T 点
G2　X11　Y–31　I11　J0	F 点	X–35	U 点
G1　Y–36.5	G 点	G3　X–43　Y28.5　I0　J–8	经过 U 点
X35	H 点	G1　Y0	退刀，并撤消刀具半径补偿
G3　X43　Y–28.5　I0　J8	I 点	G40　X–70	
G1　Y–16	J 点	RET	返回主程序

（五）注意事项

1）精加工时采用顺铣法，以提高表面加工质量。

2）垂直进刀时，应避免立铣刀直接切削工件；铣削加工时，应尽量沿轮廓切向进刀和退刀。

实例二 加工图 7-5 所示的零件，毛坯为经过预先铣削加工过的规则合金铝锭，尺寸为 96mm×96mm×50mm，其中正五边形外接圆直径为 80mm。试编制数控铣削加工工艺及加工程序。

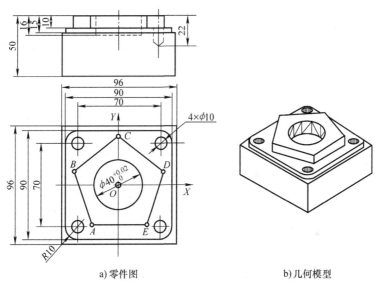

a) 零件图　　　　　　　b) 几何模型

图 7-5　外形铣削加工实例

（一）相关知识

本实例为典型外形铣削零件的加工，毛坯形状比较规则，因此其装夹、定位方便。加工顺序安排的原则是基面先行、先面后孔、先粗后精、先主后次等。刀具的选择通常要考虑机床的加工能力、工序内容和工件材料等因素。切削用量选择的原则是，粗加工时，一般以提高生产率为主，但也考虑经济性，通常选择较大的背吃刀量和进给量，采用较低的切削速度。半精加工和精加工时，应在保证加工质量的前提下，兼顾切削效率、经济性和加工成本，通常选择较小的背吃刀量和进给量。数控程序编制的方法有手工编程和计算机编程两种。对于几何形状不太复杂的零件，编程计算简单，程序量不大，可采用手工编程。本例采用手工编程，根据零件的形状特点，采用子程序可以简化编程，否则进行坐标计算比较麻烦。

（二）工艺分析

1. 零件图工艺分析

该零件主要由四边形和五边形的外轮廓以及孔系组成。由于孔系加工要求不高，故直接采用钻孔方法。四边形、五边形采用粗铣→精铣加工方法。

2. 确定装夹方案

本例中毛坯较为规则，采用平口钳装夹即可。

3. 确定加工顺序

按照先面后孔、先粗后精的原则确定加工顺序，即加工 90mm×90mm×15mm 的四边形→加工五边形×加工 φ40mm 的内圆→精加工四边形、五边形、φ40mm 的内圆→加工 4 个

$\phi10mm$ 的孔。

4. 刀具选择

本例可选择以下 4 种刀具进行加工：1 号刀为 $\phi20mm$ 两刃立铣刀，用于轮廓粗加工；2 号刀具采用 $\phi16mm$ 四刃立铣刀，用于轮廓精加工；3 号刀为 $\phi10mm$ 中心钻，用于打定孔位；4 号刀为 $\phi10mm$ 钻头，用于加工孔。刀具测定值及补偿设定值见表 7-3。

表 7-3　刀具补偿值

刀具号码	刀具名称	刀长测定值	刀具直径测定值	刀长补偿码	刀长补偿值	刀径补偿码	刀径补偿值
T01	$\phi20mm$ 两刃立铣刀	145.85	$\phi20.005mm$	H01	145.85	D11	10.002
						D12	22.0
T02	$\phi16mm$ 四刃立铣刀	170.51	$\phi16.036mm$	H02	170.51	D21	8.018
						D22	8.038
T03	$\phi10mm$ 中心钻	150.15		H03	150.15		
T04	$\phi10mm$ 钻头	240.55		H04	240.55		

表中对同一刀具采用了不同的刀径补偿值是为了逐步切除加工余量，是加工中心常采用的一种切削方法。对于钻头类刀具，不需要测定直径方向的值，但要注意两切削刃是否对称等问题。

5. 切削用量的选择

该零件材料切削性能好。铣削平面、外轮廓面和 $\phi40mm$ 圆时，留 0.2mm 精加工余量。其他切削用量见表 7-4。

表 7-4　刀具与切削用量参数

刀具编号	加工内容	刀参数	主轴转速 $n/r \cdot min^{-1}$	进给速度 $f/mm \cdot min^{-1}$	背吃刀量 a_p/mm
T01	粗铣四边形轮廓	$\phi20mm$ 两刃立铣刀	796	318	9.8
	粗铣五边形轮廓				9.8
	粗铣 $\phi40mm$ 圆				15
T02	精铣四边形轮廓	$\phi16mm$ 四刃立铣刀	1194	239	5.2
	精铣五边形轮廓				0.2
	精铣 $\phi40mm$ 圆				0.2
T03	打定位孔	$\phi10mm$ 中心钻	3153	200	5
T04	钻 $4 \times \phi10mm$ 孔	$\phi10mm$ 钻头	1659	200	5

6. 编程说明

手工编程时应根据加工工艺编制加工的主程序，零件的局部形状由子程序加工。该零件由 1 个主程序和 5 个子程序组成，其中，P2001 为四边形加工子程序，P2002 为五边形加工子程序，P2003 为圆形加工子程序，P8998 为刀具接近加工子程序，P8999 为交换刀具子程序。

用 CAD/CAM 软件系统辅助编程。首先进行零件几何造型，生成零件的几何模型，如图 7-5b 所示。然后用 CAM 软件生成 NC 程序。本例先用 Pro/E NGINEER 造型，用 IGES 格式转化到 Mastercam 9.2 中（也可以直接用 Mastercam 进行零件几何造型），由 Mastercam 生成

NC 程序。

（三）参考程序

本程序由一个主程序和五个子程序构成，程序如下：

程序内容	说　明
%	
O2000；	主程序号
T99；	刀具交换
T01；	
M98　P8999；	
N10　G00　G17；	粗加工
S796　H01　T02；	
M98　P8998；	刀具接近子程序调用
Y－60.0；	
Z5.0；	
G01　Z－14.8　F200；	
D11　F318；	
N11　M98　P2001；	加工四边形子程序调用
Z－9.8；	
D12；	
N12　M98　P2002；	加工五边形子程序调用
D11；	
N13　M98　P2002；	
Z10.0；	
X0　Y0；	
N14　G01　Z－15.8　F200；	加工圆
X9.8　F318；	
G03　I－9.8；	
G00　X0；	
Z100.0；	
M98　P8999；	刀具交换子程序调用
N20　S1194　H02　T03；	精加工
M98　P8998；	
Y－60.0；	
Z5.0；	
G01　Z－15.0　F200；	
D21　F239；	
N21　M98　P2001；	加工四边形子程序调用
Z－9.98；	
D22；	
N22　M98　P2002；	加工五边形子程序调用
Z－10.0；	
D21；	

（续）

程 序 内 容	说　　明
N23　M98　P2002；	
Z10.0；	
X0　Y0；	
N24　G01　Z－15.98　F200；	
D22；	
M98P2003；	加工圆子程序调用
Z－16.0；	
D21；	
N25　M98　P2003；	
G00　Z100.0；	
M98　P8999；	
N30　S3135　H03　T04；	中心孔加工
M98　P8998；	
G90　G98　G81　X－35.0　Y－35.0　Z－18.0	
R－5.0　F200；	
Y35.0；	
X35.0；	
Y-35.0；	
G00　G80　X0　Y0；	
M98　P8999；	
N40　S1659　H04　T99；	孔加工
M98　P8998；	
G90　G98　G73　X－35.0　Y－35.0　Z－25.0；	
R－5.0　Q5.0　F200；	
Y35.0；	
X35.0；	
Y－35.0；	
G00　G80　X0　Y0；	
M98　P8999；	
M30；	主程序结束
%	
O2001；	四边形子程序
G90　G00　G41　X15.0；	
G03　X0　Y－45.0　R15.0；	
G01　X－35.0；	
G02　X－45.0　Y－35.0　R10.0；	
G01　X－35.0；	
G02　X－35.0　Y45.0　R10.0；	
G01　X－35.0；	
G02　X－45.0　Y－35.0　R10.0；	
G01　Y－35.0；	
G02　X－35.0　Y－45.0　R10.0；	
G01　X0；	

（续）

程序内容	说　明
G03　X－15.0　Y－60.0　R15.0;	
G00　G40　X0;	
M99;	
O2002;	五边形子程序
G90　G00　G41　X28.056;	
G03　X0　Y－31.944　R28.056;	
G01　X－23.512;	
X－37.82　Y12.36;	
X0　Y40.0;	
X37.82　Y12.36;	
X23.512　Y－31.944;	
X0;	
G03　X－28.056　Y－60.0　R28.056;	
G00　G40　X0;	
M99;	
O2003;	圆形子程序
G90　G01　G41　X9.0　Y－10.0　F239;	
X10.0;	
G03　X20.0　R10.0;	
I－20.0;	
X10.0　Y10.0　R10.0;	
G01　G40　X0　Y0;	
M99;	
O8998;	刀具接近加工子程序
G90　G54　X0　Y0　M03;	
G43　Z100.0;	
M08;	
M99;	
O8999;	交换刀具子程序
M09;	
G91　G28　Z0　M05;	
G49　M06;	
M99;	

（四）注意事项

1）实际加工时，要先熟悉机床的操作，如机床回零，工件、夹具安装，工件坐标系设定，刀补设定，换刀点确定等。

2）首次加工时，应先试运行程序，确定程序无误后再进行试切，试切时应采用单段运行方式，并降低进给倍率和快进速度，防止撞刀。

3）在主程序中，子程序调用完成返回后的语句中一定要设置正确的绝对坐标指令，否则将继续以相对坐标 G91 方式运动，将可能产生位置错误甚至撞刀等严重后果。

第三节　挖槽铣削加工实例

铣削的重要应用在于型腔加工，而挖槽加工主要用于切除一个封闭外形所包围的材料或切削一个槽。本节将详细介绍使用 FANUC 0i 系统的比例缩放指令 G51 和 SIEMENS 802D 系统的矩形凹槽循环 POCKET3 铣削矩形槽的切削方法。通过本节学习读者应具备槽加工的基本能力，并应将挖槽铣削拓展于型腔、刻字等加工。

实例一　加工如图 7-5 所示工件内槽。

（一）加工准备

1. 坯料选择

根据图样可知坯料经粗加工后，应保证长 100mm、宽 80mm、高 20mm。

2. 刀具选择

根据图样分析可选用 φ10.00mm 的键槽铣刀（T03），并设定刀具半径补偿值（D3）和刀具长度补偿值。

3. 夹具选择

根据图样特点和加工部位，选用机用虎钳装夹，工件伸出钳口 6 ~ 8mm，并用百分表找正。

4. 选择编程零点

根据图样特点，确定工件零点为坯料上表面的中心，并通过对刀设定零点偏置 G55。

（二）图样数学分析

选定坯料上表面的中心为工件零点（图 7-6），可知图中矩形槽各点的坐标值见表 7-5。

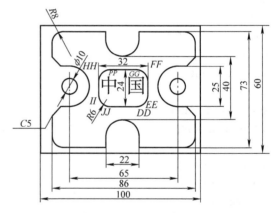

图 7-6　挖槽铣削加工图样数学分析

表 7-5　矩形槽各点的坐标值

节　点	横坐标 X 值	纵坐标 Y 值	节　点	横坐标 X 值	纵坐标 Y 值
DD	10	−12	PP	−10	12
EE	16	−6	HH	−16	6
FF	16	6	II	−16	−6
GG	10	12	JJ	−10	−12

（三）加工路径

下刀→进刀→JJ→DD→EE→FF→GG→PP→HH→II→JJ→退刀→抬刀。

（四）参考程序

1. 华中 HNC - 21M 系统和 FANUC 0i 系统程序

主程序：

程 序 内 容	说 明
O0003；	程序名
G17 G90 G40 G21；	设定加工环境
G55；	建立工件坐标系
T03；	选定1号刀具
G00 X－16 Y－10；	刀具定位于工件左上角（下刀时不能碰撞工件）
G43 Z10. H03；	建立刀具长度补偿，并定位于安全平面
M03 S954；	起动主轴，设定转速（切削速度约为30m/min）
M08；	打开切削液
G01 Z－2.5 F20；	下刀，背吃刀量为2.5mm
G51 X0. Y0. Z0. P1000	设置比例缩放系数为1倍（P=1000）（HNC－21M系统P=1）
M98 P3001；	调用矩形槽铣削子程序
G50；	取消比例缩放功能
G01 Z10. F300	刀具退至安全平面
G00 X－16 Y0.；	刀具定位于工件左上角（下刀时不能碰撞工件）
G01 Z－2.5 F20；	下刀，背吃刀量为2.5mm
G51 X0. Y0. Z0. P500	设置比例缩放系数为0.5（P=500）（HNC－21M系统P=0.5）
M98 P3001；	调用矩形槽铣削子程序
G50；	取消比例缩放功能
G01 Z10. F300	刀具退至安全平面
G00 X－16 Y－10.；	刀具定位于工件左上角（下刀时不能碰撞工件）
G01 Z－5. F20；	下刀，背吃刀量为5mm
G51 X0. Y0. Z0. P1000；	设置比例缩放系数为1（P=1000）（HNC－21M系统P=1）
M98 P3001；	调用矩形槽铣削子程序
G50；	取消比例缩放功能
G01 Z10. F300	刀具退至安全平面
G00 X－16 Y0.；	刀具定位于工件左上角（下刀时不能碰撞工件）
G01 Z－5. F20；	下刀，背吃刀量为5mm
G51 X0. Y0. Z0. P500；	设置比例缩放系数为0.5（P=500）（HNC－21M系统P=0.5）
M98 P3001；	调用矩形槽铣削子程序
G50；	取消比例缩放功能
G01 Z10. F300	刀具退至安全平面
G00 G49 Z50.；	取消刀具长度补偿，并定位于返回平面
M09；	关闭切削液
M05；	停止主轴
M30；	程序结束

子程序：

程 序 内 容	说 明	程 序 内 容	说 明
O3001；	程序名为O3001	G03 X10. Y12. I－6. J0.；	GG点
G01 G41 X－10 D03 F190；	进刀，并建立刀具半径补偿	G01 X－10.；	PP点
Y－12；	JJ点	G03 X－16. Y6. I0. J－6.；	HH点
X10；	DD点	G01 Y－6.；	II点
G03 X16 Y－6 I0 J6；	EE点	G03 X－10. Y－12. I6. J0.；	JJ点
G01 Y6.；	FF点	M99；	

2. SIEMENS 802D 系统程序（程序名为 XJCAO. MPF）

程 序 内 容	说 明
G17 G90 G40 G71	设定加工环境
G55	建立工件坐标系
T3 D3	选定 3 号刀具，并建立刀具长度、半径补偿
G0 X0 Y0	刀具定位于工件左上角（下刀时不能碰撞工件）
Z10	刀具定位于安全平面
M3 S954	起动主轴，设定转速（切削速度约为 30m/min）
M8	打开切削液
POCKET3（20, 0, 10, −5, 32, 24, 6, 0, 0, 0, 2.5, 0.5, 0.1, 190, 20, 1, 11, 6, , , , ,)；	
M9	关闭切削液
M5	停止主轴
M2	程序结束

（五）注意事项

1）粗铣矩形槽，留 0.50mm 单边余量。

2）铣矩形槽时，应先在工件上预钻工艺孔，避免立铣键刀垂直切削进刀，引起强烈振动。

3）精铣时采用顺铣法，以提高表面加工质量。

4）应根据加工情况随时调整进给修调开关和主轴转速倍率开关。

5）键槽铣刀的垂直进给量不能太大，为平面进给量的 1/3 ~ 1/2。

实例二 加工图 7-7 所示平面槽形凸轮零件，外部轮廓尺寸已经由前道工序加工完，本工序的任务是在铣床上加工槽与孔。零件材料为 HT200。

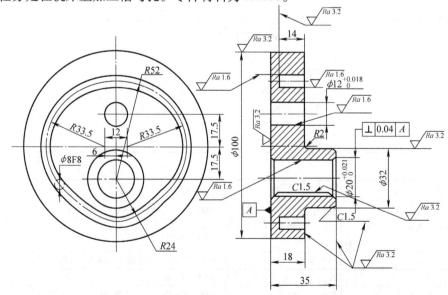

图 7-7 平面槽形凸轮零件

（一）相关知识

本实例为典型挖槽铣削零件的加工，槽的轮廓是由四段圆弧和两条直线组成的凸轮槽，而且对表面质量提出了很高的要求。因此在刀具选择、切削用量、切入切出方式和铣削方式上须慎重考虑。加工顺序可以按照基面先行、先面后孔、先粗后精、先主后次的原则安排；刀具的选择可以根据零件的结构特点和工件材料来确定。切削用量主要包括主轴转速、进给速度和背吃刀量三要素。确定主轴转速时，通常先查切削用量手册，或根据操作实践经验确定，然后根据铣刀直径和公式 $n = 1000 v_c / \pi D$ 计算主轴转速。确定进给速度时，根据铣刀齿数、主轴转速和切削用量手册中给出的每齿进给量，利用式 $v_f = fn = f_z zn$ 计算进给速度。背吃刀量选取的原则是，在机床刚性和功率允许的条件下，尽可能选取较大，但应留出适当的精加工余量。

走刀路线包括切削加工的路径及刀具的引入、返回等非切削空行程。在确定加工方向时要考虑刀具的"让刀"现象，通常采用粗加工顺铣、精加工逆铣的走刀路线，对于主轴转速超过 10000r/min 的高速数控铣床或加工中心，为避免"让刀"引起的断刀现象，厂家规定只允许顺铣。当铣削平面零件内、外轮廓或槽时，一般采用立铣刀侧刃切削。刀具切入工件时，应避免沿零件轮廓的法向切入，而应沿轮廓曲线延长线的切向切入，以避免在切入处产生刀具的刻痕而影响表面质量。同理，在切离工件时，也应避免在工件的轮廓处直接退刀，而应该沿零件轮廓延长线的切向逐渐切离工件。若内轮廓曲线不允许外延，刀具只能沿内轮廓曲线的法向切入、切出，此时刀具的切入、切出点应尽量选在内轮廓曲线两几何元素的交点处。

（二）工艺分析

1. 零件图工艺分析

凸轮槽内外轮廓由直线和圆弧组成，几何元素之间关系描述清楚、完整，凸轮槽侧面与 $\phi 20$mm、$\phi 12$mm 两个内孔表面粗糙度 Ra 值要求较小，为 1.6μm。凸轮槽内外轮廓面和 $\phi 20$ 孔与底面有垂直度要求。零件材料为 HT200，切削加工性能较好。根据上述分析，凸轮槽内外轮廓及 $\phi 20$mm、$\phi 12$mm 两个孔的加工应分粗、精加工两个阶段进行，以保证表面粗糙度值要求。同时应以底面 A 定位，提高装夹刚度以满足垂直度要求。

2. 确定装夹方案

根据零件的结构特点，加工 $\phi 20$mm、$\phi 12$mm 两个孔时，以底面 A 定位（必要时可设工艺孔），采用螺旋压板机构夹紧。加工凸轮槽内外轮廓时，采用"一面两孔"方式定位，即以底面 A 和 $\phi 20$mm、$\phi 12$mm 两个孔为定位基准，装夹示意图如图 7-8 所示。

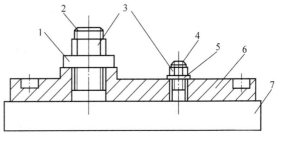

图 7-8　凸轮槽加工装夹示意图
1—开口垫圈　2—带螺纹圆柱销　3—压紧螺母
4—带螺纹销边销　5—垫圈　6—工件　7—垫块

3. 确定加工顺序及走刀路线

加工顺序按照基面先行、先粗后精的原则确定。因此，应先加工用作定位基准的 $\phi 20$mm、$\phi 12$mm 两个孔，然后加工凸轮槽内外轮廓表面。为保证加工精度，粗、精加工应分开，其中 $\phi 20$mm、$\phi 12$mm 两个孔的加工采用"钻孔→粗铰→精铰"方案。走刀路线包括平面进给和深度进给两个部分。平面内进给时，外凸轮廓从切线方向切入，内凹轮廓从过渡圆弧切入。为使凸轮槽表面具有较好的表面质量，采用顺铣方式铣削。深度进给有两种方法：一种是在 XZ 平面（或 YZ 平面）来回铣削逐渐进刀到既定深度；另一种方法是先打一个工艺孔，然后从工艺孔进刀到既定深度。

4. 刀具的选择

根据零件的结构特点，铣削凸轮槽内、外轮廓时，铣刀直径受槽宽限制，取为 $\phi6$。粗加工选用 $\phi6mm$ 高速钢立铣刀，精加工选用 6 硬质合金立铣刀。所选刀具及其加工表面见表7-6。

表7-6 平面槽形凸轮数控加工刀具卡片

产品名称或代号		数控铣工艺分析实例		零件名称		平面槽形凸轮	零件图号	mill-01
序号	刀具号	刀具				加工表面		备注
		规格名称	数量	刀长/mm				
1	T01	$\phi5mm$ 中心钻	1			钻 $\phi5mm$ 中心孔		
2	T02	$\phi19.6mm$ 钻头	1	45		$\phi20mm$ 孔粗加工		
3	T03	$\phi11.6mm$ 钻头	1	30		$\phi12mm$ 孔粗加工		
4	T04	$\phi20mm$ 铰刀	1	45		$\phi20mm$ 精加工		
5	T05	$\phi12mm$ 铰刀	1	30		$\phi12mm$ 孔精加工		
6	T06	90°倒角铣刀	1			$\phi20mm$ 孔倒角 $C1.5$		
7	T07	$\phi6mm$ 高速钢立铣刀	1	20		粗加工凸轮槽内、外轮廓		底圆角 $R0.5$
8	T08	$\phi6mm$ 硬质合金立铣刀	1	20		精加工凸轮槽内、外轮廓		
编制	××	审核	×××	批准	×××	××年×月×日	共1页	第1页

5. 切削用量的选择

凸轮槽内、外轮廓精加工时留 0.1mm 铣削余量，精铰两个孔时留铰削余量。选择主轴转速与进给速度时，先查切削用量手册，确定切削速度与每齿进给量，然后按式 $v_f = fn = f_z zn$ 和 $n = 1000v_c / (\pi D)$ 计算主轴转速与进给速度（计算过程从略）。

6. 拟订数控铣削加工工序卡片

将各工步的加工内容、所用刀具和切削用量填入表7-7中。

表7-7 平面槽形凸轮数控加工工序卡片

单位名称	××××××	产品名称或代号		零件名称		零件图号	
		数控铣削加工综合实例		平面槽形凸轮		Mill-01	
工序号	程序编号	夹具名称		使用设备		车间	
001	Millprg-01	螺旋压板		XK5025/4		数控中心	
工步号	工步内容	刀具号	刀具规格/mm	主轴转速/r·min^{-1}	进给速度/mm·min^{-1}	背吃刀量/mm	备注
1	A 面定位钻 $\phi5mm$ 中心孔(2 处)	T01	$\phi5$	755			手动
2	钻 $\phi19.6mm$ 孔	T02	$\phi19.6$	402	40		自动
3	钻 $\phi11.6mm$ 孔	T03	$\phi11.6$	402	40		自动
4	铰 $\phi20mm$ 孔	T04	$\phi20$	130	20	0.2	自动
5	铰 $\phi12mm$ 孔	T05	$\phi12$	130	20	0.2	自动
6	$\phi20mm$ 孔倒角 $C1.5$	T06	90°	402	20		手动
7	一面两孔定位粗铣凸轮槽内轮廓	T07	$\phi6$	1100	40	4	自动
8	粗铣凸轮槽外轮廓	T07	$\phi6$	1100	40	4	自动
9	精铣凸轮槽内轮廓	T08	$\phi6$	1495	20	14	自动
10	精铣凸轮槽外轮廓	T08	$\phi6$	1495	20	14	自动
11	翻面装夹，铣 $\phi20mm$ 孔另一侧倒角 $C1.5$	T06	90°	402	20		手动
编制	×××	审核	×××	批准	×××	××年×月×日	共1页 第1页

（三）主要操作步骤和参考程序

工件编程 X、Y 原点坐标在 $\phi100$mm 圆的圆心处，Z 坐标原点在工件上表面。主要操作步骤和参考程序如下：

1）钻中心孔，在手动方式下，用 $\phi5$mm 的中心钻，钻深 $3\sim5$mm 的中心孔，孔的坐标分别为（0，17.5）和（0，-17.5）。

2）钻孔，在 MDI 方式下，用 $\phi19.6$mm 的钻头，主轴转速为 402r/min，程序为：
G98　G83　X0　Y-17.5　Z-38　Q5　R10　F40　M03；

3）钻孔，在 MDI 方式下，用 $\phi11.6$mm 的钻头，主轴转速为 402r/min，程序为：
G98　G83　X0　Y17.5　Z-38　Q5　R0　F40　M03；

4）铰孔，在 MDI 方式下，用 $\phi20$mm 的铰刀，主轴转速为 130r/min，程序为：
G98　G81　X0　Y-17.5　Z-38　R10　F20　M03；

5）铰孔，在 MDI 方式下，用 $\phi12$mm 的铰刀，主轴转速为 130r/min，程序为：
G98　G81　X0　Y17.5　Z-38　R0　F20　M03；

6）$\phi20$mm 孔倒角，在手动方式下，用倒角铣刀，对 $\phi20$mm 孔进行倒角，定位坐标为（0，-17.5）。

7）粗铣凸轮槽内轮廓，用一面两孔定位方式定位。在自动方式下，采用高速钢立铣刀进行加工。加工程序利用 Master CAM 编程软件完成。走刀方向为顺时针方向，参数见表 7-8。修改后的凸轮内廓粗加工程序如下。

表 7-8　凸轮槽内轮廓粗铣参数

刀具参数		外形铣削参数	
刀具名称	6. FLAT ENDMILL	外形形式	2D
刀具直径	$\phi6$mm	安全高度	10mm（绝对坐标）
刀角半径	0	参考高度	5mm（绝对坐标）
进给率	40	进给下刀位置	2mm（增量坐标）
Z 轴进给率	40	要加工的表面高度	-17.0mm（绝对坐标）
提刀速度	500mm/min	加工深度	-31.0mm（绝对坐标）
程序名称	O3000	电脑补正位置	左补正
起始行号	010	XY 方向预留量	0.2mm
行号增量	10	Z 方向预留量	0.2mm
主轴转速	1100r/min	Z 轴分层铣削设定	
冷却液	喷油 M08	最大粗切量	4mm
起、退刀点位置		精修次数	0
进入点位置	X-27.613	精修量	0
	Y-25.596	分层铣削之顺序	⊙依照轮廓○依照深度
	Z10.0	不提刀	⊙不提刀

程　序	程　序
%	N270　X－14.968　Y－35.226　R23.2;
O3000;	N280　G01　X－27.097　Y－24.985;
N010　G21;	N290　Z－27.35;
N020　G00　G17　G40　G49　G80　G90;	N300　G02　X－38.7　Y0　R32.7;
N030　Z10.0　M03;	N310　X－16.605　Y30.932　R32.7;
N040　G00　G90　G54　X－27.613　Y－25.596;	N320　X0　Y33.7　R51.2;
N050　Z－15.0　M08;	N330　X16.605　Y30.932　R51.2;
N060　G01　X－27.097　Y－24.985;	N340　X38.7　Y0　R32.7;
N070　Z－20.45;	N350　X27.097　Y－24.985　R32.7;
N080　G02　X－38.7　Y0　R32.7　F40;	N360　G01　X14.968　Y－35.226;
N090　X－16.605　Y30.932　R32.7;	N370　G02　X0　Y－40.7　R23.2;
N100　X0　Y33.7　R51.2;	N380　X－14.968　Y－35.226　R23.2;
N110　X16.605　Y30.932　R51.2;	N390　G01　X－27.097　Y－24.985;
N120　X38.7　Y0　R32.7;	N400　Z－30.8;
N130　X27.097　Y－24.985　R32.7;	N410　G02　X－38.7　Y0　R32.7;
N140　G01　X14.968　Y－35.226;	N420　X－16.605　Y30.932　R32.7;
N150　G02　X0　Y－40.7　R23.2;	N430　X0　Y33.7　R51.2;
N160　X－14.968　Y－35.226　R23.2;	N440　X16.605　Y30.932　R51.2;
N170　G01　X－27.097　Y－24.985;	N450　X38.7　Y0　R32.7;
N180　Z－23.9;	N460　X27.097　Y－24.985　R32.7;
N190　G02　X－38.7　Y0　R32.7;	N470　G01　X14.968　Y－35.226;
N200　X－16.605　Y30.932　R32.7;	N480　G02　X0　Y－40.7　R23.2;
N210　X0　Y33.7　R51.2;	N490　X－14.968　Y－35.226　R23.2;
N220　X16.605　Y30.932　R51.2;	N500　G01　X－27.097　Y－24.985;
N230　X38.7　Y0　R32.7;	N510　G00　Z10.0;
N240　X27.097　Y－24.985　R32.7;	N520　M09;
N250　G01　X14.968　Y－35.226;	N530　M30;
N260　G02　X0　Y－40.7　R23.2;	%

8）粗铣凸轮槽外轮廓，参数设置及操作方法同7）。

9）精铣凸轮内轮廓，定位方式不变。在自动方式下，采用6号硬质合金立铣刀进行加工。加工程序利用 Mastercam 编程软件完成。走刀方向为顺时针方向。修改后的凸轮内廓精加工程序如下。

程　序	程　序
%	N110　X16.541　Y30.743　R51.0;
O5000;	N120　X38.5　Y0　R32.5;
N010　G21;	N130　X26.967　Y－24.832　R32.5;
N020　G00　G17　G40　G49　G80　G90;	N140　G01　X14.839　Y－35.073;
N030　G43　H2　Z10.0;	N150　G02　X0　Y－40.5　R23.0;
N040　G00　G90　G54　X－27.613　Y－25.596　M03;	N160　X－14.839　Y－35.073　R23.0;
N050　X－26.967　Y－24.832;	N170　G01　X－26.967　Y－24.832;
N060　Z－15.0;	N180　G00　Z10.0;
N070　G01　Z－31.0　F20;	N190　M5;
N080　G02　X－38.5　Y0　R32.5;	N200　M30;
N090　X－16.541　Y30.743　R32.5;	%
N100　X0　Y33.5　R51.0;	

10）精铣凸轮外轮廓，参数设置及操作同9）。

第四节　钻孔加工实例

孔是定位、紧固机械零件的重要手段，本节详细介绍了使用 FANUC 0i 的 G73、G81 等钻孔指令和 SIEMENS 802D 的 CYCLE81、CYCLE82 等钻孔循环加工孔的基本方法。通过本节的学习，应具备钻孔、镗孔和攻螺纹等加工的基本技能。

实例一　加工图 7-6 所示工件上的孔。

（一）加工准备

1. 坯料选择

根据图样可知坯料经粗加工后，应保证长 100mm、宽 80mm、高 20mm。

2. 刀具选择

根据图样分析可选用 $\phi 10.00$mm 的麻花钻（T04），并设定刀具半径补偿值（D4）和刀具长度补偿值。

3. 夹具选择

根据图样特点和加工部位，可选用机用虎钳装夹工件，伸出钳口 6 ~ 8mm，垫铁选择两块且平行于 X 轴，中间为空。

4. 选择编程零点

根据图样特点，确定工件零点为坯料上表面的中心，并通过对刀设定零点偏置 G55。

（二）图样数学分析

选定坯料上表面的中心为工件零点（图 7-9），可知图中钻孔中心点的坐标值见表 7-9。

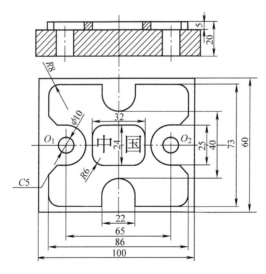

图 7-9　钻孔加工图样数学分析

表 7-9　钻孔中心点的坐标值

孔　心　点	横坐标 X 值	纵坐标 Y 值
*O*1	−32.5	0
*O*2	32.5	0

（三）参考程序

1. HNC-21M 系统和 FANUC 0i 系统程序

程　序　内　容	说　　　明
O0004；	程序名为 O0004
G17　G90　G40　G21；	设定加工环境
G55；	建立工件坐标系
T04；	选定 4 号刀具
G00　X0　Y0.；	刀具定位于工件中心
G43　Z50　H04；	建立刀具长度补偿，并定位于返回平面
M03　S954；	起动主轴，设定转速（切削速度约为 30m/min）
M08；	打开切削液
G99　G73　X32.5　Y0　Z − 25　R10　Q2.0　F20；（G99　G73　X32.5　Y0　Z − 25　R10　Q − 2.0　P2　K1　F20；）	啄式钻通孔，深度为 25mm（HNC − 21M 系统）
G73　X − 32.5　Y0　Z − 25　R10　Q2.0　F20；（G73　X − 32.5　Y0　Z − 25　R10　Q − 2.0　P2　K1　F20；）	啄式钻通孔，深度为 25mm（HNC − 21M 系统）
G00　G49　Z50；	取消刀具长度补偿，并定位于返回平面
M09；	关闭切削液
M05；	停止主轴
M30；	程序结束

2. SIEMENS 802D 系统程序（程序名为 ZKONG. MPF）

程　序　内　容	说　　　明
G17　G90　G40　G71	设定加工环境
G55	建立工件坐标系
T4　D4	选定 4 号刀具，并建立刀具长度、半径补偿
G00　X0　Y0	刀具定位于工件中心
Z20	刀具定位于安全平面
M3　S954	起动主轴，设定转速（切削速度约为 30m/min）
M8	打开切削液
G00　X32.5　Y0	刀具定位于工件中心
CYCLE81（20，0，10，，25）	钻通孔，深度为 25mm
G00　X − 32.5　Y0	刀具定位于工件中心
CYCLE81（20，0，10，，25）	钻通孔，深度为 25mm
M9	关闭切削液
M5	停止主轴
M2	程序结束

（四）注意事项

1）钻孔时不要调整进给修调开关和主轴转速倍率开关，以提高钻孔表面加工质量。

2）麻花钻的垂直进给量不能太大，为平面进给量的 1/4～1/3。

3）镗孔时，应用试切法来调节镗刀。

4）ϕ10mm 孔的正下方不能放置垫铁，并应控制钻头的进刀深度，以免损坏机用虎钳和刀具。

实例二　加工图 7-10 所示的孔径为 ϕ10mm 的深孔孔系，其中 X 向孔数为 5，X 向孔距为 50mm，Y 向孔数为 3，Y 向孔距为 40mm，孔深为 58mm，孔底进给暂停时间为 1s，间歇进给量为 10mm，进给速度为 100mm/min。

（一）相关知识

1. 坯料选择

根据图样可知坯料经粗加工后，应保证长 275mm、宽 130mm、高 70mm（非通孔，高不小于 61mm 即可）。

2. 刀具选择

根据图样分析可选用 ϕ10.00mm 的中心钻。

3. 夹具选择

根据图样特点和加工部位，可选用工艺压板分别在四角压紧工件。

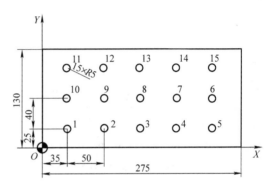

图 7-10　钻孔加工

4. 设定零点偏置

根据图样特点，确定工件零点为坯料上表面的左下角。安装寻边器，通过 X、Y 向对刀设定零点偏置 G55 的 X、Y 值。

5. 设定刀具参数

安装中心钻（T4），通过 Z 向对刀设定零点偏置 G55 的 Z 值，并设定刀具半径补偿值（D4）和刀具长度补偿值。

（二）工艺分析（表 7-10）

表 7-10　数控加工工艺卡片

机床种类	产品名称或代号		工件材质	毛坯规格	工序号	程序编号	夹具名称
XK7134	钻孔加工		45 钢	275mm×130mm×70mm		00006 或 WKONG. MPF	工艺压板
工步号	工步内容	刀具号	刀具规格/mm	主轴转速/r·min⁻¹	进给速度/mm·min⁻¹	刀具长度补偿	刀具半径补偿
1	深孔钻	T04	ϕ10 中心钻	800	100	H04	D04

（三）参考程序

1. FANUC 0i 系统程序

O0006;	程序名
G17　G90　G40　G21;	设定加工环境
G55;	建立工件坐标系
T04;	选定 4 号刀具
G00　X0　Y0;	刀具定位于工件中心
G43　Z50　H04;	建立刀具长度补偿，并定位于返回平面
M03　S800;	启动主轴，设定转速（切削速度约为 25m/min）
M08;	打开切削液
G01　Z10　F300;	定位于安全平面
G99　G83　X35　Y25　Z-58　R10　Q10　P1000　F100;	钻第 1 孔
G91　G83　X50　Y0　Z-68　R10　Q10　P1000　K4;	钻第 2~5 孔
G01　Y40　F300;	刀具定位于第 2 行
G83　X0　Y0　Z-68　R10　Q10　P1000　F100;	钻第 6 孔
G83　X-50　Y0　Z-68　R10　Q10　P1000　K4;	钻第 7~10 孔
G01　Y40　F300;	刀具定位于第 3 行
G83　X0　Y0　Z-68　R10　Q10　P1000　F100;	钻第 11 孔
G83　X50　Y0　Z-68　R10　Q10　P1000　K4;	钻第 12~15 孔
G90　Z10　F300;	定位于安全平面
G00　G49　Z50;	取消刀具长度补偿，并定位于返回平面
M09;	关闭切削液
M05;	停止主轴
M30;	程序结束

2. SIEMENS 802D 系统程序（WKONG. MPF）

G17　G90　G40　G71	设定加工环境
G55	建立工件坐标系
T4　D4	选定 4 号刀具，并建立刀具长度、半径补偿
R10 = 50	返回平面
R11 = 0	参考平面
R12 = 10	安全平面
R13 = -58	钻孔深度
R14 = 35	参考点 X 坐标
R15 = 25	参考点 Y 坐标
R16 = 0	起始角
R17 = 0	第一孔到参考点的距离
R18 = 50	孔间距
R19 = 5	每行孔的数量
R20 = 3	行数
R21 = 0	行计数
R22 = 40	行间距
G0 X = R14 Y = R15	刀具定位于参考点

（续）

Z = R10	刀具定位于返回平面
M3　S800	起动主轴，设定转速（切削速度约为 25m/min）
M8	打开切削液
MCALL　　CYCLE82（R10，R11，R12，R13，1）	钻孔形式调用
ZKLABEL	
HOLES1（R14，R15，R16，R17，R18，R19）	调用排孔循环
R15 = R15 + R22	计算下一行的 Y 值
R21 = R21 + 1	增量行计数
IF　R21 < R20　GOTOB　ZKLABEL	如果条件满足，返回 ZKLABEL
MCALL	取消调用
G0　X0　Y0	刀具定位于工件中心
Z = R10	定位于返回平面
M9	关闭切削液
M5	停止主轴
M2	程序结束

（四）注意事项

1）钻孔时不要调整进给修调开关和主轴转速倍率开关，以提高钻孔表面加工质量。

2）麻花钻的垂直进给量不能太大，为平面进给量的 1/4 ~ 1/3。

3）镗孔时，应用试切法来调节镗刀。

4）ϕ10mm 孔的正下方不能放置垫铁，并应控制钻头的进刀深度，以免损坏机用虎钳和刀具。

5）装夹工件时，只能用软木锤或橡皮锤敲打工件，并应注意平行垫铁是否有松动。

第五节　雕刻文字加工实例

本节介绍了使用 FANUC 0i 系统和 SIEMENS 802D 系统指令进行文字雕刻的基本方法，手工编写文字雕刻程序仅适用于文字加工要求不高的场合，精确的文字雕刻多借助 CAM 软件来完成。

一、加工准备

1. 坯料选择

根据图样可知坯料经粗加工后，应保证长 100mm、宽 80mm、高 20mm。

2. 刀具选择

根据图样分析可选用 $\phi 1mm$ 的键槽刀（T05），并设定刀具半径补偿值（D5）和刀具长度补偿值。

3. 夹具选择

根据图样特点和加工部位，可选用机用虎钳装夹工件，伸出钳口 6 ~ 8mm。

4. 选择编程零点

根据图样特点，确定工件零点为坯料上表面的中心，并通过对刀设定零点偏置 G55。

二、图样数学分析

选定坯料上表面的中心为工件零点（图 7-11），可知图中文字各节点的坐标值见表 7-11。

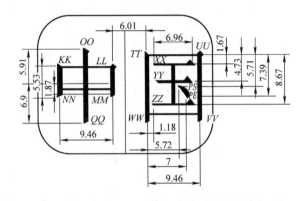

图 7-11 雕刻文字加工图样数学分析

表 7-11   图中文字各点的坐标值

节点	横坐标 X 值	纵坐标 Y 值	节点	横坐标 X 值	纵坐标 Y 值
KK	- 12.465	3.66	VV	12.465	- 6.9
LL	- 3.005	3.66	WW	3.005	- 6.9
MM	- 3.005	- 1.87	XX	4.185	4.24
NN	- 12.465	- 1.87	YY	4.185	1.18
OO	- 7.735	5.91	ZZ	4.185	- 2.76
QQ	- 7.735	- 6.9	PS	8.725	0.2
TT	3.005	5.91	PE	10.005	- 2.76
UU	12.465	5.91			

三、参考程序

1. 华中 HNC – 21M 系统和 FANUC 0i 系统程序

程序内容	说明	程序内容	说明
O0005；	程序名为 O0005	X3.005；	刻至 *WW* 点
G17 G90 G40 G21；	设定加工环境	Y5.91；	刻至 *TT* 点
G55；	建立工件坐标系	Z10 F300；	定位于安全平面
T05；	选定 5 号刀具	G00 X4.185 Y4.24；	刀具定位于 *XX* 点
G00 X-12.465 Y3.66；	刀具定位于 *KK* 点	G01 Z-2 F20；	下刀，刻字深度为 2mm
G43 Z50 H05；	建立刀具长度补偿，并定位于返回平面	G91 X6.96 F90；	刻长为：6.96mm
M03 S1500；	起动主轴，设定转速（切削速度约为 5m/min）	G90 Z10 F300；	定位于安全平面
M08；	打开切削液	G00 X4.185 Y1.18；	刀具定位于 *YY* 点
G01 Z10 F300；	定位于安全平面	G01 Z-2 F20；	下刀，刻字深度为 2mm
G01 Z-2 F20；	下刀，刻字深度为 2mm	G91 X6.96 F90；	刻长为 6.96mm
X-3.005 F90；	刻至 *LL* 点	G90 Z10 F300；	定位于安全平面
Y-1.87；	刻至 *MM* 点	G00 X4.185 Y-2.76；	刀具定位于 *ZZ* 点
X-12.465；	刻至 *NN* 点	G01 Z-2 F20；	下刀，刻字深度为 2mm
Y3.66；	刻至 *KK* 点	G91 X6.96 F90；	刻长为 6.96mm
Z10 F300；	定位于安全平面	G90 Z10 F300；	定位于安全平面
G00 X-7.735 Y5.91；	刀具定位于 *OO* 点	G00 X8.725 Y0.2；	刀具定位于 *PS* 点
G01 Z-2 F20；	下刀，刻字深度为 2mm	G01 Z-2 F20；	下刀，刻字深度为 2mm
Y-6.9 F90；	刻至 *QQ* 点	G91 X10.005 Y-2.76 F90；	刻至 *PE* 点
Z10 F300；	定位于安全平面	G90 Z10 F300；	定位于安全平面
G00 X3.005 Y5.91；	刀具定位于 *TT* 点	G00 G49 Z50；	取消刀具长度补偿，并定位于返回平面
G01 Z-2 F20；	下刀，刻字深度为 2mm	M09；	关闭切削液
X12.465 F90；	刻至 *UU* 点	M05；	停止主轴
Y-6.9；	刻至 *VV* 点	M30；	程序结束

2. SIEMENS 802D 系统程序（程序名为 KEZI.MPF）

程序内容	说明
G17 G90 G40 G71	设定加工环境
G55	建立工件坐标系
T5 D5	选定 5 号刀具，并建立刀具长度、半径补偿
G0 X0 Y0	刀具定位于工件中心
Z50	刀具定位于返回平面
M3 S1500	起动主轴，设定转速（切削速度约为 5m/min）
M8	打开切削液

（续）

程 序 内 容	说　　　明
G0　X－12.465　Y3.66	刀具定位于 *KK* 点
Z10	刀具定位于安全平面
G1　Z－2　F20	下刀，刻字深度为 2mm
X－3.005　F90	刻至 *LL* 点
Y－1.87	刻至 *MM* 点
X－12.465	刻至 *NN* 点
Y3.66	刻至 *KK* 点
Z10　F300	定位于安全平面
G0　X－7.735　Y5.91	刀具定位于 *OO* 点
G1　Z－2　F20	下刀，刻字深度为 2mm
Y－6.9　F90	刻至 *QQ* 点
Z10　F300	定位于安全平面
G0　X3.005　Y5.91	刀具定位于 *TT* 点
G1　Z－2　F20	下刀，刻字深度为 2mm
X12.465　F90	刻至 *UU* 点
Y－6.9	刻至 *VV* 点
X3.005	刻至 *WW* 点
Y5.91	刻至 *TT* 点
Z10　F300	定位于安全平面
G0　X4.185　Y4.24	刀具定位于 *XX* 点
G1　Z－2　F20	下刀，刻字深度为 2mm
G91　X6.96　F90	刻长为 6.96mm
G90　Z10　F300	定位于安全平面
G0　X4.185　Y1.18	刀具定位于 *YY* 点
G1　Z－2　F20	下刀，刻字深度为 2mm
G91　X6.96　F90	刻长为：6.96mm
G90　Z10　F300	定位于安全平面
G0　X4.185　Y－2.76	刀具定位于 *ZZ* 点
G1　Z－2　F20	下刀，刻字深度为 2mm
G91　X6.96　F90	刻长为 6.96mm
G90　Z10　F300	定位于安全平面
G0　X8.725　Y0.2	刀具定位于 *PS* 点
G1　Z－2　F20	下刀，刻字深度为 2mm
G91　X10.005　Y－2.76　F90	刻至 *PE* 点
G90　Z10　F300	定位于安全平面
G0　X0　Y0	刀具定位于工件中心
Z50	定位于返回平面
M9	关闭切削液
M5	停止主轴
M2	程序结束

第六节　复杂零件的加工实例

实例一　加工图7-12所示零件，工件材料为45钢，毛坯尺寸为175mm × 130mm × 6.35mm。工件坐标系原点（$X0$，$Y0$）定在距毛坯左边和底边均65mm处，其$Z0$定在毛坯上，采用ϕ10mm立铣刀，主轴转速$n = 1250$r/min，进给速度$v = 150$mm/min。轮廓加工轨迹如图7-13所示，零件加工程序如下。

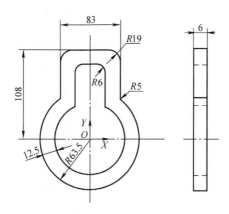

图 7-12　典型加工零件1

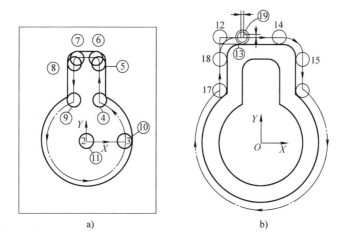

a)　　　　　　　　　　　　b)

图 7-13　轮廓加工的刀位点轨迹

程 序 内 容	说　明
%	
O1234；	程序号
N010　G90　G21　G40　G80；	采用绝对尺寸，米制，注销刀具半径补偿和固定循环功能
N020　G91　G28　X0　Y0　Z0；	刀具移至参考点
N030　G92　X－200.0　Y200.0　Z0；	设定工件坐标系原点坐标
N040　G00　G90　X0　Y0　Z0　S1250　M03；	刀具快速移至点 2，主轴以 1250r/min 正转
N050　G43　Z50.0　H01；	刀具沿 Z 轴快速定位至 50mm 处
N060　M08；	开切削液
N070　G01　Z－10.0　F150；	刀具沿 Z 轴以 150mm/min 直线插补至 －10mm 处
N080　G41　D01　X51.0；	刀具半径左补偿，补偿号 D01，直线插补至点 3
N090　G03　X29.0　Y42.0　I－51.0　J0；	逆时针圆弧插补至点 4
N100　G01　Y89.5；	直线插补至点 5
N110　G03　X23.0　Y95.5　I－6.0　J0；	逆时针圆弧插补至点 6
N120　G01　X－23.0；	直线插补至点 7
N130　G03　X－29.0　Y89.5　I0　J－6.0；	逆时针圆弧插补至点 8
N140　G01　Y42.0；	直线插补至点 9
N150　G03　X51.0　Y0　I29.0　J－42.0；	逆时针圆弧插补至点 10
N160　G01　X0；	直线插补至点 11
N170　G00　Z5.0；	沿 Z 轴快速定位至 5mm 处
N180　X－41.5　Y108；	快速定位至点 12
N190　G01　Z－10.0；	沿 Z 轴直线插补至 －10mm 处
N200　X22.5；	直线插补至点 14
N210　G02　X41.5　Y89.0　I0　J－19.0；	顺时针圆弧插补至点 15
N220　G01　Y48.0；	直线插补至点 16
N230　G02　X－41.5　Y48.0　I－41.5　J－48.0；	顺时针圆弧插补至点 17
N240　G01　Y89.0；	直线插补至点 18
N250　G02　X－22.5　Y108.0　I19.0　J0；	顺时针圆弧插补至点 13
N260　X－20.0　Y110.5；	直线插补至点 19
N270　G00　G90　Z20.0　M05；	刀具沿 Z 轴快速定位至 20mm 处，主轴停转
N280　M09；	关切削液
N290　G91　G28　X0　Y0　Z0；	返回参考点
N300　M06；	换刀
N310　M30；	程序结束
%	

实例二　加工图 7-14 所示零件，工件材料为 45 钢，毛坯尺寸为 108mm × 54mm × 18mm，工件坐标系原点（X0，Y0）定在距毛坯上边和左边均 27mm 处，其 Z0 定在毛坯上。刀具及切削用量的选择见表 7-12，零件的加工程序如下。

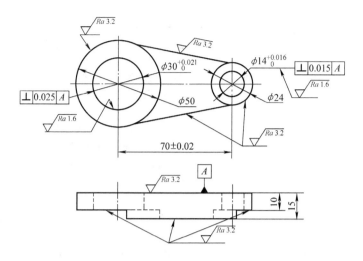

图 7-14 典型加工零件 2

表 7-12 工序及切削用量

序号	工　序	刀　具	主轴转速 $n/r \cdot min^{-1}$	进给速度 $v_f/mm \cdot min^{-1}$
1	钻两个 ϕ13.8mm 的通孔	ϕ13.8mm 钻头	700	50
2	铰 ϕ14mm 孔	ϕ14mm 铰刀	80	10
3	扩孔至 ϕ29.4mm	ϕ29.4mm 钻头	260	40
4	精镗 ϕ30mm 孔	ϕ30mm 镗刀	400	30
5	铣孔 ϕ50mm、ϕ24mm	ϕ14mm 立铣刀	400	40
6	用内孔对工件重新夹紧,完成外轮廓加工	ϕ14mm 立铣刀	400	40

程　序　内　容	说　明
% O1110; N010　G90　G21　G40　G80; N020　G91　G28　X0　Y0　Z0; N030　G92　X−200.0　Y150.0　Z0; N040　G00　G90　X70.0　Y0　Z0　S700　M03　T2; N050　G43　Z50.0　H01; N060　M08; N070　G98　G81　X0　Y0　Z−20.0　R5.0　F50; N080　X0; N090　G80; N100　G00　G90　Z20.0　M05; N110　M09; N120　G91　G28　Z0　Y0; N130　G49　M06;	程序号 采用绝对尺寸指令,米制,注销刀具半径补偿和固定循环功能 刀具移至参考点 1(图 7-15,余同) 设定工件坐标系原点坐标 刀具快速移至点 2,主轴以 700r/min 正转,2 号刀准备 刀具长度补偿有效,补偿号 H01 开切削液 钻孔循环,孔底位置为 Z 轴 −20mm 处,进给速度为 50mm/min 点 3 处钻孔循环 注销固定循环 刀具沿 Z 轴快速定位至 20mm 处,主轴停止 关切削液 移至换刀点 4 注销刀具长度补偿,换 2 号刀具(选择停止)

（续）

程 序 内 容	说　明
（M01；）	
N140　G00　G90　X70.0　Y0　Z0　S80　M03　T3；	刀具快速移至点 2，主轴以 80r/min 正转，3 号刀具准备
N150　G43　Z50.0　H02；	刀具长度补偿有效，补偿号 H02
N160　M08；	开切削液
N170　G01　Z-20.0　F10；	沿 Z 轴以 10mm/min 直线插补至-20mm
N180　G01　Z5.0　F20；	沿 Z 轴以 20mm/min 直线插补至 5mm
N190　G00　G90　Z20.0　M05；	刀具沿 Z 轴快速定位至 20mm 处，主轴停止
N200　M09；	关切削液
N210　G91　G28　Z0　Y0；	移至换刀点 4
N220　G49　M06；	注销刀具长度补偿，换 3 号刀具（选择停止）
（M01；）	
N230　G00　G90　X0　Y0　Z0　S260　M03　T4；	刀具快速移至点 5，主轴以 260r/min 正转，4 号刀具准备
N240　G43　Z50.0　H03；	刀具长度补偿有效，补偿号 H03
N250　M08；	开切削液
N260　G98　G81　X0　Y0　Z-20.0　R5.0　F40；	钻孔循环，孔底位置为 Z 轴-20mm 处，进给速度为 40mm/min
N270　G80；	注销固定循环
N280　G00　G90　Z20.0　M05；	刀具沿 Z 轴快速定位至 20mm 处，主轴停止
N290　M09；	关切削液
N300　G91　G28　Z0　Y0；	移至换刀点 4
N310　G49　M06；	注销刀具长度补偿，换 4 号刀具（选择停止，下面进行镗孔加工）
（M01；）	
N320　G00　G90　X0　Y0　Z0　S400　M03　T5；	刀具快速移至点 5，主轴以 400r/min 正转，5 号刀具准备
N330　G43　Z50.0　H04；	刀具长度补偿有效，补偿号 H04
N340　M08；	开切削液
N350　G98　G76　X0　Y0　Z-20.0　R5　Q0.1　F30；	镗孔循环，孔底位置为 Z 轴-20mm 处，偏移量为 0.1mm
N360　G80；	注销固定循环
N370　G00　G90　Z20.0　M05；	刀具沿 Z 轴快速定位至 20mm 处，主轴停止
N380　M09；	关切削液
N390　G91　G28　Z0　Y0；	移至换刀点 4
N400　G49　M06；	注销刀具长度补偿，换 5 号刀具（选择停止，下面进行铰孔加工）
（M01；）	
N410　G00　G90　X0　Y0　Z0　S400　M03　T1；	刀具快速移至点 6，主轴以 400r/min 正转，1 号刀具准备
N420　G43　Z50.0　H05；	刀具长度补偿有效，补偿号 H05
N430　G00　G90　Z-5.0；	刀具沿 Z 轴快速定位至-5mm 处
N440　M08；	开切削液
N450　G42　G01　X-25.0　D01；	刀具半径补偿有效，补偿号 D01，直线插补至点 7
N460　G03　X-25.0　Y0　I25.0　J0；	逆时针圆弧插补至点 8
N470　X-23.0；	刀具向右平移 2mm
N480　G00　G90　Z10.0；	刀具沿 Z 轴快速定位至 10mm 处
N490　G00　G90　X70.0　Y0；	刀具快速定位至点 9
N500　G00　G90　Z-5.0；	刀具沿 Z 轴快速定位至-5mm 处
N510　X58；	刀具快速定位至点 10

（续）

程 序 内 容	说 明
N520　G03　X58.0　Y0　I12.0　J0；	逆时针圆弧插补至点 11
N530　X60.0；	刀具向右平移 2mm
N540　G00　G90　Z10.0；	刀具沿 Z 轴快速定位至 10mm 处
N550　G40；	注销刀具半径补偿
N560　G00　G90　X－40.0　Y－40.0；	刀具快速移至点 12（轮廓加工）
N570　G00　G90　Z－20.0；	刀具沿 Z 轴快速定位至 －20mm 处
N580　G41　G01　X－25.0　D02；	刀具半径补偿有效，补偿号 D02，直线插补至点 13
N590　Y0；	直线插补至点 14
N600　G02　X5.0　Y24.5　I25.0　J0；	顺时针圆弧插补至点 15
N610　G01　X72.0　Y12.0；	直线插补至点 16
N620　G02　X72.0　Y－12.0　I－2.0　J－12.0；	顺时针圆弧插补至点 17
N630　G01　X5.0　Y－24.5；	直线插补至点 18
N640　G02　X－25.0　Y0　I－5.0　J24.5；	顺时针圆弧插补至点 19
N650　G01　X－27.0；	刀具向左平移 2mm
N660　G00　G90　Z20.0　M05；	刀具沿 Z 轴快速定位至 20mm 处，主轴停止
N670　M09；	关切削液
N680　G91　G28　X0　Y0　Z0；	返回参考点
N690　G40；	注销刀具半径补偿
N700　G49　M06；	注销刀具长度补偿，换刀
N710　M30；	程序结束
％	

零件的加工工序如图 7-15 所示。

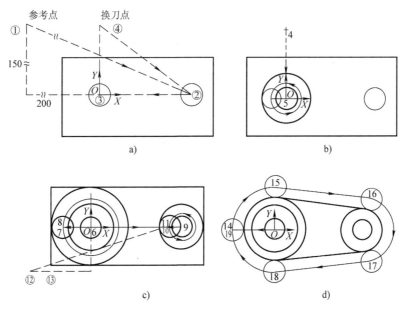

图 7-15　零件的加工工序

a）钻孔　b）镗孔　c）锪孔　d）外轮廓加工

说明: 该程序适用于加工中心,当使用铣床加工零件时,必须采用手动换刀操作,自动换刀指令 M06 无效,程序中可利用程序停止指令 M00 或选择停止指令 M01,才能将所有操作编程为一个完整的程序。

实例三 加工图 7-16 所示零件,坯料厚度为 12mm,利用固定循环与子程序编写孔加工程序。

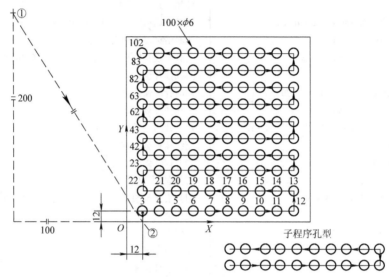

图 7-16 孔加工零件

加工程序如下:

程 序 内 容	说　　明
%	
O3344;	主程序号
N10 G90 G21 G40 G80;	绝对坐标、公制尺寸、取消刀具半径补偿和固定循环
N20 G91 G28 X0 Y0 Z0;	返回参考点
N30 G92 X – 100.0 Y200.0 Z0;	工件坐标系设定
N40 G00 G90 X12.0 Y0 Z0 S2000 M03 T1;	快速移动到①,主轴以 2000r/min 正转,准备刀具,刀具长度正补偿
N50 G43 Z3.0 H01;	快速移动到工件上面 3mm 位置
N60 M08;	切削液开
N70 M98 P0004 L5;	调用子程序 5 次
N80 G80;	固定循环取消
N90 G00 G90 Z25.0 M05;	绝对模式迅速抬刀,主轴停止
N100 M09;	切削液关
N110 G91 G20 X0 Y0 Z0;	返回到参考点
N120 M30;	程序结束,存储器复位
%	
O0004;	子程序号
N10 G91 G83 Y12.0 Z – 12.0 R3.0 Q3.0 F250;	调用快速深孔钻 G83 固定循环指令
N20 X12.0 L9;	在 4～12 位置钻孔
N30 Y12.0;	在 13 位置钻孔
N40 X – 12.0 L9;	在 14～22 位置钻孔
N50 M99;	返回主程序 N060 程序段

实例四 加工图 7-17 所示典型零件，材料为 HT200，毛坯尺寸为 170mm × 110mm × 50mm（长×高×宽）。试分析该零件的数控铣削加工工艺，编写加工程序和主要操作步骤。

（一）相关知识

本实例综合了外形铣削、面铣削和孔加工，对表面质量和尺寸精度提出了一定的要求，因此定位、装夹须慎重考虑。为保证加工精度和提高数控机床的效率，在确定定位基准与夹紧方案时应注意两点：一是设计基准、工艺基准与编程原点统一，以减小基准不重合误差；二是尽量减少装夹次数，以减小装夹误差，提高加工表面之间的相互位置精度。在确定进给路线时，主要遵循三个原则：一是应能保证零件的加工精度和表面粗糙度要求；二是尽量使加工路线最短；三是进、退刀位置应选在不大重要的位置，

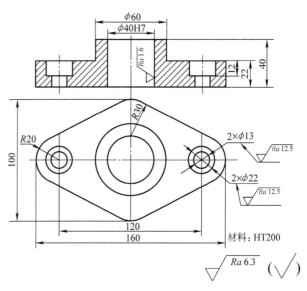

图 7-17 典型零件

并且尽量沿切线方向进、退刀，避免采用法向进、退刀和进给中途停顿而产生刀痕。

（二）工艺分析

1. 零件图工艺分析

该零件主要由平面、孔系及外轮廓组成，ϕ40mm 内孔的尺寸公差为 H7，表面粗糙度值要求较小，可选择"钻孔→粗镗→半精镗→精镗"方案。阶梯孔 ϕ13mm 和 ϕ22mm 的表面粗糙度要求不高，可选择"钻孔→锪孔"方案。平面与外轮廓表面粗糙度 Ra 值要求为 6.3μm，可采用"粗铣→精铣"方案。

2. 确定装夹方式

根据零件的结构特点，加工上表面、ϕ60mm 外圆及台阶面和孔系时，选用机用虎钳夹紧。铣削外轮廓时，采用一面两孔定位方式，即以底面、ϕ40H7 和一个 ϕ13mm 孔定位，如图 7-18 所示。

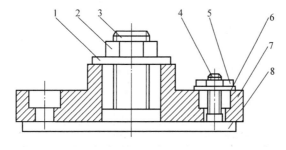

图 7-18 装夹方式

1—开口垫圈 2—压紧螺母 3—带螺纹圆柱销 4—带螺纹削边销

5—辅助压紧螺母 6—垫圈 7—工件 8—垫块

3. 确定加工顺序

按照基面先行、先面后孔、先粗后精的原则确定加工顺序，即粗加工定位基准面（底面）→粗、精加工上表面→$\phi 60\text{mm}$ 外圆及其台阶面→孔系加工→外轮廓铣削→精加工底面并保证尺寸 40mm。

4. 刀具选择

刀具选择见表 7-13。

表 7-13　平面槽形凸轮数控加工刀具卡片

产品名称或代号						零件名称		端盖	零件图号	
序号	刀具编号	刀具					加工表面			备注
		规格名称		数量	刀尖圆弧半径/mm					
1	T01	$\phi 125\text{mm}$ 硬质合金面铣刀		1	0.5		铣削上、下表面			
2	T02	$\phi 63\text{mm}$ 硬质合金立铣刀		1			铣削 $\phi 60\text{mm}$ 外圆及其台阶面			
3	T03	$\phi 38\text{mm}$ 钻头		1			钻 $\phi 40\text{mm}$ 底孔			
4	T04	$\phi 40\text{mm}$ 镗孔刀		1	0.2		镗 $\phi 40\text{mm}$ 内孔表面			刀杆尺寸为 25mm×25mm
5	T05	$\phi 13\text{mm}$ 钻头		1	0.2		钻 $2 \times \phi 13\text{mm}$ 螺孔			
6	T06	$\phi 22\text{mm}$ 锪孔钻		1	0.2		锪 $2 \times \phi 22\text{mm}$ 孔			
7	T07	$\phi 25\text{mm}$ 硬质合金立铣刀		1	0.2		铣削外轮廓			
编制	×××	审核	×××	批准		×××		××年×月×日	共 1 页	第 1 页

5. 切削用量选择

孔系加工切削用量见表 7-14。该零件材料切削性能较好，铣削平面、$\phi 60\text{mm}$ 外圆及其台阶面和外轮廓面时，留 0.5mm 精加工余量，其余一次走刀完成粗铣。

确定主轴转速时，先查切削用量手册，硬质合金铣刀加工铸铁时的切削速度为 45 ～ 90m/min，取 $v_c = 70\text{m/min}$。然后根据铣刀直径和公式 $n = 1000v_c / (\pi D)$ 计算主轴转速，并填入工序卡片中（若机床为有级调速，应选择与计算结果接近的转速）。

确定进给速度时，根据铣刀齿数、主轴转速和切削用量手册中给出的每齿进给量，利用式 $v_f = fn = f_z zn$ 计算进给速度并填入工序卡片中。

表 7-14　刀具与切削用量

刀具编号	加工内容	刀参数	主轴转速 $n/\text{r} \cdot \text{min}^{-1}$	进给速度 $f/\text{mm} \cdot \text{min}^{-1}$	背吃刀量 a_p/mm
T03	$\phi 38\text{mm}$ 钻孔	$\phi 38\text{mm}$ 钻头	200	40	19
T04	$\phi 40\text{H7}$ 粗镗	镗孔刀	600	40	0.8
	$\phi 40\text{H7}$ 精镗	镗孔刀	500	30	0.2
T05	$2 \times \phi 13\text{mm}$ 钻孔	$\phi 13\text{mm}$ 钻头	500	30	6.5
T06	$2 \times \phi 22\text{mm}$ 锪孔	$\phi 22\text{mm}$ 锪孔钻	350	25	4.5

6. 拟订数控铣削加工工序卡片

把零件加工顺序、所采用的刀具和切削用量等参数编入数控加工工序卡片（表 7-15）

中，以指导编程和加工操作。

表 7-15　数控加工工序卡片

单位名称	×××××	产品名称或代号		零件名称		零件图号	
		数控铣削加工综合实例		端盖			
工序号	程序编号	夹具名称		使用设备		车间	
		机用虎钳和一面两销		XK5025/4		数控中心	
工步号	工步内容	刀具号	刀具规格 /mm	主轴转速 /r·min⁻¹	进给速度 /mm·min⁻¹	背吃刀量 /mm	备注
1	粗铣定位基准面（底面）	T01	ϕ125	180	40	4	自动
2	粗铣上表面	T01	ϕ125	180	40	5	自动
3	精铣上表面	T01	ϕ125	180	25	0.5	自动
4	粗铣ϕ60mm 外圆及其台阶面	T02	ϕ63	360	40	5	自动
5	精铣ϕ60mm 外圆及其台阶面	T02	ϕ63	360	25	0.5	自动
6	钻ϕ40H7 底孔	T03	ϕ38	200	40	19	自动
7	粗镗ϕ40H7 内孔表面	T04	ϕ25	600	40	0.8	自动
8	精镗ϕ40H7 内孔表面	T04	ϕ25	500	30	0.2	自动
9	钻 2×ϕ13mm 螺孔	T05	ϕ13	500	30	6.5	自动
10	锪 2×ϕ22mm 孔	T06	ϕ22	350	25	4.5	自动
11	粗铣外轮廓	T07	ϕ25	900	40	11	自动
12	精铣外轮廓	T07	ϕ25	900	25	22	自动
13	精铣定位基面至尺寸 40mm	T01	ϕ125	180	25	0.2	自动
编制	×××	审核	×××	批准	×××	××年×月×日	共 1 页	第 1 页

（三）主要操作步骤及参考程序

ϕ40mm 圆的圆心处为工件编程 X、Y 轴原点坐标，Z 轴原点坐标在工件上表面。

1）粗铣定位基准面（底面），采用平口钳装夹。在 MDI 方式下，用ϕ125mm 面铣刀，主轴转速为 180r/min，起刀点坐标为（150，0，-4），程序为：

　　G01　X-150　Y0　F40　M03；

2）粗铣上表面，起刀点坐标为（150，0，-5），其余同 1）。

3）精铣上表面，起刀点坐标为（150，0，-0.5），进给速度为 25mm/min 其余同 1）。

4）粗铣ϕ60mm 外圆及其台阶面。在自动方式下，用ϕ63mm 立铣刀，主轴转速为 360r/min。修改后的零件粗加工程序如下：

程　　序	程　　序
%	N030　G43　H1　Z10.0；
O0300；	N040　G00　G90　X30.0　Y-85.0　M03　S180；
N010　G21；	N050　X62.0；
N020　G00　G17　G40　G49　G80　G90；	N060　Z2.0；
N025　G54　G00　X150.0　Y0；	N070　G01　Z-4.375　F40；
N028　Z100.0；	N080　Y0；

（续）

程　序	程　序
N090　G03　X0　Y62.0　R62.0;	N290　G03　X0　Y62.0　R62.0;
N100　X－62.0　Y0　R62.0;	N300　X－62.0　Y0　R62.0;
N110　X0　Y－62.0　R62.0;	N310　X0　Y－62.0　R62.0;
N120　X62.0　Y0　R62.0;	N320　X62.0　Y0　R62.0;
N130　G01　Y85.0;	N330　G01　Y85.0;
N140　G00　Z10.0;	N340　G00　Z10.0;
N150　Y－85.0;	N350　Y－85.0;
N160　Z－2.375;	N360　Z－11.125;
N170　G01　Z－8.75;	N370　G01　Z－17.5;
N180　Y0;	N380　Y0;
N190　G03　X0　Y62.0　R62.0;	N390　G03　X0　Y62.0　R62.0;
N200　X－62.0　Y0　R62.0;	N400　X－62.0　Y0　R62.0;
N210　X0　Y－62.0　R62.0;	N410　X0　Y－62.0　R62;
N220　X62.0　Y0　R62.0;	N420　X62.0　Y0　R62.0;
N230　G01　Y85.0;	N430　G01　Y85.0;
N240　G00　Z10.0;	N440　G00　Z10.0;
N250　Y－85.0;	N450　M05;
N260　Z－6.75;	N460　M30;
N270　G01　Z－13.125;	%
N280　Y0;	

5）精铣 ϕ60mm 外圆及其台阶面，修改后的零件粗加工程序如下：

程　序	程　序
%	N090　G03　X0　Y61.5　R61.5;
O0310;	N100　X－61.5　Y0　R61.5;
N010　G21;	N110　X0　Y－61.5　R61.5;
N020　G00　G17　G40　G49　G80　G90;	N120　X61.5　Y0　R61.5;
N030　G43　H1　Z10.0;	N130　G01　Y85.0;
N040　G00　G90　G54　X30.0　Y－85.0　M03;	N140　G00　Z10.0;
N050　X61.5;	N150　M05;
N060　Z2.0;	N160　M30;
N070　G01　Z－18.0　F25;	%
N080　Y0;	

6）钻 ϕ40H7 底孔。在 MDI 方式下，用 ϕ19.5mm 的钻头，主轴转速为 200r/min。程序为：

G98　G83　X0　Y0　Z－45　Q5　R10　F40　M03;

7）粗镗 ϕ40H7 内孔表面。使用 ϕ40mm 镗孔刀，刀杆尺寸为 25mm×25mm，主轴转速为 600r/min。程序为：

G98　G76　X0　Y0　Z-45　Q0.5　R10　F40　M03;

8）精镗φ40H7内孔表面。主轴转速为500r/min。程序为:

G98　G76　X0　Y0　Z-45　Q0.5　R10　F30　M03;

9）钻2×φ13螺孔。在MDI方式下,用φ13mm的钻头,主轴转速为500r/min。程序为:

G98　G83　X60　Y0　Z-45　Q5　R10　F40　M03;

G98　G83　X-60　Y0　Z-45　Q5　R10　F40　M03;

10）锪2×φ22mm孔。在MDI方式下,用φ22mm的锪孔钻,主轴转速为350r/min。程序为:

G98　G83　X60　Y0　Z-30　Q5　R10　F40　M03;

G98　G83　X-60　Y0　Z-30　Q5　R10　F40　M03;

11）粗铣外轮廓。在自动方式下,用φ25mm立铣刀,主轴转速为900r/min。修改后的粗铣外轮廓加工程序如下:

程　　序	程　　序
%	N210　G02　X-92.7　Y0　R32.7;
O0320;	N220　X-75.116　Y28.997　R32.7;
N010　G21;	N230　G01　X-19.738　Y57.864;
N020　G00　G17　G40　G49　G80　G90;	N240　G02　X0　Y62.7　R42.7;
N030　G43　H2　Z10.0　M03;	N250　X19.738　Y57.864　R42.7;
N040　G00　G90　G54　X-19.738　Y-57.864;	N260　G01　X75.116　Y28.997;
N050　Z-16.0;	N270　G02　X92.7　Y0　R32.7;
N060　G01　Z-29.0　F40;	N280　X75.116　Y-28.997　R32.7;
N070　X-75.116　Y-28.997;	N290　G01　X19.738　Y-57.864;
N080　G02　X-92.7　Y0　R32.7;	N300　G02　X0　Y-62.7　R42.7;
N090　X-75.116　Y28.997　R32.7;	N310　X-19.738　Y-57.864　R42.7;
N100　G01　X-19.738　Y57.864;	N320　G00　Z10.0;
N110　G02　X0　Y-62.7　R42.7;	N330　M05;
N120　X19.738　Y57.864　R42.7;	N340　M30;
N130　G01　X75.116　Y28.997;	%
N140　G02　X92.7　Y0　R32.7;	
N150　X75.116　Y-28.997　R32.7;	
N160　G01　X19.738　Y-57.864;	
N170　G02　X0　Y-62.7　R42.7;	
N180　X-19.738　Y-57.864　R42.7;	
N190　G01　Z-40.0;	
N200　X-75.116　Y-28.997;	

12）精铣外轮廓。在自动方式下,用φ25mm立铣刀,主轴转速为900r/min,在Z轴方向不分层,一次铣削到位。

13）精铣定位面至尺寸40mm,方法同3）。

（四）注意事项

1）实际加工时,工件坐标系应当与编程坐标系相对应。

2）自动换刀时要留出足够的换刀空间，以避免换刀时撞伤工件或刀具。

实例五 加工工件如图 7-19 所示。毛坯外形尺寸为 60mm × 60mm × 20mm，材料：硬铝。

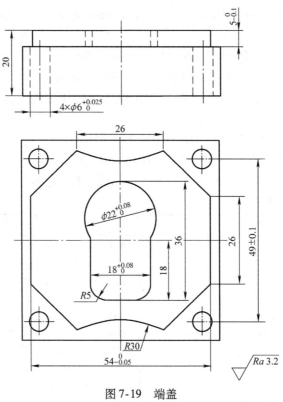

图 7-19 端盖

（一）相关知识

1. 常用 G 指令

G99（固定循环返回 R 点）、G82（带停顿的钻孔循环）、G83（深孔加工循环）。

编程格式：

G99　G82　X _ Y _ Z _ R _ P _ ;

G99　G83　X _ Y _ Z _ R _ Q _ ;

说明：

X、Y：孔位坐标；

Z：孔深（mm）；

R：安全高度（mm），3 ~ 5mm；

P：暂停时间（s），2 ~ 4s；

Q：背吃刀量（mm）。

2. 铰削用量选择

（1）机铰时的进给量 f　铰削钢件及铸铁件时，$f = 0.5 ~ 1$ mm/r；铰削铜件或铝件时，$f = 1 ~ 1.2$ mm/r。

（2）机铰时的切削速度 v　用高速钢铰刀铰削钢件时，$v_c \leqslant 5$ m/min；铰削铸铁件时，$v_c = 8$ m/min；铰削铜件或铝件时，$v_c = 8 ~ 12$ m/min。

（3）铰孔余量 铰孔余量见表 7-16。

表 7-16 铰孔余量 （单位：mm）

孔径/mm	<5	5~20	21~32	33~50	51~70
铰削余量/mm	0.1~0.2	0.15~0.25	0.20~0.3	0.25~0.35	0.25~0.35

（4）切削液 机铰钢件时用质量分数为 10%~20% 的乳化液，铜、铝和铸件可用煤油。

（二）工艺分析

（1）分析零件图样 如图 7-19 所示，零件外形规则，复杂程度一般。编程时，把内轮廓编成圆形腔和 U 形腔，可避免计算坐标点。

（2）确定工艺路线

1）铣削平面，可选用 ϕ55mm 可转位面铣刀。

2）粗加工外轮廓，选用 ϕ16mm 三刃立铣刀。

3）精加工外轮廓，选用 ϕ16mm 三刃立铣刀。

4）粗加工圆形腔，选用 ϕ10mm 键槽铣刀。

5）精加工圆形腔，选用 ϕ10mm 键槽铣刀。

6）粗加工 U 形腔，选用 ϕ10mm 键槽铣刀。

7）精加工 U 形腔，选用 ϕ10mm 键槽铣刀。

8）加工 4×ϕ6mm 孔，选用 ϕ5.6mm 直柄麻花钻。

9）加工 4×ϕ6mm 孔，选用 ϕ6mm 铰刀。

（3）夹具选用与工件装夹 由于零件形状比较规则，通常选用机用虎钳装夹。装夹工件时用机用虎钳装夹毛坯的两侧面，在工件下表面与机用虎钳之间放入精度较高的平行垫铁，垫铁的厚度与宽度要适当，应保证工件在本次定位装夹中所有需要完成的待加工面充分暴露在外，以方便加工。最后用塑胶锤敲击工件，使垫铁不能移动后夹紧工件。

（4）刀具的选择 加工过程中采用的刀具：ϕ55mm 可转位面铣刀、ϕ16mm 三刃立铣刀、ϕ10mm 键槽铣刀、ϕ5.5mm 直柄麻花钻、ϕ6mm 铰刀。

（5）切削用量的选择 切削用量见表 7-17。

表 7-17 端盖铣削的切削用量

加工步骤		刀具与切削用量				
序号	加工内容	刀具规格		主轴转速 n/r·min^{-1}	进给速度 v_f/mm·min^{-1}	刀具半径补偿/mm
		类型	材料			
1	粗加工上表面	ϕ55mm 可转位面铣刀	硬质合金	1200	80~100	无
1*3/4	精加工上表面			1600	100~120	无
3	粗加工外轮廓	ϕ16mm 三刃立铣刀	高速钢	800~1000	60~80	8.5
4	精加工外轮廓	ϕ16mm 三刃立铣刀		1000~1400	100~150	计算
5	粗加工内型腔	ϕ10mm 键槽铣刀		1000~1200	80~120	5.5
6	精加工内型腔	ϕ10mm 键槽铣刀		1600~1800	100~150	计算
7	粗加工 U 形腔	ϕ10mm 键槽铣刀		1000~1200	80~120	5.5
8	精加工 U 形腔	ϕ10mm 键槽铣刀		1600~1800	100~150	计算
9	加工 4×ϕ6mm 孔	ϕ6mm 直柄麻花钻		1200~1400	80~100	无

（三）设定工件坐标系和编制数控加工程序

工件坐标系的原点设置在零件上表面的中心位置，将 X、Y、Z 向的零偏值输入工件坐标系 G54 中。

华中 HNC-21M 系统参考程序：

O0001；		文件名（粗、精加工外轮廓）
%0001；		程序名
N1	G0　G54　G90　X0　Y0　Z20；	绝对尺寸编程，建立工件坐标系，快速定位到（X0，Y0，Z20）处
N2	M3　S800　F200；	主轴正转，转速为 800r/min，进给速度为 200mm/min
N3	G0　X－30　Y－50　M8；	X、Y 轴快速定位，切削液开
N4	Z－5；	Z 轴快速进刀
N5	G1　G41　X－27　Y－30　D01；	X、Y 轴切削进给，并引入刀具 1 号半径补偿值
N6	Y13；	Y 轴切削进给
N7	X－13　Y27；	X、Y 轴切削进给
N8	G3　X13　R30；	R30mm 圆弧铣削加工
N9	C1　X27　Y13；	X、Y 轴切削进给
N10	Y－13；	Y 轴切削进给
N11	X13　Y－27；	X、Y 轴切削进给
N12	G3　X－13　R30；	R30mm 圆弧铣削加工
N13	G1　X－27　Y－13；	X、Y 轴切削进给
N14	G0　Z20；	Z 轴快速退刀
N15	G40　X0　Y0；	X、Y 轴快速退刀，取消刀具半径补偿
N16	M30；	程序结束回起始位置，机床复位（切削液关，主轴停止）
O0002；		文件名（粗、精加工圆形腔和 U 形腔）
%0002；		程序名
N1	G0　G54　G90　X0　Y0　Z20；	绝对尺寸编程，建立工件坐标系，快速定位到（X0，Y0，Z20）处
N2	M3　S1000　F300；	主轴正转，转速为 1000r/min，进给速度为 300mm/min
N3	G0　X－30　Y－4　M08；	X、Y 轴快速定位，切削液开
N4	G1　G41　X0　D02；	X 轴切削进给，并引入刀具 2 号半径补偿值
N5	G1　Z－5　F100；	Z 轴切削进刀，进给速度为 100mm/mim
N6	G3　J11　F200；	φ22mm 整圆铣削加工，进给速度为 200mm/min
N7	G1　G40　X0　Y7；	取消刀补，回到圆心（去除余量）
N8	G0　Z5；	Z 轴快速退刀
N9	Z－9　Y30；	X、Y 轴快速定位
N10	G1　G41　Y5　D02；	Y 轴切削进给，并引入刀具 2 号半径补偿值
N11	Z－5　F100；	Z 轴切削进刀，进给速度为 100mm/min
N12	Y－18　F200；	Y 轴切削进给，进给速度为 200mm/min
N13	X9；	X 轴切削进给
N14	Y5；	Y 轴切削进给
N15	G0　Z20；	Z 轴快速退刀
N16	G40　X0　Y0；	X、Y 轴快速退刀，取消刀具半径补偿
N17	M30	程序结束回起始位置，机床复位（切削液关，主轴停止）

（续）

O0003；		文件名（加工 4×φ6mm 孔）
%0003；		程序名
N1	G0 G54 G90 X0 Y0 Z20；	绝对尺寸编程，建立工件坐标系，快速定位到（X0，Y0，Z20）处
N2	M3 S750 F100；	主轴正转，转速为 750r/min，进给速度为 100mm/min
N3	G99 G82 X－24.5 Y24.5 Z－23 R3 P3 M8；	孔加工，切削液开
或		
N3	G99 G83 X－24.5 Y24.5 Z－23 R3 Q－5 K1 M8；	深孔加工，切削液开
N4	X24.5；	孔位坐标
N5	X－24.5 Y－24.5；	孔位坐标
N6	X24.5；	孔位坐标
N7	G0 Z20；	取消固定循环，Z 轴快速退刀
N8	X0 Y0；	X、Y 轴快速退刀
N9	M30；	程序结束回起始位置，机床复位（切削液关，主轴停止）
O0004；		文件名（铰 4×φ6mm 孔）
%0004；		程序名
N1	G0 G54 G90 X0 Y0 Z20；	绝对尺寸编程，建立工件坐标系，快速定位到（X0，Y0，Z20）处
N2	M3 S80 F10；	主轴正转，转速为 80r/min，进给速度为 10mm/min
N3	G99 G82 X－24.5 Y24.5 Z－23 R3 P3 M8；	孔加工，切削液开
N4	X24.5；	孔位坐标
N5	X－24.5 Y－24.5；	孔位坐标
N6	X24.5；	孔位坐标
N7	G0 Z20；	取消固定循环，Z 轴快速退刀
N8	X0 Y0；	X、Y 轴快速退刀
N9	M30；	程序结束回起始位置，机床复位（切削液关，主轴停止）

注：通过更改刀具补偿值实现去除余量和精加工。

（四）模拟加工

检查编写的程序是否正确。

（五）加工及测量

利用游标卡尺、内径和外径千分尺等量具检测。根据测量结果，调整加工程序，直到符合要求为止。

（六）注意事项

1）去除余量时，尽量采用改刀补的方法。

2）粗、精加工时，修改的刀补补偿值要准确，否则容易在精加工后留下台阶。

3）机铰或手铰退刀均不能停车或开反车退刀。

实例六 加工图 7-20 所示的花形槽板。毛坯外形尺寸为 60mm × 60mm × 20mm，材料：硬铝。

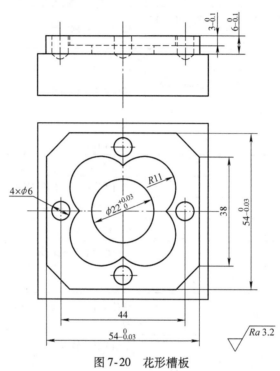

图 7-20 花形槽板

（一）相关知识

常用 G 指令：G0（快速移动）、G1（直线插补）、G2/G3（圆弧插补）、G99（固定循环返回 R 点）、G82（带停顿的钻孔循环）、G83（深孔加工循环）、G68（旋转指令）、C 倒斜角功能。

编程格式：

G0 X＿ Y＿ Z＿；

G1 X＿ Y＿ C＿ F＿；

G2/G3 X＿ Y＿ Z＿ R＿； X、Y、Z 为圆弧终点坐标，R 为圆弧半径

或

G2/G3 X＿ Y＿ Z＿ I＿ J＿ K＿； X、Y、Z 为圆弧终点坐标，I、J、K 为圆心相对于圆弧起点的偏移值

G99 G82 X＿ Y＿ Z＿ R＿ P＿；X、Y 为孔位坐标

G99 G83 X＿ Y＿ Z＿ R＿ Q＿ K＿ P＿；X、Y 为孔位坐标。

G68 X＿ Y＿ P＿；X、Y 为旋转中心坐标

G69；

说明：

C：直角边长度（mm）；

Z：孔深（mm）；

R：安全高度（mm），3~5mm；

P：暂停时间（s），2~4s；

Q：背吃刀量（mm）；

K：距上次加工面的安全高度（mm），1~2mm。

G68、G69 为模态指令，可相互注销，G69 为默认值。

注意：G68 旋转指令在有刀具补偿的情况下，先旋转后刀补（刀具半径补偿、长度补偿）；在有缩放功能的情况下，先缩放后旋转。C 倒斜角功能只用于 45°角。

（二）工艺分析

（1）分析零件图样　如图 7-20 所示，零件外形规则，复杂程度一般，尺寸精度要求较高。

内轮廓应用旋转指令编程，可以避免计算坐标点。外轮廓的四个倒角可应用 C 倒斜角功能简化编程。

（2）确定工艺路线

1）铣削平面，可选用 ϕ55mm 可转位面铣刀。

2）粗加工外轮廓，选用 ϕ14mm 三刃立铣刀。

3）精加工外轮廓，选用 ϕ14mm 三刃立铣刀。

4）粗加工内型腔，选用 ϕ12mm 键槽铣刀。

5）精加工内型腔，选用 ϕ12mm 键槽铣刀。

6）粗加工 ϕ22mm 圆形腔，选用 ϕ12mm 键槽铣刀。

7）精加工 ϕ22mm 圆形腔，选用 ϕ12mm 键槽铣刀。

8）加工 4×ϕ6mm 孔，选用 ϕ6mm 直柄麻花钻。

（3）夹具选用与工件装夹　由于零件形状比较规则，通常选用机用虎钳装夹。装夹工件时用机用虎钳装夹毛坯的两侧面，在工件下表面与机用虎钳之间放入精度较高的平行垫铁，垫铁的厚度与宽度要适当，应保证工件在本次定位装夹中所有需要完成的待加工面充分暴露在外，以方便加工。最后用塑胶锤敲击工件，使垫铁不能移动后夹紧工件。

（4）刀具的选择　加工过程中采用的刀具：ϕ55mm 可转位面铣刀、ϕ14mm 三刃立铣刀、ϕ12mm 键槽铣刀、ϕ6mm 直柄麻花钻。

（5）切削用量的选择　切削用量见表 7-18。

表 7-18　花形槽板铣削的切削用量

加工步骤		刀具与切削用量				
		刀具规格		主轴转速	进给速度	刀具半径
序号	加工内容	类型	材料	$n/\mathrm{r \cdot min^{-1}}$	$v_f/\mathrm{mm \cdot min^{-1}}$	补偿/mm
1	粗加工上表面	ϕ55mm 面铣刀	硬质合金	1200	80~100	无
2	精加工上表面			1600	100~120	无

（续）

加工步骤		刀具与切削用量				
序号	加工内容	刀具规格		主轴转速 $n/\mathrm{r} \cdot \min^{-1}$	进给速度 $v_f/\mathrm{mm} \cdot \min^{-1}$	刀具半径补偿/mm
		类型	材料			
3	粗加工外轮廓	$\phi14\mathrm{mm}$ 三刃立铣刀	高速钢	800～1000	80～100	7.5
4	精加工外轮廓	$\phi14\mathrm{mm}$ 三刃立铣刀		1000～1400	120～150	计算
5	粗加工内型腔	$\phi12\mathrm{mm}$ 键槽铣刀		900～1100	80～100	6.5
6	精加工内型腔	$\phi12\mathrm{mm}$ 键槽铣刀		1100～1300	100～120	计算
7	粗加工 $\phi22\mathrm{mm}$ 圆形腔	$\phi12\mathrm{mm}$ 键槽铣刀		800～1000	80～100	6.5
8	精加工 $\phi22\mathrm{mm}$ 圆形腔	$\phi12\mathrm{mm}$ 键槽铣刀		1200～1400	100～120	计算
9	加工 $4 \times \phi6\mathrm{mm}$ 孔	$\phi6\mathrm{mm}$ 直柄麻花钻		1600～1800	80～120	无

（三）设定工件坐标系和编制数控加工程序

工件坐标系的原点设置在零件上表面的中心位置，将 X、Y、Z 向的零偏值输入工件坐标系 G54 中。

华中 HNC - 21M 系统参考程序：

O0001；		文件名（粗加工外轮廓）
%0001；		程序名
N1	G90 G0 G54 X0 Y0 Z20；	绝对尺寸编程，建立工件坐标系，快速定位到（X0，Y0，Z20）处
N2	M3 S1000 F200；	主轴正转，转速为 1000r/min，进给速度为 200mm/min
N3	X - 50 Y - 50 M8；	X、Y 轴快速定位，切削液开
N4	Z - 6；	Z 轴快速进刀
N5	G1 G41 X - 27 Y - 30 D01；	X、Y 轴切削进给，并引入刀具 1 号半径补偿值
N6	Y27 C8；	Y 轴切削进给，倒斜角
N7	X27 C8；	X 轴切削进给，倒斜角
N8	Y - 27 C8；	Y 轴切削进给，倒斜角
N9	X - 19；	X 轴切削进给
N10	X - 27 Y - 19；	X、Y 轴切削进给
N11	G0 Z20；	Z 轴快速退刀
N12	G40 X0 Y0；	X、Y 轴快速退刀，取消刀具半径补偿
N13	M30；	程序结束回起始位置，机床复位（切削液关，主轴停止）
O0002；		文件名（粗加工外轮廓）
%0002；		程序名
N1	G90 G0 G54 X0 Y0 Z20；	绝对尺寸编程，建立工件坐标系，快速定位到（X0，Y0，Z20）处
N2	M3 S1000；	主轴正转，转速为 1000r/min
N3	G68 X0 Y0 P45 M8；	坐标系逆时针旋转 45°，切削液开

（续）

O0002；	文件名（粗加工外轮廓）
%0002；	程序名
N4	G0　X0　Y－20；	X、Y轴快速定位
N5	G41　X11　Y11　D02；	X、Y轴快速进给，并引入刀具2号半径补偿值
N6	G0　Z1；	Z轴快速定位
N7	G1　Z－3　F100；	Z轴切削进刀，进给速度为100mm/min
N8	G3　X－11　Y11　R11　F200；	R11mm圆弧铣削加工，进给速度为200mm/min
N9	Y－11　R11；	R11mm圆弧铣削加工
N10	X11　R11；	R11mm圆弧铣削加工
N11	Y11　R11；	R11mm圆弧铣削加工
N12	G0　Z20；	Z轴快速退刀
N13	G69　G40　X0　Y0；	X、Y轴快速退刀，取消刀具半径补偿，取消旋转
N14	M30	程序结束回起始位置，机床复位（切削液关，主轴停止）

O0003；	文件名（粗精加工ϕ22mm圆形腔）
%0003；	程序名
N1	G90　G0　G54　X0　Y0　Z20；	绝对尺寸编程，建立工件坐标系，快速定位到（X0，Y0，Z20）处
N2	M3　S1000；	主轴正转，转速为1000r/min
N3	X20　Y11　M8；	X、Y轴快速定位，切削液开
N4	G41　X0　D02；	X轴快速进给，并引入刀具2号半径补偿值
N5	G0　Z1；	Z轴快速定位
N6	G1　Z－6　F100；	Z轴切削进刀，进给速度为100mm/min
N7	G3　J－11　F200；	ϕ22mm整圆铣削加工，进给速度为200mm/min
N8	G1　G40　X0　Y0；	取消补偿回到原点
N9	G0　Z20；	Z轴快速退刀
N10	M30；	程序结束回起始位置，机床复位（切削液关，主轴停止）

O0004；	文件名（加工4×ϕ6mm孔）
%0004；	程序名
N1	G90　G0　G54　X0　Y0　Z20；	绝对尺寸编程，建立工件坐标系，快速定位到（X0，Y0，Z20）处
N2	M3　S1000　F200；	主轴正转，转速为1000r/min，进给速度为200mm/min
N3	G99　G82　X22　Y0　Z－6　R2　P3　M8；	孔加工，切削液开
或	
N3	G99　G83　X22　Y0　Z－6　R2　Q－3　K1　M8；	深孔加工，切削液开
N4	X－22；	孔位坐标
N5	X0　Y22；	孔位坐标

（续）

O0004;	文件名（加工 4×φ6mm 孔）
%0004;	程序名
N6	Y−22;	孔位坐标
N7	G0 Z20;	取消固定循环，Z 轴快速退刀
N8	X0 Y0;	X、Y 轴快速退刀
N9	M30	程序结束回起始位置，机床复位（切削液关，主轴停止）

注：通过更改刀具补偿值实现轮廓精加工。

（四）模拟加工

检查编写的程序是否正确。

（五）加工及测量

利用游标卡尺、内径和外径千分尺等量具检测。根据测量结果，调整加工程序，直到符合要求为止。

（六）注意事项

1）加工槽型零件时，要考虑切入点和切出点处的程序处理，避免在切入和切出点处留下刀痕。

2）切槽完毕后应先使刀具沿 Z 轴移动，然后做横向移动，避免发生撞刀。

3）正确使用旋转指令，先粗加工，后精加工。修改刀补时要细心。

实例七 加工如图 7-21 所示工件，要求：

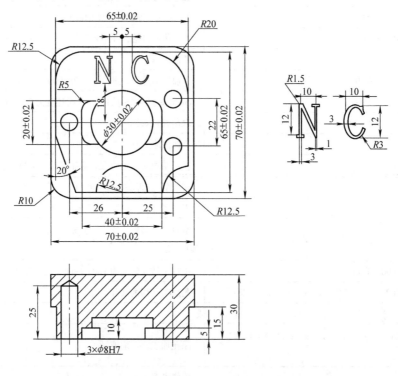

图 7-21　加工中心加工零件图

1) "NC" 字样深度为 1.5mm。

2) 孔表面粗糙度 Ra 值为 0.8μm，其余为 1.6μm。

3) 各棱边做 C0.25 的倒角。

华中 HNC - 21M 系统参考程序：

程 序 内 容	说　明
T1　M06；	换刀 φ16mm 铣刀
G90　G54　G00　X0　Y0　S600　M03；	建立工件坐标系
G43　Z100.0　H1；	加长度补偿
X0　Y65；	快速走到入刀点
Z5；	刀具快速下到工件上方 5mm 处
M08；	打开切削液
G01　Z0.2　F60；	粗加工 70mm×70mm 外方，深 30mm，留 0.2mm 加工余量。
M98　P11　L6；	调 11 号子程序 6 次（背吃刀量为 5mm）
G00　Z100　M09；	抬刀，关闭切削液
X0　Y65；	刀具回到入刀点
M00；	暂停程序，测量尺寸
Z5；	刀具快速下到工件上方 5mm 处
M08	打开切削液
G01　Z0.2　F60；	粗加工 65mm×65mm 凸台，深 15mm，留 0.2mm 加工余量。
M98　P12　L3	调 12 号子程序 3 次（背吃刀量为 5mm）
G00　Z100　M09；	抬刀，关闭切削液
X0　Y65；	刀具回到入刀点
M00；	暂停程序，测量尺寸
X0　Y0；	刀具走到加工 φ30mm 圆槽的入刀点
Z5；	刀具快速下到工件上方 5mm 处
M08；	打开切削液
G01　Z0.2　F60；	粗加工 φ30mm 圆槽，深 10mm，留 0.2mm 加工余量。
M98　P13　L2；	调 13 号子程序 2 次（背吃刀量为 5mm）
G49　G00　Z100　M09	取消长度补偿，抬刀，关闭切削液
X0　Y0；	刀具回到圆心点
Y65；	刀具回到入刀点（便于测量尺寸）
M00；	暂停程序，测量尺寸
T2　M06；	换 φ8mm 面铣刀
G90　G54　G00　X0　Y0　S1250　M03；	建立工件坐标系
G43　Z100　H2；	加长度补偿
Z5；	刀具快速下到工件上方 5mm 处
M08；	打开切削液
G01　Z-4.8　F30；	粗加工中心长方槽，深 5mm，留 0.2mm 加工余量

（续）

程 序 内 容	说 明
D22　M98　P4　F191；	加半径补偿，调子程序
G00　Z100；	抬刀
X0　Y0；	刀具回到入刀点
Z5；	刀具快速下到工件上方5mm处
G01　Z－10　F30；	半精加工ϕ30mm孔，深10mm
D23　M98　P3　F120；	加半径补偿，调子程序
G00　Z100　M09；	抬刀，关闭切削液
M00；	暂停程序，测量尺寸
X0　Y0；	刀具回到入刀点
Z5；	刀具快速下到工件上方5mm处
G01　Z－10　F30；	精加工ϕ30mm孔，深10mm
D24　M98　P3　F120；	加半径补偿，调子程序。
G01　Z－10　F30；	精加工ϕ30mm孔，深10mm
D25　M98　P3　F120；	加半径补偿，调子程序
G00　Z100；	抬刀
X0　Y0；	刀具回到入刀点
Z5；	刀具快速下到工件上方5mm处
G01　Z－5　F30；	半精加工中心长方槽，深5mm
D23　M98　P4　F191；	加半径补偿，调子程序
G00　Z100；	抬刀
X0　Y0；	刀具回到入刀点
M00；	暂停程序，测量尺寸
Z5；	刀具快速下到工件上方5mm处
G01　Z－5　F30；	精加工中心长方槽，深5mm
D25　M98　P4　F191；	加半径补偿，调子程序
G00　Z100；	抬刀
X0　Y0；	刀具回到入刀点
M00；	暂停程序，测量尺寸
T1　M06；	换刀ϕ16mm铣刀
G90　G54　G00　X0　Y0　S800　M03；	建立工件坐标系
G43　Z100　H1；	加高度补偿
X0　Y65；	刀具回到入刀点
Z5；	刀具快速下到工件上方5mm处
M08；	打开切削液
G01　Z－30　F40；	半精加工70mm×70mm外方，深30mm
D26　M98　P1　F191；	加半径补偿，调子程序

（续）

程 序 内 容	说　明
G00　Z100；	抬刀
X0　Y65；	刀具回到入刀点
M00；	暂停程序，测量尺寸
Z5；	刀具快速下到工件上方5mm处
M08；	打开切削液
G01　Z－15　F40；	半精加工65mm×65mm凸台，深15mm
D26　M98　P2　F191；	加半径补偿，调子程序
G00　Z100；	抬刀
X0　Y65；	刀具回到入刀点
M00；	暂停程序，测量尺寸
T2　M06；	换 ϕ8mm面铣刀
G90　G54　G00　X0　Y0　S1000　M03；	建立工件坐标系
G43　Z100　H2；	加高度补偿
X0　Y65；	刀具回到入刀点
Z5；	刀具快速下到工件上方5mm处
M08；	打开切削液
G01　Z－15　F30；	精加工70mm×70mm外方，深30mm
D27　M98　P1　F76；	加半径补偿，调子程序
G01　Z－30　F30；	
D25　M98　P1　F76；	加半径补偿，调子程序
G00　Z100；	抬刀
X0　Y65；	刀具回到入刀点
M08；	打开切削液
Z5；	刀具快速下到工件上方5mm处
G01Z－8　F30；	精加工65mm×65mm凸台，深15mm
D28　M98　P2　F120；	加半径补偿，调子程序
G01　Z－15　F30；	
D25　M98　P2　F120；	加半径补偿，调子程序
G49　G00　Z100；	取消长度补偿，抬刀
X0　Y0；	刀具回到坐标原点
M05；	主轴停转
T3　M06；	换 ϕ3mm中心钻
G90　G54　G00　X0　Y0　S850　M03；	建立工件坐标系
G43　Z100　H3；	加长度补偿
M08；	打开切削液
G98　G81　X－26　Y0　R5　Z－5　F85；	钻中心孔

（续）

程 序 内 容	说 明
X25　Y11；	
Y－11；	
G80；	取消固定循环
M05；	主轴停转
T4　M06；	换 φ7.8mm 钻头
G90　G54　G00　X0　Y0　S612　M03；	建立工件坐标系
G43　Z100　H4；	加长度补偿
M08；	打开切削液
G98　G83　X－26　Y0　R5　Z－27.25 Q3　F61；	钻孔
X25　Y11；	
Y－11；	
G80；	取消固定循环
M05；	主轴停转
T5　M06；	换 φ8mm 铰刀
G90　G54　G00　X0　Y0　S150　M03；	建立工件坐标系
G43　Z100　H5；	加长度补偿
M08；	打开切削液
G98　G81　X－26　Y0　R5　Z－20 F24；	铰孔
X25　Y11；	
Y－11；	
G80；	取消固定循环
G00　Z100；	抬刀
M05；	主轴停转
T6　M06；	换 φ3mm 面铣刀
G90　G54　G00　S1000　M03；	建立工件坐标系
G43　Z100　H6；	加刀具补偿
M08；	打开切削液
Z5；	刀具快速下到工件上方5mm处
G01　X－15　Y18　F80；	
Z－1.5；	加工文字"NC"
Y30；	
X－14；	
X－6　Y18；	
X－5；	

（续）

程序内容	说　明
Y30；	
Z5；	
X15　Y27；	
Z－1.5；	
G03　X12　Y30　R3　F100；	
G01　X8　Y30；	
G03　X5　Y27　R3；	
G01　X5　Y21；	
G03　X8　Y18　R3；	
G01　X12　Y18；	
G03　X15　Y21　R3；	
G49　G01　Z5；	取消长度补偿
G00　Z100；	抬刀
M05；	主轴停转
M30；	程序结束
O0011；	11 号子程序
G91　G01　Z－5　F60；	Z 向增量方式下刀，一次下刀－5mm
M98　P1　F120　D21；	调 1 号子程序，执行刀补（D21＝8.2mm）留 0.2mm 加工余量
M99；	返回主程序
O0012；	12 号子程序
G91　G01　Z－5　F60；	Z 向增量方式下刀，一次下刀－5mm
M98　P2　F120　D20；	调 2 号子程序，执行大刀补（D20＝12mm）去除水平方向余料
M98　P2　F120　D21；	调 2 号子程序，执行小刀补（D21＝8.2mm）留 0.2mm 加工余量
M99；	返回主程序
O0013；	13 号子程序
G91　G01　Z－5　F60；	Z 向增量方式下刀，一次下刀－5mm
M98　P3　F120　D21；	调 3 号子程序，执行刀补（D21＝8.2mm）留 0.2mm 加工余量
M99；	返回主程序
O0001；	70mm×70mm 外方，深 30mm，子程序
G90　G41　G01　X0　Y65；	加左刀补
G01　X－20　Y65；	
X－20　Y55；	
G03　X0　Y35　R20；	
G01　X25；	
G02　X35　Y25　R10；	
G01　X35　Y－25；	

（续）

程 序 内 容	说　明
G02　X25　Y－35　R10；	
G01　X－25　Y－35；	
G02　X－35　Y－25　R10；	
G01　X－35　Y25；	
G02　X－25　Y35　R10；	
G01　X0　Y35；	
G03　X20　Y55　R20；	
G00　X20　Y65；	
G40　G00　X0　Y65；	取消刀补
M99；	返回主程序
O0002；	65mm×65mm 凸台，深15mm，子程序
G90　G41　G01　X0　Y65　F120；	加左刀补
X－20　Y65；	
X－20　Y52.5；	
G03　X0　Y32.5　R20；	
G01　X12.5　Y32.5；	
G02　X32.5　Y12.5　R20；	
G01　X32.5　Y－20；	
G03　X20　Y－32.5　R12.5；	
G01　X12.5　Y－32.5；	
G03　X－12.5　Y－32.5　R12.5；	
G01　X－20.671　Y－32.5；	
X－32.5　Y0；	
Y20；	
G02　X－20　Y32.5　R12.5；	
G01　X0　Y32.5；	
G03　X20　Y52.5　R20；	
G00　X20　Y65；	
G40　G01　X0　Y65；	取消刀补
M99；	返回主程序
O0003；	φ30mm 孔，深10mm，子程序
G90　G41　G01　X10　Y5；	加左刀补
G03　X0　Y15　R10；	
G03　I0　J－15；	
G03　X－10　Y5　R10；	
G40　G01　X0　Y0；	取消刀补

（续）

程序内容	说　　明
M99；	返回主程序
O0004；	中心长方槽，深5mm，子程序
G90　G41　G01　X10　Y0；	加左刀补
G03　X0　Y10　R10；	
G01　X–15　Y10；	
G03　X–20　Y5　R5；	
G01　Y–5；	
G03　X–15　Y–10　R5；	
G01　X15；	
G03　X20　Y–5　R5；	
G01　Y5；	
G03　X15　Y10　R5；	
G01　X0；	
G03　X–10　Y0　R10；	
G40　G01　X0　Y0；	取消刀补
M99；	返回主程序

第七章思考练习题

7-1　根据图7-22所示，请分别使用FANUC 0i、SIEMENS 802D的相关循环指令完成面铣削、外形铣削。

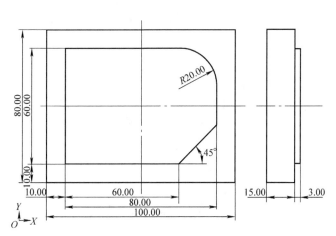

图7-22　思考练习题图1

7-2　图7-23所示为一个长度为70mm、宽度为60mm、圆角半径为10mm、深度为3mm的凹槽，凹槽中有一矩形岛屿。请分别使用FANUC 0i、SIEMENS 802D的相关指令完成挖槽铣削。

7-3　如图7-24所示，XY平面上2行2列排列的孔，孔深为10mm，参考点坐标为（X5.0，Y10.0），请分别使用FANUC 0i、SIEMENS 802D的相关循环指令完成（镗孔）钻削加工。

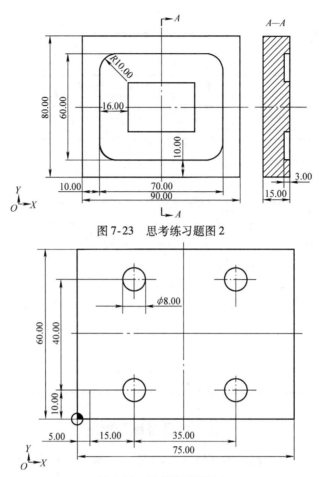

图 7-23　思考练习题图 2

图 7-24　思考练习题图 3

7-4　如图 7-25 所示，在加工中心上完成零件铣削大孔及钻 4 个小孔的加工。毛坯材料为 A3，所有外表面已经加工完毕。要求：

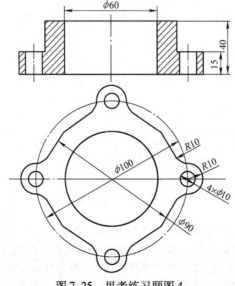

图 7-25　思考练习题图 4

1）采用自动换刀。

2）应用子程序和重复次数等指令简化程序。

3）给出刀具表。

4）指明所用机床及其系统。

7-5　如图7-26所示，图中技术要求：毛坯尺寸：210mm×150mm×50mm；材料：45钢（正火处理）。

该工件属于典型的六面加工零件，包括轮廓加工、平面加工、型腔加工、孔加工和螺纹孔加工，装夹和加工工序的划分以及加工顺序的安排必须重点考虑；对应不同的加工内容，应选择合适的加工刀具。因为存在工件翻面加工和二次装夹问题，在只有通用夹具的情况下，应注意选取对刀基准和进行对刀操作。

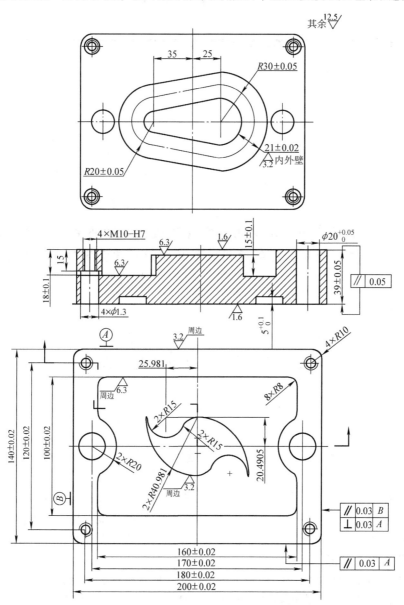

图 7-26　思考练习题图 5

第八章
宏程序简介

【学习目的】

掌握常量、变量的含义及选用，掌握赋值语句的格式和应用，掌握跳转和循环语句的格式及应用，能够运用宏程序功能对典型零件进行编程。

【学习重点】

常量、变量的含义及选用，赋值语句的格式和应用，跳转和循环语句的格式及应用，典型零件的编程。

第一节　概　　述

在编程工作中，经常把能完成某一功能的一系列指令像子程序那样存入存储器，用一个总指令来代表它们，使用时只需给出这个总指令就能执行其功能。所存入的这一系列指令称作用户宏程序本体，简称宏程序。这个总指令称作用户宏程序调用指令。在编程时，编程员只要记住宏指令而不必记住宏程序。

用户宏程序与普通程序的区别在于：在用户宏程序本体中，能使用变量；可以给变量赋值；变量间可以运算；程序可以跳转。而普通程序中，只能指定常量，常量之间不能运算，程序只能顺序执行，不能跳转，因此功能是固定的，不能变化。用户宏功能是用户提高数控机床性能的一种特殊功能。

宏程序本体既可以由机床生产厂提供，也可以由机床用户自己编制。使用时，先将用户宏主体像子程序一样存入到内存里，然后用子程序调用指令调用。

华中数控系统和 FANUC 数控系统的宏指令及变量大体相同，而西门子数控系统的宏指令及变量的定义则不大相同。

第二节　宏程序基础知识

一、变量（HNC 系统、FANUC 系统）

在常规的主程序和子程序内，总是将一个具体的数值赋给一个地址，为了使程序更具通用性、灵活性，在宏程序中设置了变量。

华中世纪星和 FANUC 0i 数控系统的变量有相同的表达方式，以"#"和数字来表示，如"#10"表示一个变量。而西门子 SINUMERIK 802D 的变量又称为 R 参数，它用字母"R"和数字来表示，如"R10"。现在以列表形式来比较各系统的区别，见表 8-1。

表 8-1　变量的区别

	华中 HNC – 21M	FANUC 0i	SINUMERIK 802D
局部变量	#0 ~ #49	#1 ~ #33	R0 ~ R299
全局变量	#50 ~ #199	#100 ~ #199	
空变量		#0	

局部变量和全局变量是华中世纪星和 FANUC 的说法。局部变量只能用于宏程序中存储数据，如运算结果等。当断电时，局部变量被初始化为空。调用宏程序时，自变量对局部变量赋值。全局变量在不同的宏程序中的意义相同。FANUC 系统的空变量#0 总是空，没有值能赋给该变量。各系统变量引用和赋值的对比见表 8-2。

（1）变量的表示　变量可以用"#"号和跟随其后的变量序号来表示。

#i（i = 1, 2, 3, …）

例：#5, #109, #501

（2）变量的引用　将跟随在一个地址后的数值用一个变量来代替，即引入了变量。

例：对于 F#103 = 50 时，则为 F50；

　　对于 Z = – #110，若#110 = 100 时，则 Z 为 – 100；

　　对于 G#130，若#130 = 3 时，则为 G03。

表 8-2　各系统变量引用和赋值的对比

	华中世纪星	FANUC 0i	SINUMERIK 802D
定义变量	#10 = 50. 0	#10 = 50. 0	R10 = 50. 0
变量引用	G01　X[#10]	G01　X#10	G01　X = R10
改变引用变量的值的符号	G01　X[– #10]	G01　X – #10	G01　X = – R10

（3）变量的类型　FANUC 0i- M 系统的变量分为公共变量和系统变量两类。

1）局部变量。局部变量只能用在宏程序中存储数据，如运算结果。当断电时，局部变量被初始化为空。调用宏程序时，自变量对局部变量赋值。

局部变量的序号：#1 ~ #33。

2）公共变量。公共变量是在主程序和主程序调用的各用户程序内公共的变量。也就是说，在一个宏指令中的#i 与在另一个宏指令中的#i 是相同的。

公共变量的序号：#100 ~ #199，#500 ~ #599。其中#100 ~ #199 公共变量在电源断电后即清零，重新开机时被设置为"0"；#500 ~ #599 公共变量即使断电后，它们的值也保持不变，因此也称保持型变量。

3）系统变量。系统变量定义为有固定用途的变量。它的值决定系统的状态。系统变量包括刀具偏置变量、接口的输入/输出信号变量及位置信息变量等。

系统变量的序号与系统的某种状态有严格的对应关系。

二、计算参数（SIEMENS 系统）

在 SIEMENS 系统中，变量称为计算参数。

（1）表示方法 用"R"和紧跟其后的序号来进行表示，如 R1、R5、R110 等。

SIEMENS 系统中可以引用的参数：R0 ~ R299。

（2）参数的赋值

1）直接赋值。可以在 ± （0. 0000001…9999. 9999）数值范围内直接赋值，例如：

R1 = 3. 5678   R5 = 27. 2   R4 = − 7   R10 = − 12. 365

2）给地址赋值。R 参数可以给任意的 NC 地址赋值，但对地址 N、G、L 除外。赋值时，在地址符之后加"="，例如：

G0   X = R1   Y = R2 （给 X、Y 赋值）

三、常量

在华中世纪星数控系统中还定义了常量。

PI：圆周率。

TRUE：条件成立（真）。

FALSE：条件不成立（假）。

四、运算符与表达式

（1）算术运算符 包括 + 、− 、* 、/等。

（2）条件运算符 包括 EQ(=)、NE(≠)、GT(>)、GE(≥)、LT(<)、LE(≤)等。

（3）逻辑运算符 包括 AND、OR、NOT 等。

（4）函数 如 SIN、COS、TAN、ATAN、ATAN2、ABS、INT、SIGN、SQRT、EXP 等。

（5）表达式 用运算符连接起来的常数，宏变量构成表达式，例如：

175/SQRT[2] * COS[55 * PI/180]；

#3 * 6 GT 14；

各系统使用的条件运算符见表8-3。

表8-3 各系统使用的条件运算符

含义	华中世纪星	FANUC 0i	SINUMERIK 802D
等于(=)	EQ	EQ	==
不等于(≠)	NE	NE	< >
大于(>)	GT	GT	>
大于或等于(≥)	GE	GE	> =
小于(<)	LT	LT	< =

五、函数

各系统的常用函数见表8-4。

表8-4 各系统的常用函数

含义	华中世纪星	FANUC 0i	SINUMERIK 802D
正弦	SIN[ ]	SIN[ ]	SIN( )
反正弦		ASIN[ ]	ASIN( )
余弦	COS[ ]	COS[ ]	COS( )
反余弦		ACOS[ ]	ACOS( )
正切	TAN[ ]	TAN[ ]	TAN( )
反正切	ATAN[ ]	ATAN[ ]	ATAN2(,)
绝对值	ABS[ ]	ABS[ ]	ABS( )
平方根	SQRT[ ]	SQRT[ ]	SQRT( )

表8-4所列的三角函数的角度单位是度，使用其他角度单位时需要换算。

第三节 常用宏指令及其应用实例

一、赋值语句

把常数或表达式的值送给一个宏变量称为赋值。在赋值语句中先计算，然后赋值。

编程格式：宏变量 = 常数或表达式

例如：#2 = 175/SQRT[2] * COS[55 * PI/180]；

　　　#3 = 124.0；

各系统赋值语句的格式见表8-5。

表8-5 各系统赋值语句的格式

系统	赋值语法	
	常数	表达式
华中世纪星	#10 = 50.0	#21 = 180 * SIN[20] + #10
FANUC 0i	#10 = 50.0	#21 = 180 * SIN[20] + #10
SINUMERIK 802D	R10 = 50.0	R21 = 180 * SIN(20) + R10

说明：表8-5所列均表示把50.0这个常数赋给变量#10（或R10）；把180sin20° + 50.0 这个表达式的值赋给变量#21（或R21）。

二、运算次序

1）函数。

2）乘和除运算（ * 、/ 、AND）。

3）加和减运算（ + 、 − 、OR、XOR）。

三、跳转和循环指令

在程序中，使用跳转和循环功能可以改变控制的流向，从而可以实现程序的控制。表8-6所列为三种数控系统跳转和循环语句的结构和种类。

表 8-6　三种数控系统跳转和循环语句的结构和种类

语句	华中世纪星	FANUC 0i	SINUMERIK 802D
	格式： IF　条件表达式； … ELSE； … ENDIF； 例如： IF　#1　GT　10； G00　G90　Z100.0； ELSE； G00　G90　Z200.0； ENDIF； 说明：若#1 > 10，则执行"G00　G90　Z100.0"，否则执行"G00　G90　Z200.0"	格式： IF　［条件表达式］GOTOn； 例如： IF　［#1　GT　10］GOTO N50； … N50　G00　G90　Z100.0； 说明：当#1 > 10 时，跳转到行号为 N50 的程序段。这里的条件表达式需用方括号"［ ］"括起来	格式： IF　条件表达式　GOTOF　MA2 例如： IF　R1 > 10　GOTOF　MA2 … MA2：G00　G90　Z100.0 说明：当 R1 > 10 时，跳转到有标记"MA2"的程序段 "GOTO F"表示向前跳转（即向程序结束的方向跳转，而"GOTO B"是向后跳转（即向程序开始的方向跳转
	格式： WHILE　条件表达式； … ENDW； 例如： #3 = 1； WHILE　#3　LT　4； G01　G91　X20.0； Y20.0； #3 = #3 + 1； ENDW； 说明： #3 的初值为 0，当#3 < 4 的条件满足时执行： "G01　G91　X20.0　Y20.0" 画出三个台阶的轨迹。当#3 的值不满足条件时跳出循环体	格式： WHILE　［条件表达式］DOm； … ENDm； 例如： #3 = 1； WHILE　［#3　LT　4］DO2； G01　G91　X20.0； Y20.0； #3 = #3 + 1； END 2 说明：#3 的初值为 0，当#3 < 4 的条件满足时执行： "G01　G91　X20.0　Y20.0" 画出三个台阶的轨迹 语法里面的 DO m 和 END m， 这里的 m 是标号值，只能是 1、2、3。当#3 的值不满足条件时跳出循环体	西门子实现循环是使用上面的条件判断跳转

1. 华中系统程序跳转功能

（1）条件判别语句 IF、ELSE、ENDIF

编程格式：IF 条件表达式；

…；

ELSE；

…

ENDIF；

编程或 IF 条件表达式；

…；

ENDIF；

（2）循环语句 WHILE、ENDW

编程格式：WIIILE 条件表达式；

…；

ENDW；

（3）编程举例

例 8-1 利用宏程序编程，加工图 8-1 所示的工件。编程分析如图 8-2 所示。

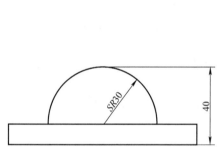

图 8-1 半球

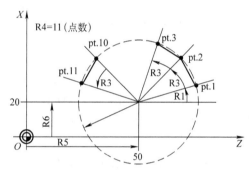

图 8-2 编程分析

参考程序如下：

程　序	说　明
O2001；	
#50 = 90；	角度为 90°
WHILE #50 GE 0；	大于或等于 0°
#51 = 30 * COS[#50 * PI/180]；	球面上任意一点横、纵坐标
#52 = 30 * SIN[#50 * PI/180]；	
G01 X[#51] F200；	*XZ* 平面内直线插补，加工球面
Z[#52]；	
#60 = 0；	
WHILE #60 LE 360；	加工 *XY* 平面内的整圆
#61 = #51 * COS[#60 * PI/180]；	
#62 = #51 * SIN[#60 * PI/180]	
G01 X[#61] Y[#62]	
#60 = #60 + 2	
ENDW	
#50 = #50 - 1	
ENDW	
M99	

2. FANUC 系统程序跳转功能

（1）无条件转移（GOTO 语句）　转移到标有顺序号 n 的程序段，当指定 1～99999 以外的顺序号时，出现 P/S 报警 No.128，可用表达式指定顺序号。

编程格式：

GOTOn;　　　//n 为顺序号（1～99999）

例：

GOTO1;

GOTO#10;

（2）条件转移（IF 语句）

1）编程格式：IF　［＜条件表达式＞］　GOTOn;

IF 之后指定条件表达式。如果指定的条件表达式满足，转移到标有顺序号 n 的程序段；如果指定的条件表达式不满足，执行下个程序段。

例：如果变量#1 的值大于 10，转移到顺序号 N2 的程序段。如下所示：

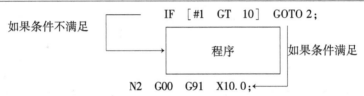

2）IF　［＜条件表达式＞］　THEN…;

如果条件表达式满足，执行预先决定的宏程序语句（即 THEN 之后的语句），并且只执行一个宏程序语句。

例：如果#1 和#2 的值相同，0 赋给#3。

IF　［#1　EQ　#2］　THEN　#3 = 0;

注意：条件表达式必须包括关系运算符。运算符插在两个变量中间或变量和常数中间，并且用括号（［,］）封闭。表达式可以替代变量。

例 8-2　计算数值 1～10 的总和。

参考程序：

程　　　序	说　　　明
O9500;	
#1 = 0;	存储和数变量的初值
#2 = 1;	被加数变量的初值
N1 IF［#2 GT 10］ GOTO2;	当被加数大于 10 时转移到 N2
#1 = #1 + #2;	计算和数
#2 = #2 + #1;	下一个被加数
GOTO1;	转到 N1
N2 M30;	程序结束

（3）循环（WHILE 语句）　在 WHILE 后指定一个条件表达式。当指定条件满足时，执行从 DO 到 END 之间的程序，否则转到 END 后的程序段。

说明：当指定的条件满足时，执行 WHILE 从 DO 到 END 之间的程序，否则转而执行 END 之后的程序段。这种指令格式适用于 IF 语句。DO 后的数字和 END 后的数字是指定程序执行范围的标号，标号值为 1、2、3。若用 1、2、3 以外的值会产生 P/S 报警 No.126。如下所示：

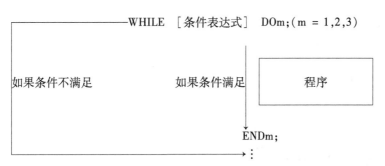

嵌套：在 DO ~ END 循环中的标号 1 ~ 3 可根据需要多次使用。但是，当程序有交叉重复循环（DO 范围的重叠）时，出现 P/S 报警 No. 124。结果如下：

1）标号（1 ~ 3）可以根据要求多次使用。

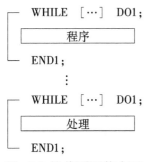

2）DO 的范围不能交叉。

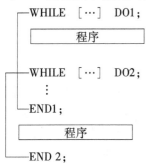

3）DO 循环可以嵌套 3 级。

4）控制可以转到循环的外边。

```
┌─WHILE ［…］ DO1;
│
├─IF ［…］ COTOn;
│
└─END 1;
│
    └──►Nn
```

5）转移不能进入循环区内。

```
┌─IF ［…］ COTOn;
│       ⋮
│   ┌─WHILE ［…］ DO1;
│   │
└───►Nn…;
    │
    └─END1;
```

例 8-3 计算数值 1～10 的总和。

参考程序：

```
O0001;
  #1 = 0;
  #2 = 1;
  WHILE ［#2LE10］ DO1;
#1 = #1 + 1;
#2 = #2 + 1;
END1;
M30;
```

3. SIEMENS 802D 系统程序跳转功能

（1）标记符——程序跳转目标 标记符或程序段号用于标记程序中所跳转的目标程序段，用跳转功能可以实现程序运行分支。标记符可以自由选取，但必须由 2～8 个字母或数字组成，其中开始的两个字符必须是字母或下划线。在跳转目标程序段中，标记符后面必须为冒号，标记符位于程序段首。如果程序段有段号，则标记符紧跟着段号。

在一个程序段中，标记符不能有其他含义。如：

N10   MARK1：G1   X20   MARK1 为标记符

…

TR256：G0   X10   Z20   TR256 为标记符

N100   …   程序段号可以为跳转目标

（2）绝对跳转

编程格式：

GOTOF   LABE1

GOTOB   LABE1

说明：

GOTOF：向前跳转（向程序结束的方向跳转）。

GOTOB：向后跳转（向程序开始的方向跳转）。

LABE1：标记符或程序段号。

跳转目标只能是有标记符的程序段。此程序段必须位于该程序内。

例 8-4　绝对跳转。

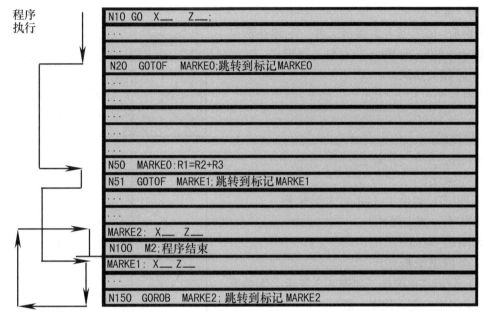

（3）有条件跳转

1）格式：

IF　条件　GOTOF　LABE1　　　//向前跳转

IF　条件　GOTOB　LABE1　　　//向后跳转

说明：

IF：跳转条件导入符；

条件：作为条件的计算参数，计算表达式。

2）运算符包括＝＝（等于）、＜＞（不等于）、＞（大于）、＜（小于）、＞＝（大于或等于），
＜＝（小于或等于）等。

3）功能：如果满足跳转条件（即条件成立），则进行跳转；否则，不进行跳转。

有条件跳转指令要求一个独立的程序段。

例 8-5　有条件跳转，如圆弧上点的移动（图 8-2）。

已知：

起始角：	30°	R1
圆弧半径：	32mm	R2
位置间隔：	10°	R3
点数：	11	R4
圆心 Z 轴方向位置：	50mm	R5
圆心 X 轴方向位置：	20mm	R6

程序如下：

N10　R1 ＝ 30　R2 ＝ 32　R3 ＝ 10　R4 ＝ 11　R5 ＝ 50　R6 ＝ 20　　//赋初值

N20　MAI: G0　Z ＝ R2 * COS（R1）＋ R5　X ＝ R2 * SIN（R1）＋ R6 //坐标轴地址的计
　　　　　　　　　　　　　　　　　　　　　　　　　　　　　　算、赋值及标记

N30   R1 = R1 + R3   R4 = R4 − 1

N40   IF   R4 > 0   GOTOB   MAI

N50   M30

例8-6   加工图8-3所示工件，毛坯外形尺寸：$60mm \times 60mm \times 30mm$，材料：硬铝。

（一）相关知识

常用G指令：

#＿

编程格式：

G0   X＿   Y＿   Z＿；

#＿ = ＿；

（WHILE）如果   （GE）大于等于

（ENDW）固定循环

（SQRT）球体

（二）工艺分析

（1）分析零件图样   如图8-3所示，零件形状为半球凹槽，复杂程度一般。

（2）确定工艺路线

1）铣削平面，可选用 $\phi55mm$ 可转位面铣刀。

2）加工凹槽，选用 $\phi10mm$ 球头铣刀。

（3）夹具选用与工件装夹   由于毛坯形状比

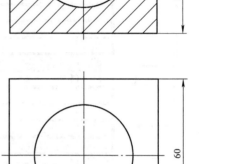

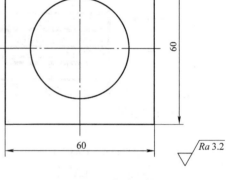

图8-3   半球凹槽

较规则，零件复杂程度一般，选用机用虎钳装夹。装夹工件时用机用虎钳装夹毛坯的两侧面，在工件下表面与机用虎钳之间放入精度较高的平行垫铁，垫铁的厚度与宽度要适当，应保证工件在本次定位装夹中所有需要完成的待加工面充分暴露在外，以方便加工。最后用塑胶锤敲击工件，使垫铁不能移动后夹紧工件。

（4）切削用量的选择

切削用量见表8-7。

表8-7   凹半球铣削的切削用量

加工步骤		刀具与切削参数				
序号	加工内容	刀具规格		主轴转速 $n/r \cdot min^{-1}$	进给速度 $v_f/mm \cdot min^{-1}$	刀具半径补偿
		类型	材料			
1	粗加工上表面	$\phi55mm$ 面铣刀	硬质合金	1200	80 ~ 100	无
2	精加工上表面			1600	100 ~ 120	无
3	精加工凹槽	$\phi10mm$ 球头铣刀	高速钢	1200 ~ 1400	100 ~ 150	无

（三）设定工件坐标系和编制数控加工程序

工件坐标系的原点设置在零件上表面的中心位置，将 X、Y、Z 向的零偏值输入工件坐标系 G54 中。

华中 HNC – 21M 系统参考程序：

O0001；		文件名
%0002；		程序名
N1	G00 G54 X0 Y0 Z30；	到达工件坐标系零点 Z30 位置
N2	M30 F100 S2000；	主轴正转，转速为 2000r/min，进给速度为 100mm/min
N3	#1 = 0；	加工起始尺寸
N4	#2 = – 20；	终止尺寸
N5	WHILE#1 GE#2；	加工终止条件
N6	#3 = #1；	主轴正转，转速为 2000r/min，进给速度为 1000mm/min
N7	#4 = SQRT［20 * 20 – #1 * #1］；	
N8	#5 = #4；	移动到安全平面
N9	G01 X［#5］ Y0 Z［#1］；	X 方向变量
N10	G02 I – ［#5］；	圆弧尺寸变量
N11	#1 = #1 – 0.05；	每次进给角度递增
N12	ENDW；	固定循环
N13	G00 Z20；	加工后抬刀
N14	X0 Y0；	回到零点取消刀补
N15	M30；	程序结束

注：加工时按实际尺寸对刀。

（四）模拟加工

检查编写的程序是否正确。

（五）加工及测量

利用游标卡尺等量具检测，根据测量结果，调整加工程序，直到符合要求为止。

（六）注意事项

加工中由于 Z 轴方向较深，应注意进给量不要过大。

例 8-7 用宏程序编程加工图 8-4 中的椭圆轮廓。

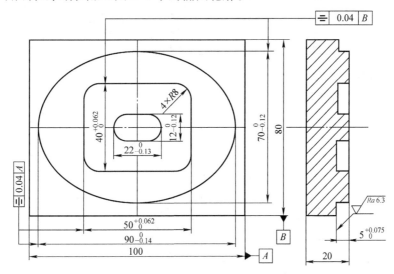

图 8-4 用宏程序编程加工椭圆轮廓

(一) 相关知识

1. 变量的确定

控制变量, 即条件或循环变量。该变量控制具体的执行次数, 在本例中该变量为椭圆弧围的角度 (用 θ 表示)。当 $\theta = 360°$ 时, 为一整椭圆; 当 $\theta = 90°$ 时, 为 1/4 椭圆, 即角度 θ 决定了椭圆拟合计算的总次数。

其余变量, 本例中还用到的变量有: 椭圆长轴 (a)、短轴 (b), 椭圆上任意一点的横坐标 (X)、纵坐标 (Y)。

2. 变量关系的确定

在宏程序编制过程中, 这是较重要的环节, 即确定各变量之间的关系, 特别是变量较多时, 一定要理清它们之间的逻辑关系。在本例中, 由椭圆的方程可知:

$$X = a\cos\theta \qquad Y = b\sin\theta$$

3. 变量的表示

把确定的变量分别用数控编程中允许的表示方法表达出来即可。

在本例中分别用: #1 表示 θ; #2 表示 a; #3 表示 b; #4 表示 X; #5 表示 Y。

以上为 HNC、FANUC 系统的表示方式。

SIEMENS 系统中变量的表示: R100 表示 θ; R101 表示 a; R102 表示 b; R103 表示 X; R104 表示 Y。

(二) 工艺分析 (表 8-8)

表 8-8　数控加工工艺卡片

机床种类	产品名称或代号		工件材质	毛坯规格	工序号	程序编号	夹具名称
数控铣床或加工中心	H–1		铝	100mm×80mm ×20mm	001		机用虎钳
工步号	工步内容	刀具号	刀具规格/mm	主轴转速/r·min⁻¹	进给速度/mm·min⁻¹	刀具长度补偿/mm	刀具半径补偿/mm
1	粗加工外轮廓	T1	φ16	750	150		
2	精加工外轮廓	T2	φ14	1000	120		
3	粗加工方形槽	T3	φ12	750	150	–5	6
4	精加工方形槽	T4	φ10	900	100	–5	5

(三) 参考程序

1. 华中 HNC–21M 系统编程

O0011;	#4 = #2 * COS [#1 * PI/180];
G54　G90　G94　S800　M03;	#5 = #3 * SIN [#1 * PI/180];
G00　X50　Y0　Z10;	G1　X[#4]　Y[#5]　F100;
G01　Z–5　F50;	#1 = #1 + 0.5;
G42　G01　X45　Y0　F100　D01;	ENDW;
#1 = 0;	G00　Z50;
#2 = 45;	G40　G00　X0　Y0;
#3 = 35;	M05;
WHILE　#1　LE　360;	M02;

2. FANUC 0i 系统编程

（1）循环语句编程

O0011;	#4 = #2 * COS［#1］;
G54 G90 G94 S800 M03;	#5 = #3 * SIN［#1］;
G00 X50.0 Y0 Z10.0;	G1 X［#4］ Y［#5］ F100;
G01 Z-5.0 F50.0;	#1 = #1 + 0.5;
G42 G01 X45.0 Y0 F100 D01;	END1;
#1 = 0;	G00 Z50.0;
#2 = 45.0;	G40 G00 X0 Y0;
#3 = 35.0;	M05;
WHILE #1 LE 360.0 DO1;	M02;

（2）条件语句编程

O0012;	#5 = #3 * SIN［#1］;
G54 G90 G94 S800 M03;	G1 X［#4］ Y［#5］ F100;
G00 X50 Y0 Z10;	#1 = #1 + 0.5;
G01 Z-5 F50;	IF ［#1 LE 360］ GOTO 20;
G42 G01 X45 Y0 F100 D01;	G00 Z50;
#1 = 0;	G40 G00 X0 Y0;
#2 = 45;	M05;
#3 = 35;	M02;
N20 #4 = #2 * COS［#1］;	

3. SIEMENS 802D 系统编程

HCX11	ABR1: R103 = R101 * COS(R100)
G54 G90 G94 S800 M03	R104 = R102 * SIN(R100)
G0 X50 Y0 Z10	G1 X = R103 Y = R104 F100
G1 Z-5 F50	R100 = R100 + 0.5
G42 G1 X45 Y0 F100 D01	IF (R100 LE 360) GOTOB ABR1
R100 = 0	G0 Z50
R101 = 45	G40 G0X0 Y0
R102 = 35	M05
	M02

以上只编出了椭圆轮廓部分的宏程序，其余部分读者可自己去完成。

例8-8 加工工件（见图8-5）为椭圆形的半球曲面，刀具为 $R8$mm 的球头铣刀。利用椭圆的参数方程和圆的参数方程来编写宏程序。

椭圆的参数方程为

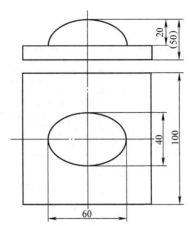

图 8-5　用宏程序编程加工椭圆形的半球曲面

$$X = 30\cos\&$$

$$Z = 20\sin\&$$

　　结合上例，读者可自己完成相关知识和工艺分析部分的内容。在这里仅提供参考宏程序：

　　1. 华中 HNC – 21M 系统和 FANUC 0i 系统编程

程　　序	说　　明
%0012；	
G54；	
G90　G0　G94　G00　X0　Y0　Z30；	
Z21；	
#1 = 0；	
#2 = 20；	
#3 = 30；	
#4 = 1；	
#5 = 90；	
WHILE　#5　GE　#1；	FANUC 0i 系统：WHILE　［#5 GE #1］　D01；
#6 = #3 * COS［#5 * PI/180］ + 4；	
#7 = #2 * SIN［#5 * PI/180］；	
G01　X［#6］　F800；	
Z［#7］；	
#8 = 360；	
#9 = 0；	
WHILE　#9　LE　#8；	FANUC 0i 系统：WHILE　［#9 LE #8］　D02；
#10 = #6 * COS［#9 * PI/180］；	
#11 = #6 * SIN［#9 * PI/180］ * 2/3；	
G01X［#10］Y［#11］F800；	

（续）

程　序	说　明
#9 = #9 + 1 ;	（记数器）；
ENDW ；	FANUC 0i 系统：END2；
#5 = #5 - #4 ；	（记数器）；
ENDW ；	FANUC 0i 系统：END1；
G00　Z100 ；	
M05 ；	
M02 ；	

2. SIEMENS 802D 系统编程

O13
G54
M03　S1000
G90　G94　G00　X0　Y0
Z30
Z21
G01　Z20　F100
参数设置：R0 = 90　R1 = 0　R2 = 0　R3 = 0　R4 = 0　R5 = 0
R1 = 30 * COS(R0)　R2 = 20 * SIN(R0)
MA1：G01　X = R1　Z = R2　F200
R0 = R0 - 1
R5 = 0
R3 = 30 * COS(R5)　R4 = 20 * SIN(R5)
MA2：G01　X = R3　Y = R4　F500
R5 = R5 + 1
IF　R5 < = 360　GOTOB　MA2
IF　R0 > = 0　GOTOB　MA1
G90　G00　Z100
M05
M02

以上只编出了椭圆轮廓部分的宏程序，其余部分读者可自己去完成。

四、注意事项

1）注意在不同系统中不同控制语句的格式和应用方式。

2）在例8-7和例8-8中，角度每次增加的大小和最后工件的加工表面质量有较大关系，即累加器的每次变化量和加工的表面质量有直接关系。

3）有的数控系统在用宏程序加工中，刀具半径和长度补偿不能使用，出现报警。

第八章思考练习题

8-1 应用宏程序（或 R 参数）编程方法实现如图 8-6 孔群的钻孔加工。

8-2 应用宏程序（或 R 参数）编程方法实现如图 8-7 所示变斜角斜面的加工。

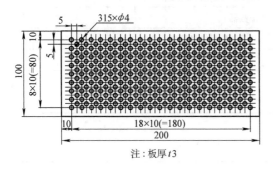

注：板厚 t3

图 8-6 孔群加工   图 8-7 变斜角斜面加工

8-3 编制图 8-8 所示零件的加工程序。要求：

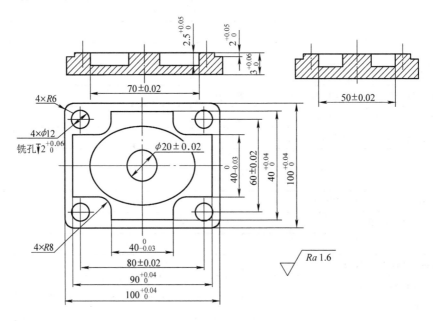

图 8-8 零件图

（1）列出所用刀具和加工工艺。

（2）编制出加工程序。

实 训 篇
数控铣床(加工中心)的实训操作

课 题 一
数控铣床 (加工中心) 的基本操作

【学习目的】

了解数控机床的安全操作规程；对机床能进行日常维护与保养；熟悉机床的操作面板并能熟练进行手动操作、MDI 方式操作、程序的编辑与自动加工。

【学习重点】

能进行数控铣床、加工中心的手动操作、MDI 方式操作、程序的编辑与自动加工。

第一节 数控机床的安全操作规程以及日常维护与保养

一、文明生产和安全操作规程

1. 文明生产

文明生产是现代企业管理的一项十分重要的内容，而数控加工是一种先进的加工方法，它与通用机床加工相比较，在许多方面遵循的原则基本一致，使用方法上也大致相同。但数控机床自动化程度高，为了充分发挥机床的优越性，提高生产率，管好、用好数控机床，显得尤为重要。操作者除了掌握数控机床的性能和精心操作以外，还必须养成良好的文明生产习惯和严谨的工作作风，具有较好的职业素质、责任心和良好的合作精神。操作时应做到以下几点：

1）严格遵守数控机床的安全操作规程操作机床。

2）保持数控机床周围的环境整洁。

3）操作人员应穿戴好工作服、工作鞋，不穿戴有危险性的服饰品。

2. 安全操作规程

1）阅读机床操作手册，熟悉数控机床的性能、结构、传动原理、操作顺序及紧急停车方法。

2）检查润滑油和齿轮箱内的油量情况，有手动润滑的部位要先进行润滑。

3）机床通电后，检查电压、气压、油压是否正常，检查各开关、按钮和按键是否正常、灵活，机床有无异常现象。

4）进行返回机床参考点的操作，建立机床坐标系。

5）开机后让机床空运行 15min 以上，以使机床达到热平衡状态。

6）手动操作沿 X、Y 轴方向移动工作台时，必须使 Z 轴处于安全高度位置，防止刀具发生碰撞。移动时应注意观察刀具的移动是否正常。

7）正确对刀，确定工件坐标系，并认真核对数据。

8）输入程序并认真仔细检查，特别注意指令、代码、正负号、小数点及语法的检查。

9）进行模拟加工，验证程序的正确性。

10）程序调试好后，在正式切削加工前，应检查一次程序、刀具、夹具、工件、参数等是否正确。

11）刀具补偿值输入后，要对刀补号、补偿值、正负号、小数点进行认真核对。

12）检查运行程序与加工工件是否一致。

13）确定机床状态及各开关位置（进给倍率开关应置于 0）。

14）当工件坐标、刀具位置、剩余量三者相符后才能逐渐加大进给倍率。

15）中断程序后恢复加工时，应缓慢进给至原加工位置后，再逐渐恢复到正常切削速率。

16）刃磨刀具和更换刀具后，要重新测量刀长并修改刀补值和刀补号。

17）程序修改后，对修改部分要仔细计算和认真核对。

18）机床运转时，不得调整刀具和测量工件的尺寸，手不得靠近旋转的刀具和工件。

19）加工完毕后，将 X、Y、Z 轴移动到行程的中间位置，并将主轴速度和进给倍率开关都拨至低档位，防止因误操作而使机床产生错误的动作。

20）卸刀时应先用手握住刀柄，再按换刀开关；装刀时应在确认刀柄完全到位后再松手。

21）加工完毕，及时清理现场，做好工作记录。

二、异常情况处理

1）当机床因报警而停止时，应先清除报警信息，将主轴安全移出加工位置，确定排除警报故障后，再恢复加工。

2）当正常加工时需要暂停程序前，应先将进给倍率开关缓慢关至0位。

3）当发生紧急情况时，应迅速停止程序，必要时可使用紧急停止按钮。

三、数控机床的日常维护与保养

正确的使用能防止设备的正常磨损，避免突发故障的发生，精心的维护可使设备保持良好的技术状态，及时发现和消除隐患，从而保障设备安全运行，延长设备的使用寿命，保证企业的经济效益。所以说，机床的正确使用与精心维护是设备管理以防为主的重要环节。

（一）维护保养必备的基本知识

数控机床是集机、电、液于一体的自动化程度很高的设备。因此，数控机床的维护人员不仅要有机械加工工艺及液压、气动方面的知识，也要具备电子计算机、自动控制、驱动及测量技术的知识，这样才能全面了解、掌握数控机床以及做好机床的维护保养工作。另外，维修人员还应详细阅读数控机床的有关说明书，对机床的结构特点、数控的工作原理以及电缆连接图等有一个详细、全面的了解。

（二）设备的日常维护

对设备进行日常维护的目的：延长元器件的使用寿命；延长机械部件的磨损周期；防止意外恶性事故的发生；使机床始终保持良好的状态，并保持长时间的稳定工作。一台数控设备的定期维护检查顺序及内容见表9-1，仅列出了一些常规的检查内容。对一些机床上频繁运动的元部件，无论是机械部分还是控制部分，都应作为重点定时检查。

表9-1　日常保养一览表

序号	检查周期	检查项目	检 查 要 求
1	每天	检查导轨润滑油箱	检查油标、油量，及时添加润滑油，润滑泵能定时起动打油及停止
2	每天	检查X、Y、Z轴向导轨面	清除切屑及脏物，检查润滑油是否充分，导轨面有无划伤损坏
3	每天	检查压缩空气气源压力	检查气动控制系统压力，应在正常范围
4	每天	检查气源自动分水滤气器	及时清理分水器中滤出的水分，保证正常工作
5	每天	检查气液转换器和增压器油面	发现油面不够时及时补足油
6	每天	检查主轴润滑恒温油箱	工作正常，油量充足并调节温度范围
7	每天	检查机床液压系统	油箱、液压泵无异常噪声，压力指示正常，管路及各接头无泄漏，工作油面高度正常
8	每天	检查液压平衡系统	平衡压力指示正常，快速移动时平衡阀工作正常
9	每天	检查CNC的输入输出单元	光电阅读机清洁，机械结构润滑良好
10	每天	检查各种电气柜散热通风装置	各电柜冷却风扇正常工作，风道过滤网无堵塞
11	每天	检查各种防护装置	导轨、机床防护罩等应无松动和漏水

（续）

序号	检查周期	检查项目	检 查 要 求
12	每半年	检查滚珠丝杠	清洗丝杠上旧的润滑脂，涂上新油脂
13	每半年	检查液压油路	清洗溢流阀、减压阀、过滤器，清洗油箱底，更换或过滤液压油
14	每半年	检查主轴润滑恒温油箱	清洗过滤器，更换润滑脂
15	每年	检查并更换直流伺服电动机电刷	检查换向器表面，吹净炭粉，去除毛刺，更换长度过短的电刷，并应跑合后才能使用
16	每年	润滑液压泵，清洗过滤器	清理润滑油池底，更换过滤器
17	不定期	检查各轴导轨上的镶条及压滚轮的松紧状态	按机床说明书调整
18	不定期	检查冷却水箱	检查液面高度，切削液太脏时须更换切削液，并清理水箱底部，经常清洗过滤器
19	不定期	检查排屑器	经常清理切屑，检查有无卡住等
20	不定期	清理废油池	及时取走滤油池中的废油，以免外溢
21	不定期	调整主轴驱动带松紧	按机床说明书调整

（三）数控系统的日常维护

每一种数控系统的日常维护保养，在说明书上都有具体的规定。总的来说，应注意以下几个方面：

1）根据维护保养的要求，制定出数控系统日常维护的规章制度。

2）数控柜、电气柜的散热通风系统维护。应每天检查数控装置上各个冷却风扇工作是否正常，风道过滤网是否堵塞。如过滤网上灰尘积聚过多，应及时清理，否则将会引起数控装置内温度过高，影响数控系统的正常工作。应每周或每月对空气过滤网进行清扫。清扫时应注意使气流从柜内向柜外流过，切勿使灰尘落到数控装置内的印制电路板或电子元器件上，这样容易引起元器件间绝缘电阻下降，并导致元器件及印制电路的损坏。另外，应尽量少开数控柜、电气柜的门，以防止车间中的油雾、灰尘甚至金属粉末对数控系统造成损坏。

3）直流伺服电动机电刷的检查和更换　可以根据用户的实际使用情况每三个月检查一次电刷，同时使用工业酒精（乙醇）对其表面进行清洗，当电刷剩余长度在 10mm 以下时，须及时更换相同型号的电刷。

4）熔丝的熔断和更换。当数控装置内部的熔丝熔断时，应先查明其熔断的原因，经处理后，再更换相同型号的熔丝。

5）经常监视数控装置用的电网电压。数控装置允许的电网电压波动值通常为额定值的 10% ~ 15%。若超出此范围就会造成系统不能正常工作，甚至会损坏数控系统内的电子部件。

6）存储器用电池的更换。系统参数及用户加工程序都由存储器存储，系统关机后内存中的内容由电池供电保持，因此经常检查电池的工作状态和及时更换电池非常重要。当系统发出电池电压报警时，应立即更换电池。更换电池时应在数控装置通电状态下进行。

7）数控系统经常不用时的维护。数控系统若长期闲置，要经常给其通电，并在机床锁住不动的情况下，让系统空运行。这样可以利用电气元件本身的发热来驱散数控装置内的潮气，保证电子部件性能的稳定可靠。如果数控机床的进给轴和主轴采用直流电动机来驱动，应将电刷从直流电动机中取出，以免由于化学腐蚀作用使换向器表面腐蚀，引起换向性能变化，甚至损坏电动机。

第二节 面板操作与手动操作

在本节中将分别介绍华中 HNC – 21M、FANUC 0i、SINUMERIK 802D 数控系统的面板与手动操作。

一、华中 HNC – 21M 数控系统的操面板介绍与手动操作

（一）华中 HNC – 21M 数控系统的操作面板介绍

如图 9-1 所示，华中 HNC – 21M 数控系统的操作面板由以下几部分组成：

（1）液晶显示器 位于操作台左上部，为 7.5in（1in = 25.4mm）彩色液晶显示器，用于汉字菜单系统状态故障报警的显示和加工轨迹的图形仿真。

（2）NC 键盘 NC 键盘包括精简型 MDI 键盘和 F1 ~ F10 十个功能键。标准化的字母数字式 MDI 键盘的大部分键具有上档键功能。F1 ~ F10 十个功能键位于液晶显示器的正下方。NC 键盘用于零件程序的编制、参数输入、MDI 及系统管理操作等。

（3）机床控制面板 标准机床控制面板的大部分按键（除"急停"按钮外）位于操作台的下部。"急停按钮"位于操作台的右上角。机床控制面板用于直接控制机床的动作或加工过程。

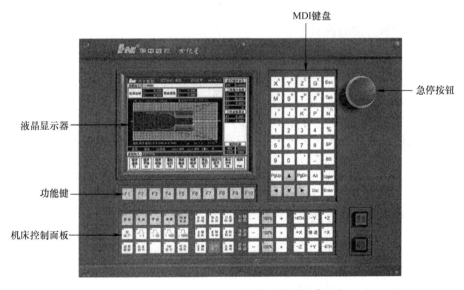

图 9-1 华中 HNC – 21M 数控系统的操作面板

（二）键盘的详细说明

1. MDI 面板上键的说明

$\boxed{X^A}$ ~ $\boxed{Z^C}$：字母键，上档键转换对应的字母。

$\boxed{0'}$ ~ $\boxed{9^*}$ ：数字键，上档键转换对应的字符。

$\boxed{\text{Esc}}$ ：取消键。

$\boxed{\text{Tab}}$ ：制表键。

$\boxed{\text{SP}}$ ：空格键。

$\boxed{\text{BS}}$ ：删除键。

$\boxed{\text{Upper}}$ ：上档键。

$\boxed{\text{Enter}}$ ：回车/输入键。

$\boxed{\text{Alt}}$ ：改变键。

$\boxed{\text{Del}}$ ：删除键。

$\boxed{\text{Upup}}$ $\boxed{\text{Pgdn}}$ ：翻页键。

$\boxed{\blacktriangle}$
$\boxed{\blacktriangleleft}$ $\boxed{\blacktriangledown}$ $\boxed{\blacktriangleright}$ ：光标移动键。

$\boxed{\ \ |\ \ }$ ：符号键，上档键转换对应的符号。

$\boxed{\%}$ ：程序开始符。

2. 机床控制面板上键的说明

$\boxed{\text{自动}}$ ：自动运行方式。

$\boxed{\text{单段}}$ ：单程序段执行方式。

$\boxed{\text{手动}}$ ：手动连续进给方式。

$\boxed{\text{增量}}$ ：增量。

$\boxed{\text{回零}}$ ：返回机床参考点方式。

$\boxed{\text{冷却}\atop\text{开停}}$ ：控制切削液打开/停止。

$\boxed{\text{换刀}\atop\text{允许}}$ ：是否允许刀具松/紧操作。

$\boxed{\text{刀具}\atop\text{松/紧}}$ ：使刀具松开或夹紧。

$\boxed{\times 1}$ $\boxed{\times 10}$ $\boxed{\times 100}$ $\boxed{\times 1000}$ ：增量倍率。

$\boxed{-}$ $\boxed{100\%}$ $\boxed{+}$ ：速率修调，分别控制主轴速度、快速移动、进给速度。

$\boxed{+X}$ $\boxed{-X}$：X 轴点动。

$\boxed{+Y}$ $\boxed{-Y}$：Y 轴点动。

$\boxed{+Z}$ $\boxed{-Z}$：Z 轴点动。

$\boxed{+4TH}$ $\boxed{-4TH}$：第四轴点动。

$\boxed{\text{机床锁住}}$：禁止机床坐标轴动作。

$\boxed{\text{Z轴锁住}}$：Z 轴坐标信息变化，但 Z 轴不运动。

$\boxed{\text{主轴定向}}$：主轴准确停止在某一固定位置。

$\boxed{\text{主轴制动}}$：主轴电动机停止转动。

$\boxed{\text{主轴冲动}}$：主轴电动机以机床参数设定的转速和时间转动一定的角度。

$\boxed{\text{主轴正转}}$：主轴电动机正向转动。

$\boxed{\text{主轴反转}}$：主轴电动机反向转动。

$\boxed{\text{主轴停止}}$：主轴电动机被锁定在当前位置。

$\boxed{\text{循环启动}}$：自动运行启动。

$\boxed{\text{进给保持}}$：自动运行暂停。

$\boxed{\text{空运行}}$：坐标轴以最大速度移动。

$\boxed{\text{超程解除}}$：解除伺服机构超出行程。

（三）华中 HNC – 21M 软件操作界面介绍

华中 HNC – 21M 软件操作界面如图 9-2 所示。

（1）图形显示窗口 可以根据需要用功能键 F9 设置窗口的显示内容。

（2）菜单命令条 通过菜单命令条中的功能键 F1 ~ F10 来完成系统功能的操作。

菜单命令条是菜单命令操作界面中最重要的一块。系统功能的操作主要通过菜单命令条中的功能键 F1 ~ F10 来完成。由于每个功能包括不同的操作，菜单采用层次结构，即在主菜单下选择一个菜单，数控装置会显示该功能下的子菜单，用户可根据该子菜单的内容选择所需的操作，如图 9-3 所示。

按功能键 F1 后的子菜单如图 9-4 所示。当要返回主菜单时，按子菜单下的 F10 键即可。

华中 HNC – 21M 软件菜单结构如下：

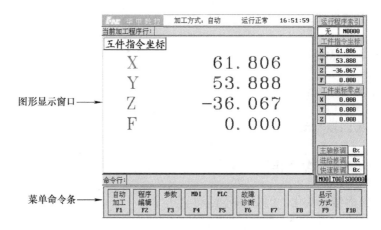

图 9-2　华中 HNC－21M 软件操作界面

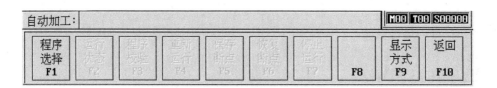

图 9-3　主菜单

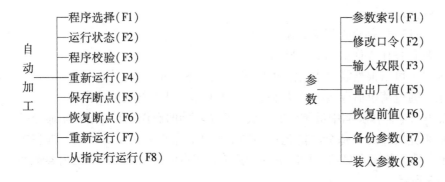

图 9-4　按功能键 F1 后的子菜单

自动加工
├─ 程序选择（F1）
├─ 运行状态（F2）
├─ 程序校验（F3）
├─ 重新运行（F4）
├─ 保存断点（F5）
├─ 恢复断点（F6）
├─ 重新运行（F7）
└─ 从指定行运行（F8）

参数
├─ 参数索引（F1）
├─ 修改口令（F2）
├─ 输入权限（F3）
├─ 置出厂值（F5）
├─ 恢复前值（F6）
├─ 备份参数（F7）
└─ 装入参数（F8）

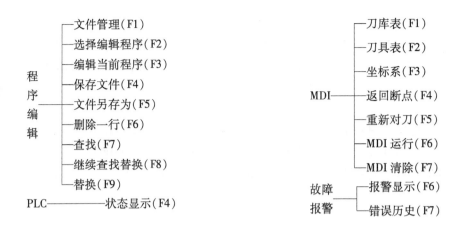

PLC———————状态显示(F4)

（四）华中 HNC – 21M 数控系统的机床手动操作方法

机床手动操作主要由手持单元和机床控制面板共同完成。机床控制面板如图 9-5 所示。

图 9-5　华中 HNC – 21M 数控系统的机床控制面板

1. 开关机操作

（1）开机

1）检查机床状态是否正常。

2）检查电源电压是否符合要求，接线是否正确。

3）按下急停按钮。

4）机床上电。

5）数控系统上电。

6）检查风扇电动机运转是否正常。

7）检查面板上的指示灯是否正常。

（2）关机

1）按下控制面板上的急停按钮，断开伺服电源。

2）断开数控系统电源。

3）断开机床电源。

2. 复位

系统上电进入软件操作界面时，系统的工作方式为"急停"。为了控制系统运行，需左旋并拔起操作台右上角的"急停"按钮，使系统复位，并接通伺服电源。系统默认进入"回参考点"方式，软件操作界面的工作方式变为"回零"。

3. 返回参考点

1）如果系统显示的当前工作方式不是"回零"方式，按一下控制面板上面的"回零"按键，确保系统处于"回零"方式。

2）为降低移动速度，选择适当的快速移动倍率。

3）按下轴和方向的选择开关，选择要返回参考点的轴和方向（为保证安全，一般先选择 $+Z$ 轴返回参考点，然后选择 $+X$ 或 $+Y$ 轴）。按一下选择的按键，相应的轴回到参考点，同时按键内的指示灯亮。

注意：

1）机床在每次接通电源、急停信号或超程报警信号解除之后，必须先用这种方法完成各轴的参考点返回操作，然后进行其他运行方式，以确保机床各轴坐标的正确性。

2）在返回参考点前，应确保回零轴不会和工件或夹具发生干涉，否则应手动移动该轴直到满足此条件。

4. 手动连续进给

1）按下方式选择开关的"手动"按键 。

2）通过进给轴和方向选择开关，选择将要使刀具沿其移动的轴及其方向。按下该开关时，刀具以指定的速度移动；释放开关，移动停止。

3）JOG 进给速度可以通过 JOG 进给速度的倍率旋钮进行调整。

4）按下进给轴和方向选择开关的同时，按下快速移动开关，刀具会快速移动。在快速移动过程中，快速移动倍率开关有效。

5. 增量进给

1）按下方式选择的"增量"按键 。

2）选择每一步将要移动的增量值。

增量进给的增量值由 ×1、×10、×100、×1000 四个增量倍率按键控制，增量倍率按键和增量值的对应关系见表9-2。

表9-2 增量倍率按键和增量值的对应关系

增量倍率按键	×1	×10	×100	×1000
增量值/mm	0.001	0.01	0.1	1

3）当手持单元的坐标轴选择波段开关置于"Off"档时，按下进给轴和方向选择开关，选择将要移动的方向，每按下一次开关，刀具移动一步。进给速度与 JOG 进给速度一样。

4）按下进给轴和方向选择开关的同时按下快速移动开关，可以以快速移动速度移动刀具。在快速移动过程中，快速移动倍率开关指定的倍率有效。

6. 手轮进给

1）按下方式选择的"增量"按键 。

2）选择每一步将要移动的增量值。

3）当手持单元的坐标轴选择波段开关置于"ON"档时，按下手轮进给轴选择开关选择要移动的轴。

4）顺时针或逆时针方向旋转手摇脉冲发生器一格，相应的轴将向正向或负向移动一个增量值。

7. 超程解除

在伺服轴行程的两端各有一个极限开关，作用是防止伺服机构碰撞而损坏。当伺服机构碰到行程极限开关时，就会出现超程。当某轴出现超程时，系统会发出报警，必须使用超程解除，机床才能正常工作。

超程解除的方法是：

1）松开"急停"按钮，置工作方式为"手动"或"手摇"。

2）一直按压着"超程解除"按键 $\boxed{\begin{smallmatrix}超程\\解除\end{smallmatrix}}$ 。

3）在手动（手摇）方式下，使该轴向相反方向退出超程状态。

4）松开"超程解除"按键。

若显示器上运行状态栏的"运行正常"取代了"出错"，则表示恢复正常，可以继续操作。

注意： 在操作机床退出超程状态时，请务必注意移动方向及移动速率，以免发生撞机。

8. 主轴控制

（1）主轴正转　在手动方式下，按一下"主轴正转"按键，主电动机以机床参数设定的转速正转。

（2）主轴反转　在手动方式下，按一下"主轴反转"按键，主电动机以机床参数设定的转速反转。

（3）主轴停止　在手动方式下，按一下"主轴停止"按键，主电动机停止运转。

（4）主轴制动　在手动方式下，主轴处于停止状态时，按一下"主轴制动"按键，主电动机被锁定在当前位置。

（5）轴冲动　在手动方式下，当主轴制动无效时，按一下"主轴冲动"按键，主电动机以机床参数设定的转速和时间转动一定的角度。

（6）主轴定向　在手动方式下，当主轴制动无效时，按一下"主轴定向"按键，主轴立即执行主轴定向功能。定向完成后，主轴准确停止在某一固定位置。

9. 机床锁住与 Z 轴锁住

（1）机床锁住　在手动运行方式下，按一下"机床锁住"按键，再进行手动操作，系统继续执行，显示屏上的坐标轴位置信息变化，但不输出伺服轴的移动指令，所以机床停止不动。

（2）Z 轴锁住　在手动运行开始前，按一下"Z 轴锁住"按键，再手动移动 Z 轴，Z 轴坐标位置信息变化，但 Z 轴不运动。

10. 刀具夹紧与松开

在手动方式下，通过按压"允许换刀"按键使得允许刀具松/紧操作有效。按一下"刀具松/紧"按键，松开刀具（默认值为夹紧），再按一下又为夹紧刀具，如此循环。

11. 冷却起动与停止

在手动方式下，按一下"冷却开/停"按键，切削液开（默认值为切削液关），再按一下又为切削液关，如此循环。

二、FANUC 0i 数控系统的操作面板介绍与手动操作

（一）FANUC 0i 数控系统的操作面板介绍

FANUC 0i 数控系统的操作面板如图 9-6 所示。

1. MDI 键盘上键的说明（图 9-7）

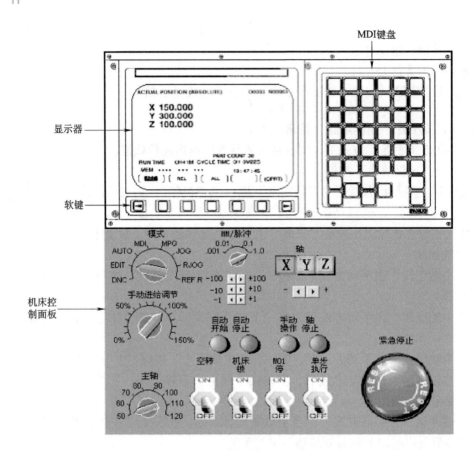

图 9-6　FANUC 0i 数控系统的操作面板

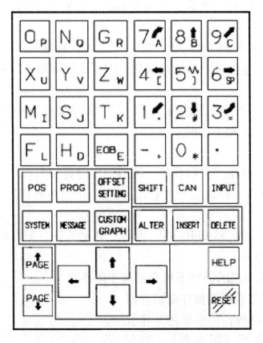

图 9-7　FANUC 0i 数控系统的 MDI 键盘

功能键：

POS：显示位置屏幕。

PROG：显示程序屏幕。

OFFSET SETTING：显示偏置/设置屏幕（SETTING）。

SYSTEM：显示系统屏幕。

MESSAGE：显示信息屏幕。

CUSTOM GRAPH：显示图形显示屏幕。

SHIFT：切换键。

CAN：取消键。

INPUT：输入键。

DELETE INSERT ALTER：程序编辑键。

PAGE↑ PAGE↓：翻页键。

← ↑ ↓ →：光标移动键。

HELP：帮助键。

RESET：复位键。

N_Q 4：地址和数字键。

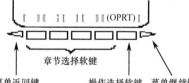

软键：菜单返回键　章节选择软键　操作选择软键　菜单继续键

2. 机床控制面板的说明

机床控制面板由图 9-8 所示的旋钮、开关组成。

模式选择旋钮说明：

EDIT：用于直接通过操作面板输入数控程序和编辑程序。

a) 模式选择旋钮

b) 数控程序运行控制开关

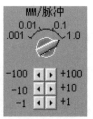

c) 单步进给量控制旋钮

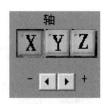

d) 手动移动机床台面按钮

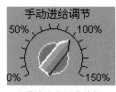

e) 进给速度调节旋钮

f) 主轴速度调节旋钮

g) 机床空转开关

h) 机床锁开关

i) M01开关

j) 单步执行开关

k) 紧急停止按钮

图 9-8 机床控制面板

AUTO：进入自动加工模式。

MDI：手动数据输入。

MPG：手轮方式移动台面或刀具。

JOG：手动方式，手动连续移动台面或者刀具。

RJOG：快速手轮方式移动台面或刀具。

DNC：控制器从外部的计算机上按照定义了的协议传输 NC 代码。

REF. R：回参考点。

（二）FANUC 0i 数控系统的机床手动操作方法

1. 手动返回参考点

1）置模式旋钮在"REF. R"位置。

2）选择各轴 XYZ，按住按钮，即回参考点。

2. 手动连续进给

1）置模式旋钮在"RJOG"位置。

2）选择各轴 XYZ，按方向 ◄ ► 按钮，按住按钮机床台面运动，松开后停止运动。

3）用旋钮 调节移动速度。

3. 增量进给

1）置模式旋钮在"JOG"位置。

2）选择各轴 XYZ，按 - ◄ ► + 按钮，每按一次，台面移动一步。

3）用单步进给量控制旋钮 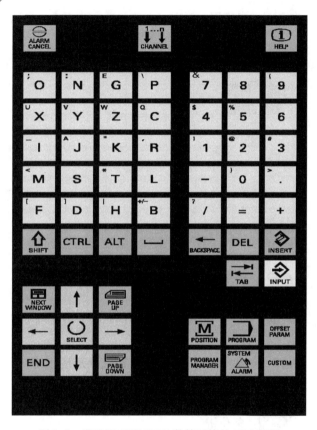 调节每一步移动距离。

三、SINUMERIK 802D 数控系统的操作面板介绍与手动操作

（一）SINUMERIK 802D 数控系统的操作面板介绍

1. MDI 面板上键的说明（图 9-9）

∧ ：返回键。

> ：菜单扩展键。

ALARM CANCEL ：报警应答键。

1…n CHANNEL ：通道转换键。

HELP ：信息键。

SHIFT ：上档键。

CTRL ：控制键。

ALT ：改变键。

␣ ：空格键。

BACKSPACE ：删除键。

DEL ：删除键。

INSERT ：插入键。

TAB ：制表键。

INPUT ：回车/输入键。

POSITION ：加工操作区域键。

PROGRAM ：程序操作区域键。

OFFSET PARAM ：参数操作区域键。

图 9-9 SINUMERIK 802D 数控系统的 MDI 面板

PROGRAM MANAGER：程序管理操作区域键。

SYSTEM ALARM：报警/系统操作区域键。

CUSTOM：未使用。

NEXT WINDOW：未使用。

PAGE UP **PAGE DOWN**：翻页键。

↑ ← → ↓：光标移动键。

SELECT：选择/转换键。

END：结束键。

J **Z**：字母键（上档键转换对应字符）。

0 **9**：数字键（上档键转换对应字符）

2. 机床控制面板上键的说明（图 9-10）

‖：复位键。

◯：数控停止。

◇：数控启动。

⬤：主轴速度倍率调整。

⬤：进给速度倍率调整。

▭：带发光二极管的用户定义。

▭：无发光二极管的用户定义。

：步进增量方式。

：手动连续移动。

：返回参考点。

：自动运行方式。

：手动数据输入。

：主轴正转。

：主轴反转。

：主轴停止。

：快速移动。

+X -X ：X 轴点动。

+Y -Y ：Y 轴点动。

+Z -Z ：Z 轴点动。

（二）SINUMERIK 802D 数控系统软件操作界面介绍

SINUMERIK 802D 数控系统软件操作界面可以划分为状态区、应用区、说明及软键区（图 9-11）。

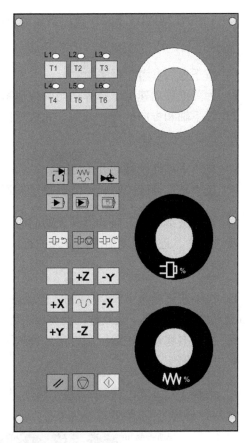

图 9-10　SINUMERIK 802D 数控系统的机床控制面板

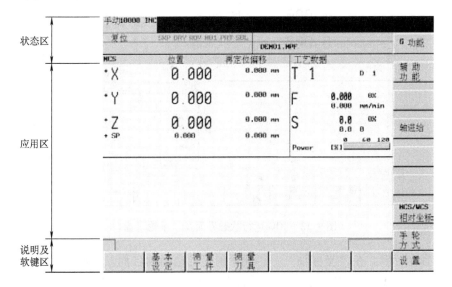

图 9-11　SINUMERIK 802D 数控系统软件操作界面

（三） SINUMERIK 802D 数控系统的机床手动操作方法

1. 返回参考点

1）按下返回参考点开关 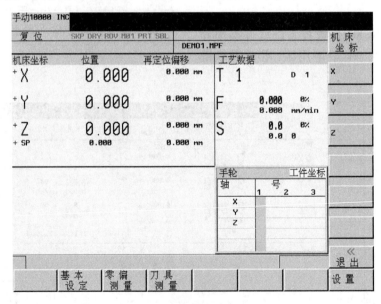。

2）为降低移动速度，选择适当的快速移动倍率。
3）按下轴和方向的选择开关，完成返回到参考点。

2. 手动连续进给

1）按下手动连续移动开关 。
2）按下轴选择开关时，刀具以指定的速度移动；释放开关，移动停止。

3）按下进给轴和方向选择开关的同时，按下快速移动开关 ，刀具快速移动。在快速移动过程中，进给速度倍率调整开关有效。

3. 步进增量进给

1）按下步进增量方式键 ，连续按该键，步进量将在 0.001mm、0.01mm、0.1mm、1mm 之间变化。再按一次该键，就可以去除步进增量方式。
2）按下要移动的进给轴和方向，每按下一次开关，刀具移动一步。

4. 手轮进给

1）选择手轮方式。按 键，选择 JOG 运行状态，按"手轮方式"软键，出现"手轮"窗口，如图 9-12 所示。

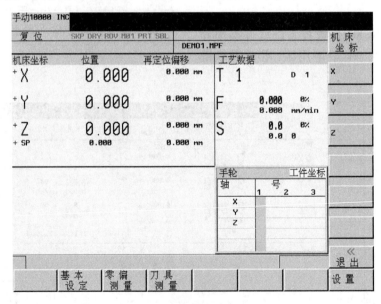

图 9-12　JOG 运行状态界面及"手轮"窗口

2）选择坐标轴。在"坐标轴"一栏显示所有的坐标轴名称，它们在软键菜单中也同时显示机床坐标 *X*、*Y*、*Z*。视所连接的坐标轴数，可以通过光标移动，在设置状态坐标轴之间进行转换。移动光标到所选的坐标轴，然后按动相应坐标轴的软键，选择坐标轴。选中的坐标轴的后面会出现符号√。

3）旋转手轮。以手轮转向对应的方向移动刀具。

第三节 MDI 方式操作

在 MDI 方式下可以编制一个零件程序段来执行。

一、华中 HNC－21M 数控系统的 MDI 方式操作

华中 HNC－21M 数控系统的 MDI 方式操作步骤如下：

1）在主操作界面下，按 F4 键进入 MDI 功能子菜单，命令行与菜单条的显示如图 9-13 所示。

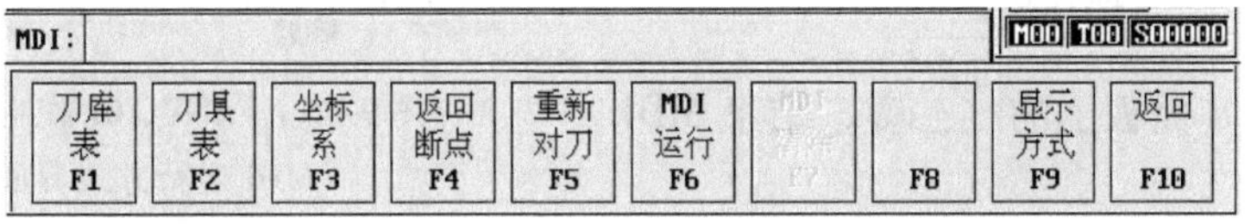

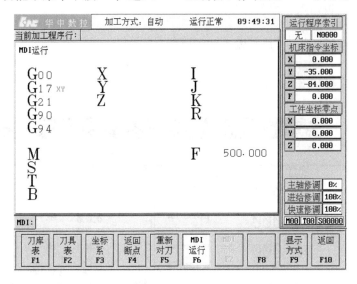

图 9-13 华中 HNC－21M 数控系统的 MDI 功能子菜单

2）在 MDI 功能子菜单下按 F6，进入 MDI 运行方式，如图 9-14 所示。

图 9-14 华中 HNC－21M 数控系统的 MDI 运行方式界面

3）输入、编辑 MDI 指令段，并按"Enter"键。

4）选择"自动"或"单段"运行方式。

5）按 循环启动 运行 MDI 指令段。

6）按 F7 键停止当前正在运行的 MDI 指令段。

二、FANUC 0i 数控系统的 MDI 方式操作

1）选择 MDI 方式。

2）按下 MDI 面板上的 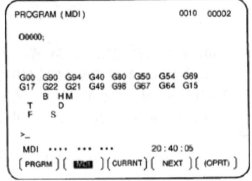 功能键选择程序界面，系统会自动加入程序号 O×××××，如图 9-15 所示。

3）编制一个要执行的程序，并输入、编辑。在程序段的结尾可以加上 M99，以在执行完毕后返回到程序头。

4）为了执行程序，须将光标移动到程序头（从中间点启动执行也是可以的）。按下操作面板上的循环启动按钮。

5）按下操作面板上的进给暂停开关，可以在中途中停止 MDI 操作。

6）按下 MDI 面板上的 键，结束 MDI 操作。

图 9-15　FANUC 0i 数控系统的 MDI 运行方式界面

三、SINUMERIK 802D 数控系统的 MDA 方式操作

1）按 键，选择 MDA 运行方式，如图 9-16 所示。

2）通过操作面板输入、编辑程序段。

3）按数控启动键 ，执行输入的程序段。

4）按数控停止键 ，结束 MDI 操作。

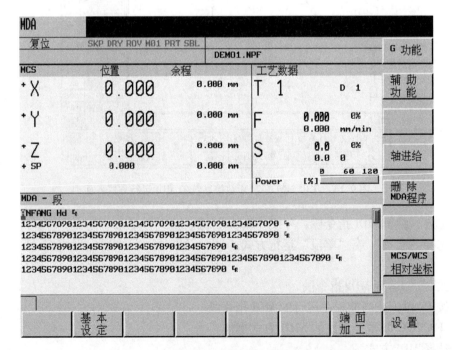

图 9-16　SINUMERIK 802D 系统 MDA 运行方式界面

第四节 程序编辑与自动加工

一、华中 HNC –21M 数控系统

1. 选择、编辑程序

1）在软件主操作界面下，按 F2 键进入编辑功能子菜单，如图 9-17 所示。

2）在编辑功能子菜单下按 F2 键，弹出图 9-18 所示的选择编辑程序菜单。

3）移动光标，选择"磁盘程序"（或按 F1），按 Enter 键，弹出图 9-19 所示对话框。

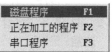

图 9-17 华中 HNC –21M 系统的编辑功能子菜单　　　　图 9-18 选择编辑程序菜单

用 Tab 键、Enter 键及光标移动键选中想要编辑的磁盘程序的路径和名称就可以打开原有文件。若在"文件名"栏中输入新文件名，将建立一个 0 字节的程序。

注意：

1）文件名一般由字母"O"或符号"%"开头，后跟四个（或多个）数字。

2）华中 HNC –21M 数控系统扩展了标识零件程序文件的方法，可以使用任意 DOS 文件名（如 Mypart. 001、O1234 等）。

3）当新建或打开程序后，就可以输入、编辑当前程序了。

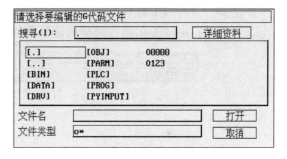

图 9-19 选择程序对话框

2. 程序输出方法

当程序编辑完成后，可以将程序保存在磁盘中或通过 RS-232 串口传送到上位计算机中。

3. 选择运行程序

在主菜单下按 F1 键进入程序运行子菜单，如图 9-20 所示。在程序运行子菜单下按"F1"键，将弹出图 9-21 所示的选择运行程序子菜单（按"Esc"键可取消该菜单），并选择运行程序。

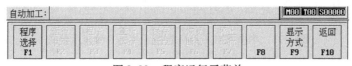

图 9-20 程序运行子菜单

4. 程序校验

程序校验用于对调入加工缓冲区的零件程序进行校验，并提示可能的错误。以前未在机床上运行的新程序在调入后最好先进行校验运行，校验正确无误后再启动自动运行。程序校

验运行的操作步骤如下：

1）选择要校验的加工程序。

2）按机床控制面板上的  自动 按键，进入程序运行方式。

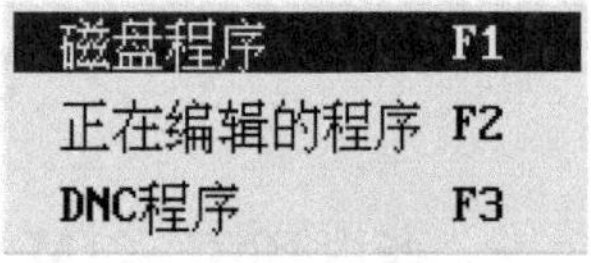

3）在程序运行子菜单下，按 F3 键，此时软件操作界面的工作方式显示改为"校验运行"。

磁盘程序	F1
正在编辑的程序	F2
DNC程序	F3

图 9-21　选择运行程序子菜单

4）选择"自动"或"单段"运行方式。

5）按机床控制面板上的  循环 启动 按键，程序校验开始。

6）若程序正确，校验完后，光标将返回到程序头，且软件操作界面的工作方式显示改回为"自动"；若程序有错，命令行将提示程序的哪一行有错。

注意：

1）校验运行时机床不动作。

2）为确保加工程序正确无误，请选择不同的图形显示方式来观察校验运行的结果。在一般情况下（除编辑功能子菜单外）按 F9 键将弹出图 9-22 所示的显示方式菜单。按"F6"键，弹出有 8 种显示模式，如图 9-23 所示。

显示模式	F6
显示值	F7
坐标系	F8
图形显示参数	F9
相对值零点	F10

图 9-22　显示方式菜单

① 正文：当前加工的 G 代码程序。

② 大字符：由"显示值"菜单所选显示值的大字符。

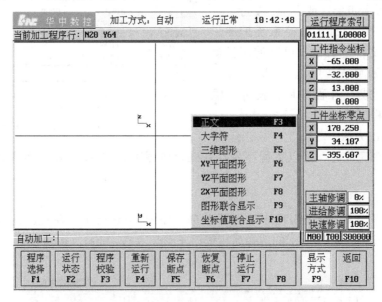

图 9-23　华中 HNC – 21M 数控系统的 8 种显示模式

③ 三维图形：当前刀具轨迹的三维图形。

④ XY 平面图形：刀具轨迹在 XY 平面上的投影（主视图）。

⑤ YZ 平面图形：刀具轨迹在 YZ 平面上的投影（正视图）。

⑥ ZX 平面图形：刀具轨迹在 ZX 平面上的投影（侧视图）。

⑦ 图形联合显示：刀具轨迹的所有三视图及三维图形。

⑧ 坐标值联合显示：指令坐标、实际坐标、剩余进给。

5. 自动加工

系统调入零件加工程序，经校验无误后，可正式启动运行。

1）选择运行程序。

2）按一下机床控制面板上的 [自 动] 按键（指示灯亮）进入程序运行方式。

3）按一下机床控制面板上的 [循环 启动] 按键（指示灯亮），机床开始自动运行调入的零件加工程序。

在自动加工过程中，根据需要可以进行暂停、终止、重新运行等控制。

二、FANUC 0i 数控系统

1. 程序录入

1）将模式旋钮置于"EDIT"位置，进入编辑方式。

2）按下 [PROG] 键，弹出图 9-24 所示的界面。

3）按下 [O P] 键，并输入程序号。

4）按下 [INSERT] 键，开始输入程序。输入程序时，每次可以输入一个代码。用 [EOB E] 键结束一行的输入后换行，再继续输入。

5）程序编辑操作：[CAN] 键用于删除输入域内的数据；按 [DELETE] 键，删除光标所在的代码；按 [INSERT] 键，把输入域内的内容插入到光标所在代码后面；按 [ALTER] 键，用输入域内的内容替代光标所在的代码。

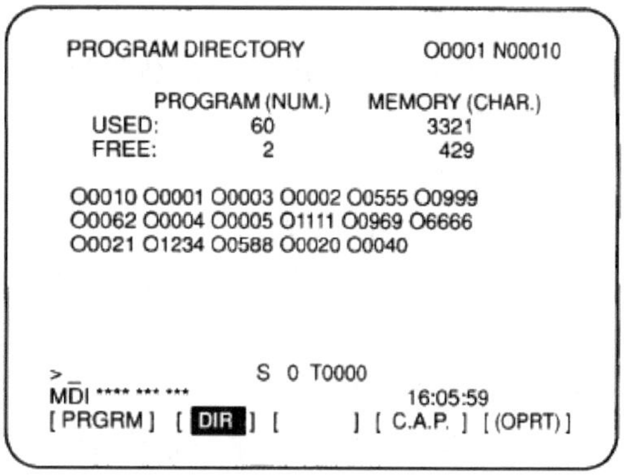

2. 程序输出方法

（1）设置输入/输出相关的参数。

1）按下 [SYSTEM] 键。

2）按下最右边的软键 [▷]（下一菜单键）若干次。

3）按下软键 [ALL　IO]，显示图 9-25 所示界面。

4）按下与所需数据类型相关的软键。

5）设定与使用的输入/输出设备相应的参数。

（2）程序输出

1）按屏幕上的 [PRGRM] 软键。

2）选择 EDIT 方式显示程序目录。

```
PROGRAM DIRECTORY            O0001 N00010

          PROGRAM (NUM.)    MEMORY (CHAR.)
   USED:       60                3321
   FREE:        2                 429

O0010 O0001 O0003 O0002 O0555 O0999
O0062 O0004 O0005 O1111 O0969 O6666
O0021 O1234 O0588 O0020 O0040




>_                       S  0 T0000
MDI **** *** ***              16:05:59
[PRGRM] [ DIR ] [      ] [ C.A.P. ] (OPRT)
```

图 9-24　FANUC 0i 数控系统的程序目录

3）按下软键 [（OPRT)]，显示 9-26 所示的程序目录。

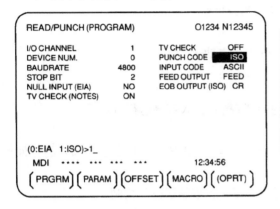

图 9-25 程序输入/输出参数的设置界面   图 9-26 程序目录

注意：程序目录仅在 EDIT 方式下显示，在其他方式下显示"ALL IO"界面。

4）输入地址 0 和程序号。

5）按下软键 [PUNCH] 和 [EXEC]。

要取消输出，按软键 [CAN]，要在输出执行完之前停止输出，按下软键 [STOP]。

3. 刀具加工路径的模拟方法

将机床操作面板上的"机床锁住"开关置于"ON"位置，刀具不再移动，但是显示器上沿每一轴运动的位移在变化，可以从坐标值的变化或图形显示判断刀具加工路径是否正确。"图形显示"的步骤如下：

1）按 CUSTOM GRAPH 键。图形显示参数设置界面如图 9-27 所示。

2）参数设定。

3）按 [GRAPH] 键。

4）启动自动运行，显示刀具加工路径。

4. 自动加工

1）选择运行程序。

2）按下操作面板上的循环起动按钮。

3）在自动运行中可以停止或者取消运行。

① 停止运行。按下机床操作面板上的进给

暂停按钮。若再按下循环启动按钮，会重新启动机床的自动运行。

② 终止存储器运行。按下 MDI 面板上的 [RESET] 键，自动运行被终止并进入复位状态。

三、SINUMERIK 802D 数控系统

1. 打开原有文件

1）按 PROGRAM MANAGER 键，打开程序管理器，以列表形式显示零件程序或循环目录，如图 9-28 所示。

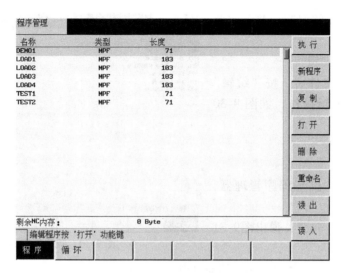

图 9-28　零件程序或循环目录

2）按光标移动键，将光标移动到要选择的程序上，按"打开"软键，可以打开原有的程序；按照软键的提示，也可以对程序进行操作。

2. 输入新程序

1）按 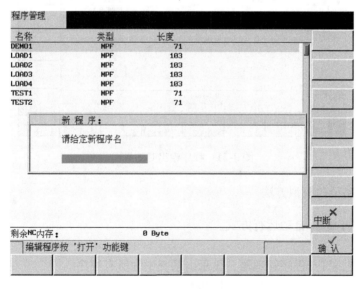 键，打开程序管理器。

2）按"新程序"软键，弹出图 9-29 所示界面。

图 9-29　创建新程序界面

3）输入新文件名。主程序扩展名 .MPF 可以自动输入，而子程序扩展名 .SPF 必须与文件名一起输入。

4）按"确认"键接收输入，生成新程序文件。现在就可以对新程序进行编辑了。按

"中断"键中断程序的编制，并关闭此窗口。

3. 零件程序的编辑

打开或建立新文件后，按"编辑"键，对程序进行编辑操作，如图9-30所示。

4. 程序输出方法

1）按 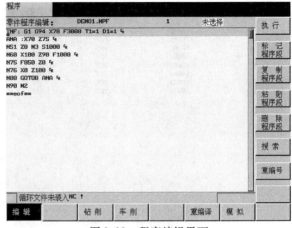 键，打开程序管理器，进入 NC 程序主目录。

图9-30　程序编辑界面

2）按"读出"软键，弹出图9-31所示的界面。

3）按"全部文件"软键，选择所有文件。

4）按"启动"软键，启动数据输出。在传输过程中，可以按"停止"键中断传输过程。

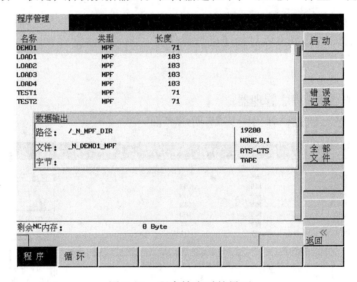

图9-31　程序输出时的界面

5. 刀具加工路径的模拟方法

1）按 键，选择自动运行方式。

2）按 键，打开程序管理器，显示出系统中的所有程序。

3）按光标移动键，将光标移至指定的程序上。

4）按"执行"键，选择待模拟的程序。

5）按"模拟"软键，屏幕显示初始状态，如图9-32所示。

6）按 键，开始模拟所选择的零件程序。在模拟过程中，可以利用软键改变显示参数。

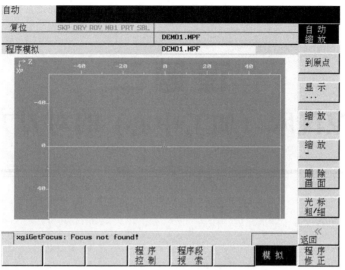

图 9-32　刀具加工路径的模拟界面

6. 自动加工

1）按 ![→] 键，选择自动运行方式。

2）按 [PROGRAM MANAGER] 键，打开程序管理器，显示出系统中的所有程序。

3）按光标移动键，将光标移至指定的程序上。

4）按"执行"键，选择待加工的程序。一定要检查"程序名"下显示的是否为所需的程序名。

5）如果有必要，按"程序控制"键可以确定程序的运行状态。

6）按 ![◇] 键，执行零件加工程序。屏幕显示如图 9-33 所示。

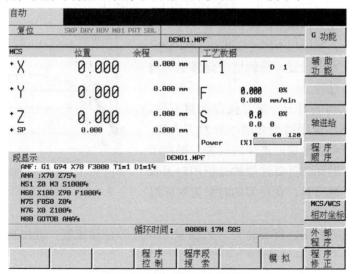

图 9-33　自动加工时的界面

课题二
数控铣床（加工中心）的对刀方法

【学习目的】

掌握试切法对刀的原理与方法；掌握分别用 G54、G92 编程的对刀方法。

【学习重点】

试切法对刀的方法；分别用 G54、G92 编程的对刀方法。

编写程序是根据工件坐标系定义的，所以应当联系机床来确定工件的准确位置（原点）。加工工件时，工件必须找正、夹紧在机床上，如图 10-1 所示。

工件装夹后，在坐标轴上产生机床零点与工件零点的坐标偏移量，可以用 G54 ~ G59 或 G92 指令对工件坐标系进行零点设置，得到这个偏移量的过程就是所谓的对刀过程。

对刀方法有试切法对刀、对刀仪自动对刀等。试切法对刀是实际中应用得最多的一种对刀方法。对刀仪自动对刀可免去测量时产生的误差，提高了对刀精度并节约了时间。需要注意的是使用对刀仪对刀一般都设有标准刀具，在对刀的时候先对标准刀具。

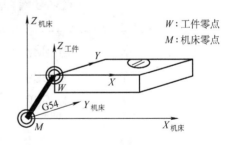

图 10-1　机床坐标系与工件坐标系

无论用哪种对刀方法，都要将对刀数据输入相应的存储位置，或用指令设定工件坐标系。

下面介绍用试切法对刀，分别用 G54、G92 编程设定工件坐标系。

第一节　用 G54 编程的对刀方法

一、对刀过程及计算方法

1）准备好基准刀具（假设刀具的直径为 d）。

2）把工件固定在工作台面上。

3）转动面铣刀（基准刀），分别从 X 轴和 Y 轴中的任何一个的负方向移动刀具，让刀具轻微接触工件左侧和前侧，并记录 X 轴和 Y 轴坐标值。

4）将刀具位于工件上表面，轻微接触工件上表面，记录 Z 轴坐标值。

5）工件坐标系原点坐标计算。

① 以工件的前、左、上角为原点，如图 10-2 所示。

$$X_0 = X + d/2$$
$$Y_0 = Y + d/2$$
$$Z_0 = Z$$

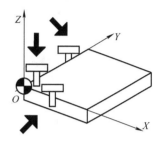

式中　X_0、Y_0、Z_0——工件坐标系原点坐标值；

　　　X、Y、Z——机床坐标系坐标值；

　　　d——刀具的直径（mm）。

图 10-2　以工件的前、左、上角为原点

② 以工件的左上方对称中心为原点，如图 10-3 所示。

$$X_0 = X + d/2 + A/2$$
$$Y_0 = Y + d/2 + B/2$$
$$Z_0 = Z$$

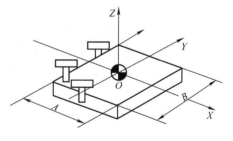

式中　X_0、Y_0、Z_0——工件坐标系原点坐标值；

　　　X、Y、Z——机床坐标系坐标值；

　　　d——刀具的直径（mm）；

　　　A、B——工件尺寸（mm）。

图 10-3　以工件的左上方对称中心为原点

根据实际加工的需要，工件坐标系原点也可以选择在其他位置，计算方法也可以灵活使用。

在上面，刀具与工件相接触的左边、前边、上边用于确定工件坐标系在机床坐标系中位置的基准点，称为对刀点。对刀点可选在工件上或装夹定位元件上，但对刀点与工件坐标点必须有准确、合理、简单的位置对应关系，方便计算工件坐标点在机床上的位置（工件坐标点的机床坐标）。对刀点最好能与工件坐标系原点重合。

加工中心有刀库和自动换刀装置，根据程序的需要可以自动换刀，自动换刀的位置称为换刀点。换刀点应在换刀时工件、夹具、刀具、机床相互之间没有任何碰撞和干涉的位置上。加工中心的换刀点往往是固定的。

二、坐标系数据设置

1. 华中 HNC-21M 数控系统

1）在软件操作界面下，按 F4 键进入 MDI 功能子菜单，如图 10-4 所示。

2）按 F3 键进入坐标系手动数据输入方式，图形显示窗口首先显示 G54 坐标系数据，如图 10-5 所示。

3）按 Pgdn 或 Pgup 键，选择要输入的数据类型。

4）在命令行输入所需数据，并按 Enter 键。

5）若输入正确，图形显示窗口相应位置将显示修改过的值，否则原值不变。

图 10-4　MDI 功能子菜单

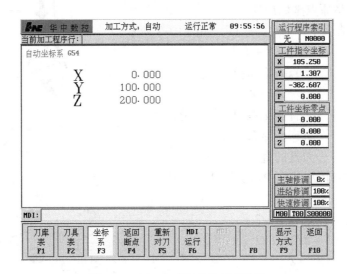

图 10-5　MDI 方式下的坐标系设置

2. FANUC – 0i 数控系统

1）按下功能键 OFFSET SETTING。

2）按下章节选择键 ［WORK］，显示工件坐标系设定界面，如图 10-6 所示。

3）按下换页键 PAGE↑ 或 PAGE↓ 选择所要输入的坐标系（G54 ~ G59）。

4）关掉数据保护键，使得可以写入。

5）将光标移动到想要改变的工件原点偏移值上。

6）通过数字键输入数值，然后按下软键 ［INPUT］，输入的数据就被指定为工件原点偏移值。

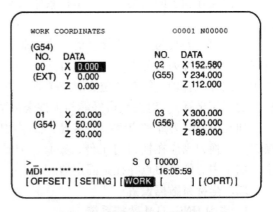

图 10-6　工件坐标系设定界面

7）打开数据保护键，禁止写入。

3. SINUMERIK-802D 系统

1）按 ![PAGE] 键和"零点偏移"软键可以选择零点偏置。界面显示如图 10-7 所示。

2）按光标方向键，把光标移到待修改的地方。

3）输入零点偏置的数值。

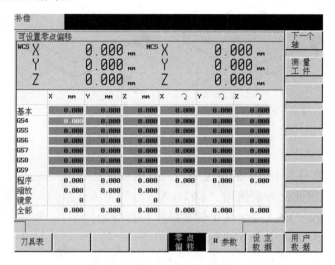

图 10-7　可设置零点偏置界面

第二节　用 G92 编程的对刀方法

除了用 G54 编程来设定工件坐标系外，也可以用 G92 指令来设定工件坐标系。

如图 10-8 所示，命令的意思是："当前刀具的位置是在工件坐标系里 X300、Y200、Z150 处。"

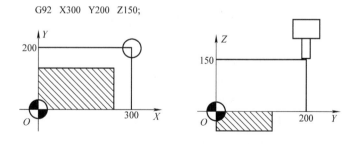

图 10-8　刀具的位置与工件坐标系的关系

这样我们就用指令段"G92　X300　Y200　Z150；"设定了工件坐标系。

在下面的例子里，工件坐标系的原点是按如下的方法设置的：

1）准备好基准刀具。基准刀具若有预先测量好的标准长度，可以把该长度值考虑为 0。常把面铣刀用作基准刀具。

2）把工件固定在工作台面上。

3）转动面铣刀（基准刀），分别从 X 轴和 Y 轴中的任何一个的负方向移动，让刀具轻微接触工件左侧和前侧，如图 10-9 所示。

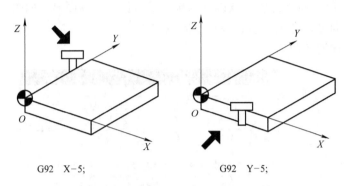

G92　X−5;　　　　　　　　　　　G92　Y−5;

图 10-9　让刀具轻微接触工件左侧和前侧

4）在面铣刀的直径为 10mm 的情况下，刀具的位置是 $(X-5, Y-5)$ 点。因此，分别使用"G92　X−5;"（从 X 轴接触时）和"G92　Y−5;"（从 Y 轴接触时）指令段，这样就设置了工件坐标系的 X 和 Y 坐标。

5）为了设置 Z 轴，把刀具的边缘接近工件的上表面（Z0 点），同时转动基准刀具。在这种 Z0 的情况下，执行"G92　Z0;"指令段，这样就设置了工件坐标系的 Z 轴，如图 10-10 所示。

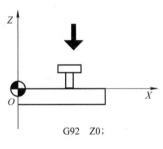

G92　Z0;

图 10-10　设置 Z 轴

注意：

1）设置坐标系的命令必须用单一的程序段发出。

2）在刀具偏置命令生效的状态下，用 G92 对坐标系赋值，前面刀具偏置位置成为 G92 命令给出的位置。

第三节　质 量 控 制

一、在对刀操作过程中需注意的问题

1）根据加工要求采用正确的对刀工具，控制对刀误差。

2）在对刀过程中，可通过改变微调进给量来提高对刀精度。

3）对刀时需小心谨慎操作，尤其要注意移动方向，避免发生碰撞危险。

4）对刀数据一定要存入与程序对应的存储地址，防止因调用错误而产生严重后果。

二、刀具补偿值的输入和修改

根据刀具的实际尺寸和位置，将刀具半径补偿值和刀具长度补偿值输入与程序对应的存储位置。

需注意的是，补偿的数据正确性、符号正确性及数据所在地址正确性都将影响到加工。如果不正确，半导致撞车的危险或工件报废。

课 题 三
刀具的半径补偿及长度补偿功能的用法

【学习目的】

　　掌握刀具的半径补偿及长度补偿功能的原理和方法，并能正确熟练地进行刀具数据的设置。

【学习重点】

　　刀具的半径补偿及长度补偿功能的原理、方法和刀具数据的设置。

第一节　刀具的半径补偿功能的用法

　　在编写程序时，都是以刀具端面中心点为刀尖点，以此点沿工件轮廓铣削，忽略了刀具的直径。但是铣刀有一定的直径，所以以此方式实际铣削的结果是，外形尺寸会减少一个铣刀直径值；内形尺寸会增加一个铣刀直径值，如图11-1所示。

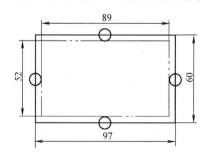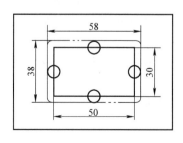

图11-1　忽略刀具直径加工时的实际效果

为了加工出正确的尺寸，必须把刀具向左或向右偏移一个刀具半径值。可以利用刀具的半径补偿功能，系统会自动地由编程给出的路径和设置的刀具偏置值，计算出补偿了的路径。也就是说，不必考虑刀具直径，就能够根据工件形状编制加工程序，大大地提高了编写程序时的方便性，如图11-2所示。

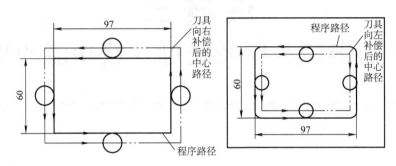

图11-2 刀具的半径补偿功能

1）刀具半径补偿指令。

G40：取消刀具半径补偿。

G41：刀具半径左补偿。

G42：刀具半径右补偿。

2）刀具半径补偿方向的判别。站在编程路径上，向铣削前进方向看，铣刀应向左补偿的，用G41指令；铣刀应向右补偿的，用G42指令。

指令格式：

$$\begin{Bmatrix} G41 \\ G42 \end{Bmatrix} \begin{Bmatrix} G00 \\ G01 \end{Bmatrix} X\underline{\quad} \quad Y\underline{\quad} \quad H（或D）\underline{\quad};$$

说明：

X、Y：刀具移动至工件轮廓上点的坐标值；

H（或D）：刀具半径补偿寄存器地址符，寄存器存储刀具半径补偿值。

例如D11，表示刀具半径补偿号为11。若11的数据是4.0，表示铣刀半径补偿值为4.0mm。执行G41或G42指令时，系统会到D所指定的刀具补偿号内读取刀具补偿值，刀具会自动地向左或向右偏移4.0mm。

当利用刀具的半径补偿功能加工时，数控系统有时会发出过切报警。为何会产生过切现象呢？主要有以下几种情况：

1）直线移动量小于铣刀半径，如图11-3所示。

2）斜沟槽底部移动量小于铣刀半径，如图11-4所示。

3）内侧圆弧半径小于铣刀半径，如图11-5所示。

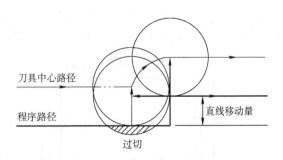

图11-3 直线移动量小于铣刀半径时的过发现象

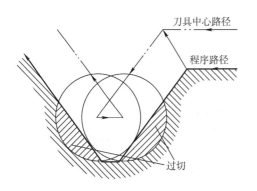

图 11-4 斜沟槽底部移动量小于铣刀 半径时的过切现象

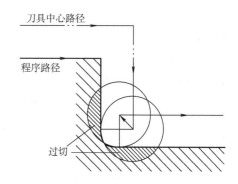

图 11-5 内侧圆弧半径小于铣刀 半径时的过切现象

第二节 刀具的长度补偿功能的用法

　　首先用一把铣刀作为基准刀，并利用工件坐标系的 Z 轴，把它定位在工件表面上，其位置设置为 $Z0$。请记住，如果程序所用的刀具较短，那么在加工时刀具不可能接触到工件，即便机床移动到位置 $Z0$。反之，如果刀具比基准刀具长，有可能引起与工件碰撞损坏机床，如图 11-6 所示。

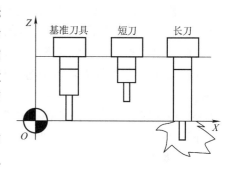

　　为了防止出现这种情况，可以利用长度偏置功能，即把每一把刀具与基准刀具的相对长度差输入刀具偏置内存，并在程序里执行刀具长度偏置功能。

图 11-6 刀具的长度不同对加工的影响

一、长度偏置指令

G43：刀具长度正向补偿。把指定的刀具偏置值加到命令的 Z 坐标值上。

G44：刀具长度负向补偿。把指定的刀具偏置值从命令的 Z 坐标值上减去。

G49：取消刀具长度补偿。

格式：

$$\left\{ \begin{matrix} G43 \\ G44 \end{matrix} \right\} \quad Z\underline{\quad} \quad H\underline{\quad} ;$$

说明：

H：刀具长度补偿号。

　　在设置偏置的长度时，使用正/负（+/－）号。如果改变了正/负符号，G43 和 G44 在执行时会反向操作。因此，该命令有各种不同的表达方式。举例如图 11-7 所示。

G00　Z0；

G00　G43　Z0　H01；

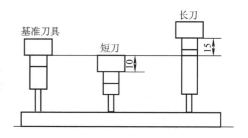

图 11-7 刀具的长度补偿

G00　G43　Z0　H03；

或者

G00　Z0；

G00　G44　Z0　H02；

G00　G44　Z0　H04；

表 11-1　刀具偏置赋值

偏置刀具序号	刀具偏置赋值
No. 01	−10
No. 02	+10
No. 03	+15
No. 04	−15

二、度量刀具长度的步骤

1）把工件放在工作台面上。

2）调整基准刀具轴线，使它接近工件表面。

3）换上要度量的刀具，把该刀具的前端调整到工件表面上。

4）此时把 Z 轴的相对坐标系的坐标值作为刀具偏置值输入内存。

通过这么操作，如果刀具短于基准刀具，偏置值被设置为负值；如果长于基准刀具，则为正值。

G43、G44 或 G49 命令是"模态命令"。G43 或 G44 命令在程序里紧跟在刀具更换之后发出；而 G49 命令应在该刀具作业结束后，更换刀具之前发出。

三、注意事项

1）在用"G43（G44）H"或者用 G49 命令的指派来省略 Z 轴移动命令时，偏置操作就会像"G00　G91　Z0"命令指派的那样执行。也就是说，用户应小心谨慎，因为它就像有刀具长度偏置值那样移动。

2）用户除了能够用 G49 命令来取消刀具长度补偿外，还能够用偏置号码 H0 的设置（G43/G44　H0）来获得同样的效果。

3）若在刀具长度补偿期间修改偏置号码，先前设置的偏置值会被新近赋予的偏置值替换。

第三节　刀具数据设置

一、华中 HNC–21M 数控系统

1）在软件操作界面下，按 F4 键进入 MDI 功能子菜单，如图 11-8 所示。

图 11-8　MDI 功能子菜单

2）按 F1 键进入刀库设置窗口，如图 11-9 所示。

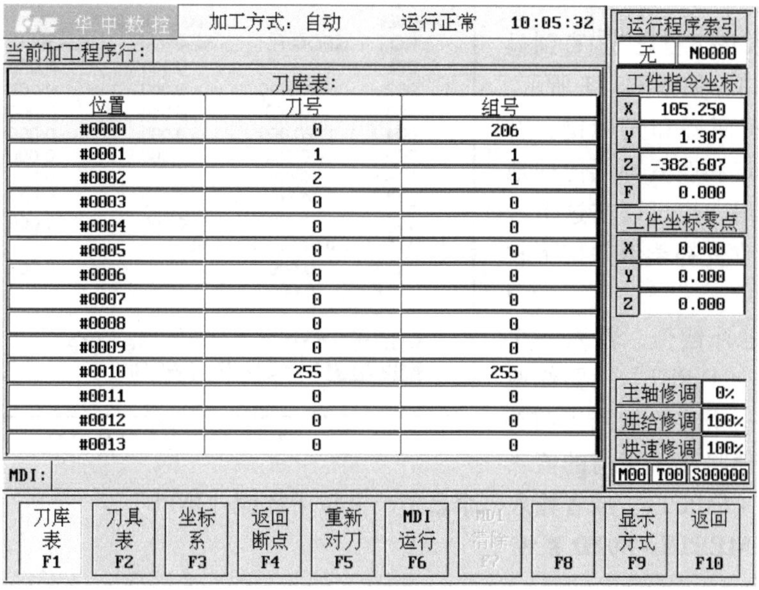

图 11-9 刀库设置窗口

3）在 MDI 功能子菜单下，按 F2 键进入刀具设置窗口，如图 11-10 所示。

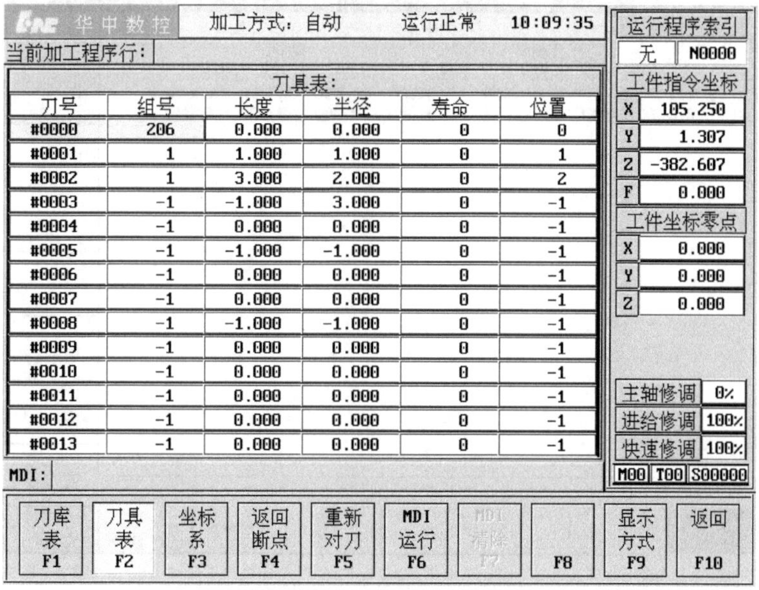

图 11-10 刀具设置窗口

二、FANUC－0i 数控系统

1）按下功能键 [OFFSET SETTING]。

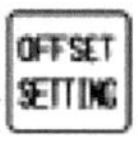

2）按下章节选择键〔OFF SET〕或者多次按下键 OFFSET/SETTING 直到显示刀具补偿窗口，如图 11-11 所示。

3）通过页面键和光标键，将光标移到要设定和改变补偿值的地方输入补偿号码，也可以在这个号码中设定或者改变补偿值并按下软键〔NO. SRH〕。

4）要设定补偿值，输入一个值并按下软键〔INPUT〕；要修改补偿值，输入一个将要加到当前补偿值的值（负值将减小当前的值），并按下软键〔+INPUT〕。或者输入一个新值，并按下软键〔INPUT〕。

OFFSET		O0001 N00000		
NO.	GEOM(H)	WEAR(H)	GEOM(D)	WEAR(D)
001		0.000	0.000	0.000
002	-1.000	0.000	0.000	0.000
003	0.000	0.000	0.000	0.000
004	20.000	0.000	0.000	0.000
005	0.000	0.000	0.000	0.000
006	0.000	0.000	0.000	0.000
007	0.000	0.000	0.000	0.000
008	0.000	0.000	0.000	0.000

ACTUAL POSITION (RELATIVE)

X 0.000 Y 0.000
Z 0.000

\>
MDI **** *** ***   16:05:59
[OFFSET] [SETING] [WORK] [   ] [(OPRT)]

图 11-11　刀具补偿窗口

三、SINUMERIK – 802D 系统

1）按下功能键 OFFSET/PARAM ，打开刀具补偿参数窗口，如图 11-12 所示，显示所使用的刀具清单。

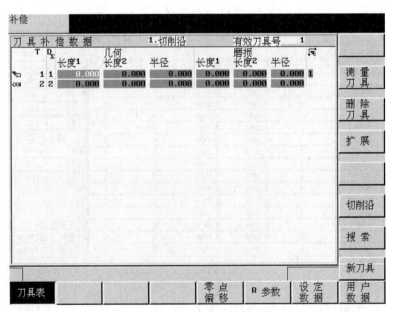

图 11-12　刀具补偿参数窗口

2）将光标移至所选的位置，输入数值。

3）按输入键 INPUT 确认，或移动光标。对于一些特殊刀具，可以使用键 扩展 ，填入全套参数。

课 题 四
数控铣床常用刀具、夹具和量具的使用

一、常用刀具的种类和功用

1. 刀柄

数控铣床和加工中心使用的刀具通过刀柄与主轴相连，刀柄通过拉钉和主轴内的拉刀装置固定在轴上，由刀柄夹持传递速度和转矩。数控铣床刀柄一般采用 7:24 锥面与主轴锥孔配合定位，这种锥柄不自锁，换刀方便，与直柄相比有较高的定心精度和刚度。数控铣床的通用刀柄分为整体式和组合式两种。为了保证刀柄与主轴的配合与连接，刀柄与拉钉的结构和尺寸均已标准化和系列化，尤其是加工中心所用刀柄，如美国的代号 CAT、日本的代号 BT 和我国的代号 JT 等。TSG 工具系统刀具柄部的形式和尺寸代号见表 12-1。

表 12-1　TSG 工具系统刀具柄部的形式和尺寸代号

柄部的形式		柄部的尺寸	
代号	代号意义	代号含义	举例
BT	7:24 锥度的锥柄，柄部带机械手夹持槽	ISO 锥度号	BT40
JT	加工中心用锥柄，柄部带机械手夹持槽	ISO 锥度号	JT50
ST	一般数控机床用锥柄，柄部无机械手夹持槽	ISO 锥度号	ST40
MTW	无扁尾莫氏锥柄	莫氏锥度号	MTW3
MT	有扁尾莫氏锥柄	莫氏锥度号	MT1
ZB	直柄接杆	直径尺寸	ZB32
KH	7:24 锥度的锥柄接杆	锥柄的锥度号	KH45

常用的刀柄和夹簧如图 12-1 所示，常用的拉钉如图 12-2 所示。

图 12-1　常用的刀柄和夹簧　　　　　图 12-2　常用的拉钉

2. 数控铣削刀具

与普通铣床的刀具相比较，数控铣床和加工中心用的刀具制造精度更高，要求高速、高效率加工，刀具使用寿命更长。其刀具的材质选用高强韧性高速钢、硬质合金、立方氮化硼、人造金刚石等，高速钢、硬质合金采用 TiC 和 TiN 涂层及 TiC-TiN 复合涂层来提高刀具使用寿命。在结构形式上，采用整体硬质合金或使用可转位刀具技术。

常见的数控铣削刀具如图 12-3 所示。数控铣刀种类和尺寸一般根据加工表面的形状特点和尺寸来选择，具体见表 12-2。

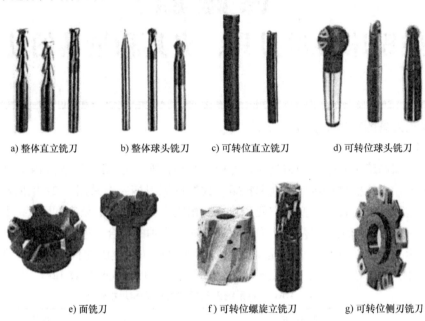

| a) 整体直立铣刀 | b) 整体球头铣刀 | c) 可转位直立铣刀 | d) 可转位球头铣刀 |

| e) 面铣刀 | f) 可转位螺旋立铣刀 | g) 可转位侧刃铣刀 |

图 12-3　常见的数控铣削刀具

表 12-2　铣削加工部位及所使用铣刀的类型

序号	加工部位	可使用铣刀类型	序号	加工部位	可使用铣刀类型
1	平面	可转位平面铣刀	9	较大曲面	多刀片可转位球头铣刀
2	带倒角的开敞槽	可转位倒角平面铣刀	10	大曲面	可转位圆刀片面铣刀
3	T 形槽	可转位 T 形槽铣刀	11	倒角	可转位倒角铣刀
4	带圆角的开敞深槽	加长柄可转位圆刀片铣刀	12	型腔	可转位圆刀片立铣刀
5	一般曲面	整体硬质合金球头铣刀	13	外形粗加工	可转位玉米铣刀
6	较深曲面	加长整体硬质合金球头铣刀	14	台阶平面	可转位直角平面铣刀
7	曲面	多刀片可转位球头铣刀	15	直角腔槽	可转位立铣刀
8	曲面	单刀片可转位球头铣刀			

在数控铣削加工中，由于加工对象复杂多变，刀具的结构、形式和尺寸也是多种多样的，常用的铣刀类型如图 12-4 所示。

铣削平面的铣刀有面铣刀、立铣刀、三面刃铣刀和圆柱铣刀等。面铣刀的刀齿通常由硬质合金制成，圆柱铣刀、三面刃铣刀等一般用高速钢制成，立铣刀多用高速钢，也有镶焊硬质合金的立铣刀。

（1）面铣刀　面铣刀有盘式面铣刀和套式面铣刀，分别如图 12-5a、b 所示。盘式面铣刀刀头为硬质合金，分为焊接式和机夹式，机夹式面铣刀现在多采用可转位不重磨刀片，如图 12-5c 所示，通常采用直角面铣刀杆，如图 12-5d 所示。

面铣刀可直接安装在立式铣床与卧式铣床主轴孔上进行铣削，其安装刚性好，刀盘上有

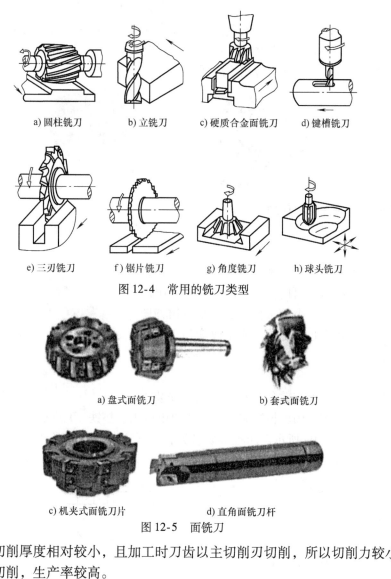

a) 圆柱铣刀　　b) 立铣刀　　c) 硬质合金面铣刀　　d) 键槽铣刀

e) 三刃铣刀　　f) 锯片铣刀　　g) 角度铣刀　　h) 球头铣刀

图 12-4　常用的铣刀类型

a) 盘式面铣刀　　　　　　b) 套式面铣刀

c) 机夹式面铣刀片　　　　d) 直角面铣刀杆

图 12-5　面铣刀

很多个刀头，切削厚度相对较小，且加工时刀齿以主切削刃切削，所以切削力较小，适于强力切削和高速切削，生产率较高。

面铣刀刀头分为焊接式与不重磨式，不重磨式铣刀头刀片的几何角度由刀盘与刀片在制造时确定，焊接式铣刀头需要操作者刃磨。

（2）立铣刀　立铣刀有直柄立铣刀和锥柄立铣刀两种，如图 12-6 所示。直柄立铣刀直径较小，一般在 $\phi16mm$ 以下。立铣刀材料有高速钢和硬质合金两种。立铣刀的刚性较差，加工的切削用量不宜选得过大，否则会产生振动或崩刃，甚至断刀。

新的立铣刀角度已成形，不用刃磨，经过使用磨损后，才要进行修磨，主要刃磨端头的几个主切削刃，刃磨时应注意各主切削刃的高低及后角大小一致。

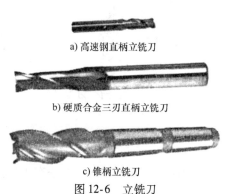

a) 高速钢直柄立铣刀

b) 硬质合金三刃直柄立铣刀

c) 锥柄立铣刀

图 12-6　立铣刀

（3）三面刃铣刀　三面刃铣刀一般用高速钢制成，有的镶焊硬质合金刀片，图 12-7 所示为镶硬质合金的三面刃铣刀。硬质合金三面刃铣刀耐磨性较好，故得到了广泛使用。

（4）圆柱铣刀　圆柱铣刀如图 12-8 所示，刀体全部由高速钢制成，加工时不宜选择太高的切削速度，所以效率较低，应用不广泛。

图 12-7　三面刃铣刀　　　　　图 12-8　圆柱铣刀

二、常用夹具的种类和功用

数控铣床和加工中心常用的夹具是机用虎钳、压板和组合夹具等。

1. 机用虎钳

机用平口钳如图 12-9a 所示，先找正钳口，再把工件装夹在平口钳上，这种方式装夹方便，应用广泛，适用于装夹形状规格小的工件。正弦平口钳如图 12-9b 所示，通过钳身上的孔及滑槽来改变角度，可用于斜面零件的装夹。

2. 压板

a) 机用平口钳　　　b) 正弦平口钳

图 12-9　机用虎钳

数控铣床工作台面上有数条 T 形槽，用于安装工件或夹具。在数控铣床上用压板装夹工件，主要由压板、垫铁、T 形螺栓（或 T 形螺母）及螺母等组成，如图 12-10a 所示。压板形状各异，可适应各种不同形状工件的装夹。其原理是杠杆作用，夹紧螺栓和工件的杠杆臂越短，则夹持力越大。必要时可增加辅助支承。

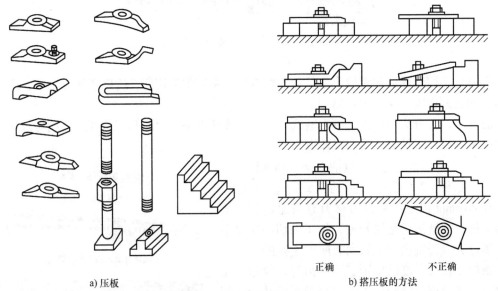

a) 压板　　　　　　　　　　　　b) 搭压板的方法

图 12-10　压板及其夹紧方式

使用压板时，压板的一端搭在工件上，另一端搭在垫铁上，垫铁的高度应等于或略高于工件被压紧部位的高度，压板螺栓应尽量靠近工件，这样可增大夹紧力，如图12-10b所示。为保证夹紧可靠，压板的数量一般不少于两块。

3. 组合夹具

组合夹具是一种标准化、系列化、通常化程度很高的工艺装备，目前在我国的工厂已经得到广泛的应用。组合夹具由一套预先制造的不同形状、不同规格、不同尺寸的标准元件及部件组装而成。

用孔系列组合夹具元件即可快速地组装成机床夹具。该系列元件结构简单，以孔定位，用螺栓连接，定位精度高，刚性好，组装方便。法兰盘在孔系组合夹具上装夹如图12-11所示。

图12-11　法兰盘在孔系组合夹具上装夹示意图

三、常用量具及其功用

数控铣削加工零件的检测，一般常规尺寸仍可使用普通的量具进行测量，如游标卡尺、内径百分表等，也可采用投影仪测量；而高精度尺寸、空间位置尺寸、复杂轮廓和曲面的检测只有采用三坐标测量仪来完成。

1. 游标卡尺

游标卡尺是一种常用量具，如图12-12所示。它能直接测量工件的外径、内径、长度、宽度、深度和孔距等，如图12-13所示。数控铣削加工测量常用的游标卡尺测量范围有 0～150mm、0～

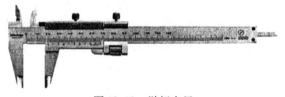

图12-12　游标卡尺

200mm和0～300mm等几种。按其分度值分，有1mm/10（0.1mm）、1mm/20（0.05mm）和1mm/50（0.02mm）三种，常用的是1mm/50（0.02mm）。

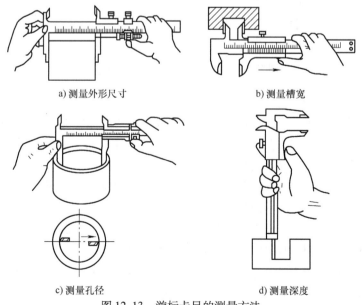

a)测量外形尺寸　　　　　　b)测量槽宽

c)测量孔径　　　　　　d)测量深度

图12-13　游标卡尺的测量方法

（1）游标卡尺的刻线原理 0.02mm 游标卡尺的刻线原理：尺身每 1 格长度为 1mm，游标总长度为 49mm，等分为 50 格，游标每格长度为 49mm/50 = 0.98mm，尺身 1 格和游标 1 格长度之差为 1mm – 0.98mm = 0.02mm，所以它的分度值为 0.02mm，如图 12-14 所示。

图 12-14　分度值为 0.02mm 游标卡尺的刻线原理

（2）游标卡尺的读数方法 用游标卡尺测量工件时，读数分三个步骤。

1）第一步：读出尺身上的整数尺寸，即游标零线左侧尺身上的毫米整数值。

2）第二步：读出游标上的小数尺寸，即找出游标上哪一条刻线与尺身上刻线对齐，该游标刻线的次序数乘以该游标卡尺的分度值，即得到毫米内的小数值。

3）第三步：把尺身和游标卡尺上的两个数值相加（整数部分和小数部分相加），就是测得的实际尺寸。

如图 12-15 所示为分度值为 0.02mm 游标卡尺读数举例。

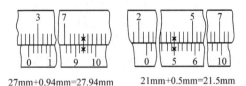

27mm+0.94mm=27.94mm　　21mm+0.5mm=21.5mm

图 12-15　分度值为 0.02mm 游标卡尺读数举例

（3）游标卡尺的使用 游标卡尺各部分名称及用途如图 12-16 所示。内测量爪用于测量孔径或槽宽，外测量爪用于测量外表面的长度，深度尺用于测量孔深和台阶长度。紧固螺钉用于测量后锁紧游标，防止读数变动。

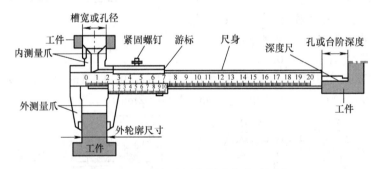

图 12-16　游标卡尺各部分名称及用途

（4）游标卡尺的测量方法 用外测量爪测量外表面的长度或外径时，轻微摆动尺身使卡尺的测量面与被测表面的素线平行，且拇指和食指轻推游标使卡尺的测量面与被测表面贴合。内测量爪用于测量槽宽或孔径时，尺身与被测要素应垂直，且测量爪与被测要素平行，拇指和食指轻拉游标卡尺的测量面与被测表面贴合。

用深度尺测量孔深或台阶长度时，尺身端面贴平被测要素端平面，使深度尺与被测长度方向平行，轻推游标使深度尺端面与台阶面重合。

为了防止测量读数变动，先把紧固螺钉拧紧，再将游标卡尺慢慢移出工件，然后读取读数。测量时应避免图 12-17 所示的几种不正确状况出现。

（5）游标卡尺的读数方法 图 12-18a 所示为 0.02mm 游标卡尺的读数，先读出基线所对尺身上的整数为 42mm，再加游标上的小数为 0.22mm（对齐线为第 11 条），最终读数应

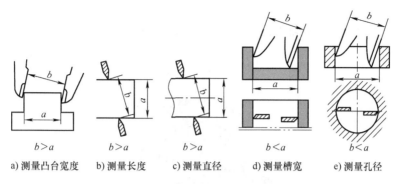

a) 测量凸台宽度　　b) 测量长度　　c) 测量直径　　d) 测量槽宽　　e) 测量孔径

图 12-17　游标卡尺错误测量举例

为 42mm + 0.22mm = 42.22mm。同理，图 12-18b 所示游标卡尺的最终读数应为 49mm + 0.74mm = 49.74mm。

（6）使用游标卡尺的注意事项

1）游标卡尺使用完毕后，用棉纱擦拭干净。长期不用时应将它擦上润滑脂或润滑油，将两测量爪合拢并拧紧紧固螺钉，放入卡尺盒内盖好。

2）游标卡尺是精密的测量工具，要轻拿轻放，不得碰撞或跌落地下。使用时不得用它来测量表面粗糙的物体，以免损坏测量爪，不用时应将其置于干燥的地方，防止锈蚀。

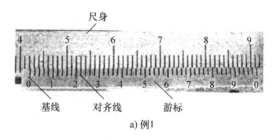

a) 例1

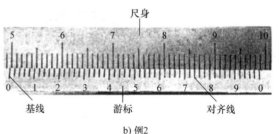

b) 例2

图 12-18　游标卡尺的读数

3）测量时，应先拧松紧固螺钉，移动游标时不能用力过猛。两测量爪与待测物体的接触不宜过紧。不能使被夹紧的物体在测量爪内挪动。

4）读数时，视线应与尺面垂直。如需固定读数，可用紧固螺钉将游标固定在尺身上，防止滑动。

2. 游标深度卡尺与游标高度卡尺

图 12-19 所示是用于测量深度与高度的游标卡尺，其读数原理与游标卡尺相同。游标高度卡尺除了用于测量工件的高度外，还用于工件的划线。

3. 游标万能角度尺

游标万能角度尺是用来测量工件和样板的内、外角度及角度划线的量具。其分度值有 2′ 和 5′ 两种，测量范围为 0°~320°，如图 1-20 所示。

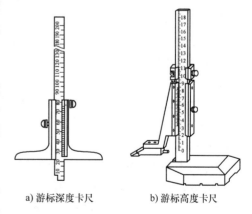

a) 游标深度卡尺　　b) 游标高度卡尺

图 12-19　游标深度卡尺与游标高度卡尺

游标万能角度尺测量不同范围角度的方法，分 4 种组合方式，测量角度分别是 0° ～ 50°、50° ～ 140°、140° ～ 230° 和 230° ～ 320°，如图 12-20 所示。

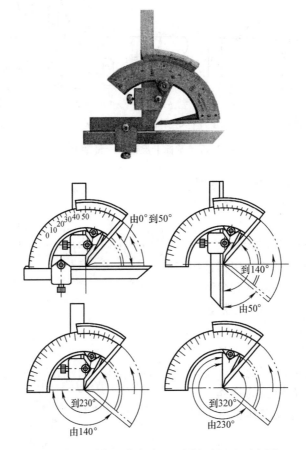

图 12-20   游标万能角度尺不同角度组合示意图

利用扇形角度尺的尺身、游标尺配合角尺和直尺测量外角 α，如图 12-21a 所示；利用尺身、游标尺配合角尺测量外角 α，如图 12-21b 所示；利用尺身和游标尺测量燕尾槽内角，如图 12-21c 所示；测量外角如图 12-21d 所示。

游标万能角度尺的使用方法比较简单，让固定尺和直尺的测量面都与被测量表面接触良好，即能得到角度数值。

4. 千分尺

千分尺是最常用的精密量具之一，按其用途不同可分为外径千分尺（图 12-22a）、内径千分尺（图 12-22b）、深度千分尺（图 12-22c）和螺纹千分尺（用于测量螺纹中径，如图 12-22d所示）。

千分尺主要用于精密测量工件的外形、内径、槽宽、深度和螺纹等，如图 12-23 所示。千分尺的分度值为 0.01mm，外径千分尺的规格按测量范围分有 0 ～ 25mm、25 ～ 50mm、50 ～ 75mm、75 ～ 100mm、100 ～ 125mm 等，使用时根据被测工件的尺寸选用。

千分尺的制造等级分为 0 级和 1 级两种，0 级精度高，1 级稍差。

用千分尺进行测量时，可参照以下步骤：

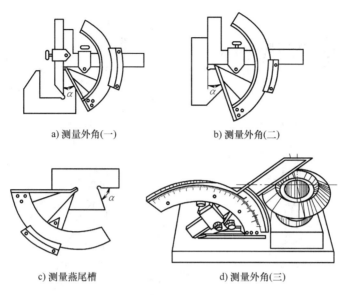

a) 测量外角(一)　　　　b) 测量外角(二)

c) 测量燕尾槽　　　　d) 测量外角(三)

图 12-21　游标万能角度尺测量工件

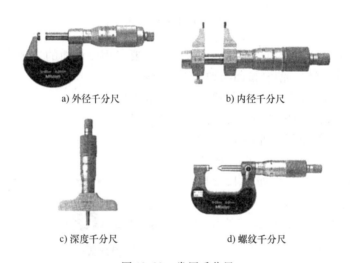

a) 外径千分尺　　　　b) 内径千分尺

c) 深度千分尺　　　　d) 螺纹千分尺

图 12-22　常用千分尺

1）测量时把被测件放在 V 形架或平台上，左手拿住尺架，右手操作千分尺进行测量；也可用软布包住护板，轻轻夹在钳子上，左手拿住被测件，右手操作千分尺进行测量。

2）测量时要先旋转微分筒，调整千分尺测量面。当测量面快要接触被测表面时，要旋动棘轮，这样既节约时间，又可防止棘轮过早磨损。退尺时应使用微分筒，不要旋动后盖和棘轮，以防止其松动，影响零位。

3）测量时不要很快旋转微分筒，以防止测杆的测量面与被测件发生猛撞，损坏千分尺或产生测微螺杆咬死的现象。

4）当转动棘轮发出"咔咔"的响声后，进行读数。如果需要把千分尺拿离工件读数，应先搬止动器，固定活动测杆，再将千分尺取下来读数。这种读数法容易磨损测量面，应尽量少用。

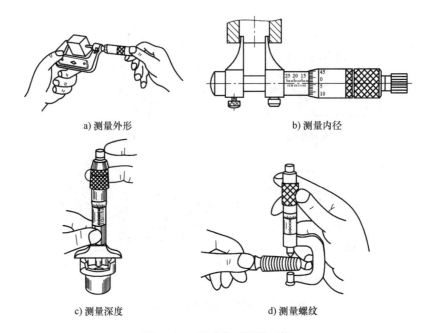

图 12-23　用千分尺测量工件

5）测量时要使整个测量面与被测表面接触，不要只用测量面的边缘测量，同时可以轻轻地摆动千分尺或被测件，使测量面与被测面接触好。

6）为消除测量误差，可在同一位置多测几次取平均值。

7）为了得到正确的测量结果，要多测量几个位置。

（1）外径千分尺的使用　外径千分尺常简称为千分尺，它是比游标卡尺更精密的长度测量仪器，常见的一种结构如图 12-24 所示，它的量程是 0 ~ 25mm，分度值是 0.01mm。外径千分尺的结构由固定的尺架、量砧、测微螺杆、固定套管、微分筒、测力装置、锁紧装置等组成。固定套管上有一条水平线，这条线上、下各有一列间距为 1mm 的刻度线，上面的刻度线恰好在下面两相邻刻度线中间。微分筒上的刻度线是将圆周分为 50 等分的水平线，做旋转运动。

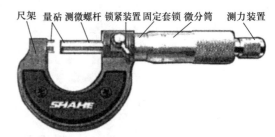

图 12-24　外径千分尺

（2）外径千分尺的测量方法　用测微螺杆测量外径时，用手拧动测力装置，使千分尺的量砧测量面与被测表面的素线平行，且手指轻轻摆动尺架使千分尺的测量面与被测表面贴合。为了防止测量读数变动，先把锁紧装置锁紧，再读取读数。

根据螺旋运动原理，当微分筒（又称为可动刻度筒）旋转一周时，测微螺杆前进或后退一个螺距 0.5mm。当微分筒旋转一个分度（刻度线 1 格）后，即转过了 1/50 周，这时螺杆沿轴线移动了 $(1/50) \times 0.5mm = 0.01mm$。因此，使用千分尺可以准确读出 0.01mm 的数值，如图 12-25 所示。

（3）外径千分尺的使用注意事项

1）外径千分尺是精密的测量工具，要轻拿轻放，不得碰撞或跌落地下。使用时不要用它来测量表面粗糙的物体，以免损坏测量面，不用时应将其置于干燥的地方，防止锈蚀。

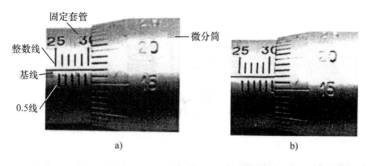

图 12-25　外径千分尺读数

2）在使用后，不要使外径千分尺的两个量砧紧密接触，而要留出间隙（0.5 ~ 1mm）并锁紧。

3）如果要长时间保管，必须用清洁布或纱布来擦净容易成为腐蚀源的切削液、汗水、灰尘等，再涂敷低黏度的高级矿物油或防锈剂。

5. 百分表

百分表（图 12-26）是检验机床精度和测量工件的尺寸、几何误差、校正夹具等的常用工具。其分度值为 0.01mm。分度值为 0.001mm 和 0.005mm 的百分表称为千分表。按制造精度不同，百分表可分为 0 级（IT4 ~ IT6）、1 级（IT6 ~ IT16）和 2 级（IT7 ~ IT16）。

内径百分表是用来测量孔径的工具，测量步骤如图 12-27 所示。其测量范围为 6 ~ 10mm、10 ~ 18mm、18 ~ 35mm、35 ~ 50mm、50 ~ 100mm、100 ~ 160mm、160 ~ 250mm 等。内径百分表示值误差较大，一般为 ±0.015mm。

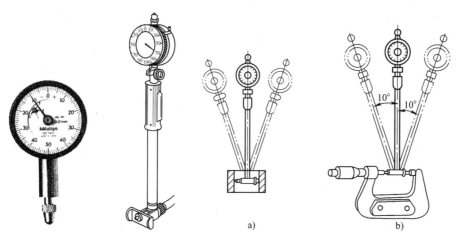

图 12-26　百分表　　　　　图 12-27　用内径百分表测量孔径

实训篇
思考练习题

一、单项选择题

1. 在数控加工中，自动刀具交换装置的简称为（　　）。

A. APC　　　　　B. ATC　　　　　C. PLC　　　　　D. PMC

2. 背景编辑功能是指（　　）。

A. 在加工前，对其他零件的程序进行编辑

B. 在加工中，对其他零件的程序进行编辑

C. 在加工后，进行对其他零件的程序编辑

D. 在加工中，在其他机床上编辑

3. 通常数控机床的自动刀具交换装置，所容纳的刀具数量越少，则刀库结构越（　　），换刀时间也越（　　）。

A. 复杂，短　　B. 简单，短　　　C. 简单，长　　　D. 复杂，长

4. 一般卧式加工中心有（　　）个坐标轴。

A. 1 ~ 3　　　　B. 3 ~ 5　　　　C. 5 ~ 8　　　　D. 以上说法都不对

5. 当选用加工中心最长的刀具做基准进行对刀，且保证长度刀补值为正时，可采用（　　）指令进行编程。

A. G41　　　　　B. G42　　　　　C. G43　　　　　D. G44

6. 数控加工过程中，发现刀具突然损坏，应首先采用的措施是（　　）。

A. 关闭电源　　B. 关闭数控系统　　C. 速按暂停键　　D. 速按急停键

7. 常用的数控设备，断电或急停后要重新回零的原因是：它采用的位置检测装置是（　　）式的。

A. 增量　　　　　B. 绝对　　　　　C. 数字　　　　　D. 模拟

8. 数控机床每次接通电源后在运行前首先应做的是（　　）。

A. 给机床各部分加润滑油　　　　　B. 检查刀具安装是否正确

C. 机床各坐标轴回参考点　　　　　D. 工件是否安装正确

9. 数控机床提供的单段运行功能主要用于（　　）。

A. 自动与手动交替使用　　　　　B. 示教编程

C. 程序调试　　　　　　　　　　D. 日常加工

10. 用水平仪检验机床导轨的直线时，若把水平仪放在导轨的右端，气泡向右偏 2 格；

若把水平仪放在导轨的左端，气泡向左偏 2 格，则此导轨是（　　）状态。

　　A. 中间凸　　　　　B. 中间凹　　　　　C. 不凸不凹　　　　D. 扭曲

11. 数控机床精度检验主要包括机床的几何精度检验和坐标精度及（　　）精度检验。

　　A. 综合　　　　　　B. 运动　　　　　　C. 切削　　　　　　D. 工作

12. 为了保证人身安全，在正常情况下，电气设备的安全电压规定为（　　）。

　　A. 42V　　　　　　B. 36V　　　　　　C. 24V　　　　　　D. 12V

13. 试铣削工件后度量尺度，发现误差时可（　　）。

　　A. 调整刀具　　　　B. 修磨刀具　　　　C. 换装新刀把　　　D. 使用刀具补偿

14. 当机器开机之后，首先操作项目通常是（　　）。

　　A. 输入刀具补正值　　　　　　　　　　B. 输入参数资料

　　C. 机械原点复位　　　　　　　　　　　D. 程式空车测试

15. 开机时，荧屏画面上显示"NOTREADY"表示（　　）。

　　A. 机器无法运转状态　　　　　　　　　B. 伺服系统过负荷

　　C. 伺服系统过热　　　　　　　　　　　D. 主轴过热

16. 国际规定度量环境的标准温度是（　　）。

　　A. 15℃　　　　　　B. 20℃　　　　　　C. 25℃　　　　　　D. 30℃

17. 以塞规度量工件尺度，若通端与止端都能通过，则此部位的尺度为（　　）。

　　A. 刚好　　　　　　B. 过小　　　　　　C. 过大　　　　　　D. 过短

18. 使用游标卡尺度量内孔深度，应量取其（　　）。

　　A. 最大读值　　　　B. 最小读值　　　　C. 图示值　　　　　D. 偏差量

19. 三针法配合外径千分尺用于测量螺纹的（　　）。

　　A. 牙高　　　　　　B. 底径　　　　　　C. 节距　　　　　　D. 中径

20. 手动进给操作时，模式选择钮应置于（　　）。

　　A. EDIT　　　　　　B. MEMORY　　　　C. MDI　　　　　　D. HANDLE

21. 铣刀按其齿背形状分可分为尖齿铣刀和（　　）。

　　A. 三面刃铣刀　　　B. 端铣刀　　　　　C. 铲齿铣刀　　　　D. 沟槽铣刀

22. 下列量具中，不属于游标类量具的是（　　）。

　　A. 深度游标卡尺　　B. 高度游标卡尺　　C. 游标齿厚卡尺　　D. 外径千分尺

23. 测量精度为 0.02mm 的游标卡尺，当两测量爪并拢时，尺身上 19mm 对正游标上的
（　　）。

　　A. 19　　　　　　　B. 20　　　　　　　C. 40　　　　　　　D. 50

24. 以下有关游标卡尺说法不正确的是（　　）。

　　A. 游标卡尺应平放　　　　　　　　　　B. 游标卡尺可用砂纸清理上面的锈迹

　　C. 游标卡尺不能用锤子进行修理　　　　D. 游标卡尺使用完毕后应擦上油，放入盒中

25. 千分尺微分筒转动一周，测微螺杆移动（　　）mm。

　　A. 0.1　　　　　　B. 0.01　　　　　　C. 1　　　　　　　D. 0.5

26. 千分尺读数时（　　）。

　　A. 不能取下　　　　　　　　　　　　　B. 必须取下

　　C. 最好不取下　　　　　　　　　　　　D. 先取下，再锁紧，然后读数

27. 万能角度尺在（　　）范围内，不装角尺和直尺。

A. 0°~50°　　　　B. 50°~140°　　　　C. 140°~230°　　　　D. 230°~320°

28. 两个平面互相（　　）的角铁称为直角角铁。

A. 平行　　　　B. 垂直　　　　C. 重合　　　　D. 不相连

29. 下列型号中，（　　）是一台加工中心。

A. XK754　　　　B. XH764　　　　C. XK8140

30. 工件坐标系的 Z 轴一般与主轴轴线重合，X 轴随工件原点（　　）不同而异。

A. 坐标　　　　B. 形状　　　　C. 位置　　　　D. 位移

31. 下列型号中，（　　）是工作台宽为 500mm 的数控铣床。

A. CK6150　　　　B. XK715　　　　C. TH6150

32. 若主轴正在逆时针方向旋转，则必须先按主轴停止按钮，使主轴停转，再按（　　）按钮。

A. POS　　　　B. 循环　　　　C. 主轴正转　　　　D. 启动

33. 第二次按下程序段跳过按钮，指示灯灭，表示取消程序段（　　）机能。此时程序中"/"标记无效，程序中所有程序段将被依次执行。

A. 执行　　　　B. 使用　　　　C. 显示　　　　D. 跳过

34. 空运转只是在自动状态下快速检验程序运行的一种方法，不能用于（　　）的工件加工。

A. 复杂　　　　B. 精密　　　　C. 实际　　　　D. 图形

35. 在选择刀具过程中，转塔刀架正反转可以按最近转动（　　）自动选择。

A. 角度　　　　B. 方式　　　　C. 距离　　　　D. 法则

36. 按下运屑器反转按钮，指示灯亮，使运屑器反转，松开时停止，当（　　）将运屑器卡位时，按此按钮可将铁屑脱开。

A. 杂物　　　　B. 铁屑　　　　C. 工具　　　　D. 工件

37. 按下（　　）按钮，解除控制机报警状态，机床即可恢复正常工作状态。

A. RESET　　　　B. AUX　　　　C. ON　　　　D. OFF

38. 当检验高精度轴向尺寸时，量具应选择（　　）、量块、百分表及活动表架等。

A. 弯板　　　　B. 平板　　　　C. 量规　　　　D. 水平仪

39. 选好量块组合尺寸后，将量块靠近工件放置在检验平板上，用百分表在量块上找正对准（　　）。

A. 尺寸　　　　B. 工件　　　　C. 量块　　　　D. 零位

40. 测量偏心距时，用顶尖顶住基准部分的中心孔，百分表侧头与偏心部分外圆接触，用手转动工件，百分表读数最大值与最小值之差的（　　）就是偏心距的实际尺寸。

A. 一半　　　　B. 两倍　　　　C. 一倍　　　　D. 尺寸

41. 测量两平行非完整孔的（　　）时，应选用内径百分表、内径千分尺、千分尺。

A. 位置　　　　B. 长度　　　　C. 偏心距　　　　D. 中心距

42. 测量两平行非完整孔的中心距时，用内径百分表或杆式内径千分尺直接测出两孔间的最大距离，然后减去两孔实际半径之（　　），所得的差既为两孔的中心距。

A. 积　　　　B. 差　　　　C. 和　　　　D. 商

43. 把直径为 D_1 的大钢球放入锥孔内，用高度尺测出钢球 D_1 最高点到工件的距离，通过计算可测出工件（　　）的大小。

A. 圆锥角　　　　B. 小径　　　　C. 高度　　　　D. 孔径

44. 在数控铣床上进行手动换刀时，最主要的注意事项是（　　）。

A. 对准键槽　　B. 擦干净连接锥柄　C. 调整好拉钉　　D. 不要拿错刀具

45. （　　）主要起润滑作用。

A. 水溶液　　　B. 乳化液　　　C. 切削油　　　D. 防锈剂

46. 长方体工件的侧面靠在两个支撑点上，限制（　　）个自由度。

A. 3　　　　　B. 2　　　　　C. 1　　　　　D. 4

47. 重复定位能提高工件的（　　），但对工件的定位精度有影响，一般是不允许的。

A. 塑性　　　　B. 强度　　　　C. 刚性　　　　D. 韧性

48. 夹紧要牢固、可靠，并保证工件在加工中（　　）不变。

A. 尺寸　　　　B. 定位　　　　C. 位置　　　　D. 间隙

49. 夹紧力的（　　）应与支撑点相对，并尽量作用在工件刚性较好的部位，以减小工件变形。

A. 大小　　　　B. 切点　　　　C. 作用点　　　　D. 方向

50. XK5132 是常用铣床型号，其数字 32 表示（　　）。

A. 工作台面宽度为 320mm　　　　B. 工作台行程为 320mm

C. 主轴最高转速为 320r/min　　　　D. 工作台面长度为 320mm

51. 顺铣时，铣刀寿命同逆铣时相比（　　）。

A. 提高　　　　B. 降低　　　　C. 相同　　　　D. 无关

52. 立式铣床主轴与工作台面不垂直，用盘铣刀进行面铣时会铣出（　　）。

A. 平行或垂直面　B. 斜面　　　　C. 凹面　　　　D. 凸面

53. 攻 M10×1 的螺纹，理论上应加工出（　　）mm 的底孔。

A. 8　　　　　B. 8.5　　　　C. 8.75　　　　D. 8.917

54. 在切断、加工深孔或用高速钢刀具加工时，宜选择（　　）进给速度。

A. 较高　　　　　　　　　　B. 较低

C. 数控系统设定的最低　　　　D. 数控系统设定的最高

55. 有色金属的加工不宜采用（　　）方式。

A. 车削　　　　B. 刨削　　　　C. 铣削　　　　D. 磨削

56. 夹紧力的方向应尽可能和切削力、工件重力（　　）。

A. 同向　　　　B. 平行　　　　C. 相反　　　　D. 垂直

57. 零件的加工精度应包括（　　）。

A. 尺寸精度、几何精度　　　　B. 尺寸精度

C. 尺寸精度、形状精度和表面粗糙度　　D. 几何精度和位置精度

58. MDI 方式是指（　　）。

A. 执行手动的功能　　　　　　B. 执行一个加工程序

C. 执行某一 G 功能　　　　　　D. 执行经操作面板输入的一段指令

59. 下列刀具中，（　　）不适宜做轴向进给。

A. 立铣刀　　　　　B. 键槽铣刀　　　　　C. 球头铣刀　　　　　D. ABC 都是

60. 以直径为 $\phi14$mm 的面铣刀铣削孔，结果孔径为 $\phi14.54$mm，其主要原因是（　　）。

A. 工件松动　　　　　　　　　　　B. 刀具松动

C. 机用虎钳松动　　　　　　　　　D. 刀具夹头的中心偏置

61. 精铣的进给率应比粗铣（　　）。

A. 大　　　　　　B. 小　　　　　　C. 不变　　　　　　D. 无关

62. 刀具破损即在切削刃或刀面上产生裂纹、崩刀或碎裂现象。这属于（　　）。

A. 正常磨损　　　　B. 非正常磨损　　　C. 初期磨损阶段　　　D. 合理磨损

63. 主切削刃与铣刀轴线之间的夹角称为（　　）。

A. 螺旋角　　　　B. 前角　　　　　C. 后角　　　　　D. 主偏角

64. 产生加工硬化主要是由于（　　）造成的。

A. 前角太大　　　B. 刀尖圆弧半径大　C. 工件材料硬　　　D. 切削刃不锋利

65. 在铣削铸铁等脆性金属时，一般（　　）。

A. 加以冷却为主的切削液　　　　　B. 加以润滑为主的切削液

C. 不加切削液　　　　　　　　　　D. 加煤油

66. 在工件上既有平面需要加工，又有孔需要加工时，可采用（　　）。

A. 粗铣平面—钻孔—精铣平面　　　B. 先加工平面，后加工孔

C. 先加工孔，后加工平面　　　　　D. 任何一种形式

67. 下列刀具材质中，（　　）韧性较高。

A. 高速钢　　　　B. 碳化钨　　　　C. 陶瓷　　　　　D. 钻石

68. 切削用量中，对切削刀具磨损影响最大的是（　　）。

A. 背吃刀量　　　B. 进给量　　　　C. 切削速度　　　D. 切削液

69. 对在数控机床上使用的夹具来说，最重要的是（　　）。

A. 夹具的刚性好　　　　　　　　　B. 夹具的精度高

C. 夹具上有对刀基准　　　　　　　D. 夹紧方便

70. 减小毛坯误差的办法是（　　）。

A. 粗化毛坯并增大毛坯的形状误差　B. 增大毛坯的形状误差

C. 精化毛坯　　　　　　　　　　　D. 增加毛坯的余量

71. 为消除粗加工的内应力，精加工常在（　　）进行。

A. 退火处理后　　B. 正火处理后　　C. 淬火处理后　　D. 回火处理后

72. 铣削过程中的主运动为（　　）。

A. 工作台的移动　B. 铣刀的旋转　　C. 工件的移动　　D. 刀具的移动

73. 程序编制中首件试切的作用是（　　）。

A. 检验工艺路线是否正确　　　　　B. 检验程序是否正确

C. 检验对刀是否正确　　　　　　　D. 以上都对

74. 选用（　　）基准作为定位基准，可以避免因定位基准和测量基准不重合而引起的定位误差。

A. 设计　　　　　B. 测量　　　　　C. 装配　　　　　D. 工艺

75. 铰孔时，对孔的（　　）纠正能力较差。

A. 表面粗糙度　　B. 尺寸精度　　　　C. 形状精度　　　　D. 位置精度

76. 用于机床开关指令的辅助功能的指令代码是（　　　）。

A. F 代码　　　　B. S 代码　　　　　C. M 代码　　　　D. T 代码

77. 常用高速钢的牌号有（　　　）。

A. W18Cr4V　　　B. A3　　　　　　C. 45　　　　　　D. YT30

78. 下列（　　　）不常用，为舍弃式刀片的材质。

A. 高速钢　　　　B. 碳化物　　　　C. 陶瓷　　　　　D. 被覆碳化钛的碳化物

79. 下列（　　　）与切削时间无关。

A. 刀具角度　　　B. 进给率　　　　C. 背吃刀量　　　D. 切削速度

二、判断题

1. 对于三轴联动的数控机床中，至少应有三个可控轴才行。　　　　　　（　　）

2. 数控机床由于按下急停按钮而终止，程序再运行的话，则必须重新回零后才能继续进行其他的工作。　　　　　　　　　　　　　　　　　　　　　　　　　（　　）

3. 在数控铣床上进行攻螺纹时主轴倍率是无效的。　　　　　　　　　　（　　）

4. 在数控机床上任何传动机构的传动间隙都是不可避免的。　　　　　　（　　）

5. 在数控机床的各坐标轴中 C 轴的回转轴线与主轴平行。　　　　　　　（　　）

6. 数控机床开机后，必须先回参考点操作。　　　　　　　　　　　　　（　　）

7. 加工螺纹时，进给率调整无效。　　　　　　　　　　　　　　　　　（　　）

8. 在数控机床上，由于采用了主轴伺服系统，所以可以实现无级的连续调速功能。
　　　　　　　　　　　　　　　　　　　　　　　　　　　　　　　　　（　　）

9. 在一台加工中心上，至少可以完成原来需由两种不同普通机床才能完成的加工工艺内容。　　　　　　　　　　　　　　　　　　　　　　　　　　　　　　（　　）

10. 在数控机床上，只能通过编辑运行一个完整的程序，来执行合法的指令代码。
　　　　　　　　　　　　　　　　　　　　　　　　　　　　　　　　　（　　）

11. 球头铣刀在进行零件曲面加工时，比普通立铣刀更耐用。　　　　　　（　　）

12. 无论零件的结构如何，在制订加工方案时都必须遵守"先粗后精、先近后远、先外后内"的原则。　　　　　　　　　　　　　　　　　　　　　　　　　　　（　　）

13. 刀具前角越大，切屑越不易流出，切削力越大，但刀具的强度越高。　（　　）

14. 以 MDI 模式输入程序，执行完后会被自动存储。　　　　　　　　　（　　）

15. 深孔加工的关键是如何解决深孔钻的几何形状和冷却、排屑问题。　　（　　）

16. 切削速度增大时，切削温度升高，刀具寿命高。　　　　　　　　　　（　　）

17. 试切对刀法是数控系统用新建立的工件坐标系取代前面建立的机床坐标系。（　　）

18. 对于加工形状简单、计算量小、程序不多的零件，采用手工编程较容易，而且经济实惠。　　　　　　　　　　　　　　　　　　　　　　　　　　　　　　（　　）

19. 数控机床的反向间隙可用补偿来消除，因此对顺铣无明显影响。　　　（　　）

20. 量块通常可以用于测量零件的长度尺寸。　　　　　　　　　　　　　（　　）

21. 加工过盈配合的接合零件时，表面粗糙度值应该选小为好。　　　　　（　　）

22. 用一个精密的塞规可以检查加工孔的质量。　　　　　　　　　　　　（　　）

23. 只有当工件的六个自由度全部被限制，才能保证加工精度。　　　　　（　　）

24. 扩孔可以完全找正孔的轴线歪斜。 （　　）

25. 镗孔可以保证箱体类零件上孔系间的位置精度。 （　　）

26. 零件上凡已加工过的表面都是精基准。 （　　）

27. 在立式铣床上镗孔，镗杆过长会产生弹性偏让，使孔径超差产生废品。 （　　）

28. 切削用量的选择原则：粗加工时，一般以提高生产率为主，但也应考虑经济性和加工成本。 （　　）

29. 对刀具材料的基本要求：高的硬度、高的耐磨性、足够的强度和韧性、高的耐热性、良好的工艺性。 （　　）

30. 在数控机床的各坐标轴当中，C 轴的回转轴线与主轴轴线平行。 （　　）

思考练习题答案（部分）

第一章

一、单项选择题

1	2	3	4	5	6	7	8	9	10
C	D	B	B	A	A	D	C	B	C

二、判断题

1	2	3	4	5	6	7	8	9
×	×	√	√	√	√	√	√	×

第二章

一、单项选择题

1	2	3	4	5	6	7	8	9	10
D	C	B	B	B	C	BC	A	C	A

二、判断题

1	2	3	4	5	6	7	8	9	10
×	√	√	√	√	√	×	×	×	√

第三章

一、单项选择题

1	2	3	4	5	6	7	8	9	10
A	D	C	C	B	D	B	B	C	B

11	12	13	14	15	16	17	18	19	
A	D	A	B	C	A	A	D	D	

二、判断题

1	2	3	4	5	6	7	8	9	10
√	√	×	×	√	×	×	√	√	√

第四章

一、单项选择题

1	2	3	4	5	6	7	8	9	10
D	D	C	D	A	B	A	D	D	D
11	12	13	14	15	16	17	18	19	20
D	B	C	D	A	D	A	B	C	C
21	22	23	24	25	26	27	28	29	30
A	A	C	B	C	C	D	A	C	C
31	32	33	34	35	36	37	38	39	40
C	C	D	C	A	C	D	B	B	D

二、判断题

1	2	3	4	5	6	7	8	9	10
×	×	×	√	√	√	×	×	×	×

第五章

一、单项选择题

1	2	3	4	5	6	7	8	9	10
A	D	D	D	C	C	A	C	D	C
11	12	13	14	15	16	17	18	19	
B	A	A	A	C	B	B	C	C	

实训篇

一、单项选择题

1	2	3	4	5	6	7	8	9	10
B	B	B	B	C	D	B	C	C	B
11	12	13	14	15	16	17	18	19	20
C	B	D	C	A	B	C	B	D	D
21	22	23	24	25	26	27	28	29	30
B	D	B	B	C	C	C	B	B	C
31	32	33	34	35	36	37	38	39	40
B	C	D	C	A	B	B	B	D	B

（续）

41	42	43	44	45	46	47	48	49	50
B	B	A	B	C	D	C	C	A	A
51	52	53	54	55	56	57	58	59	60
A	B	D	B	D	B	A	D	A	B
61	62	63	64	65	66	67	68	69	70
B	B	A	D	C	B	A	C	C	C
71	72	73	74	75	76	77	78	79	
D	B	D	B	D	C	A	A	A	

二、判断题

1	2	3	4	5	6	7	8	9	10
√	√	√	×	√	√	√	√	√	×
11	12	13	14	15	16	17	18	19	20
√	√	×	×	√	×	√	√	×	×
21	22	23	24	25	26	27	28	29	30
√	×	×	×	√	×	√	√	√	√

参 考 文 献

[1] 王志平. 数控编程与操作 [M]. 北京：高等教育出版社，2003.

[2] 于华. 数控机床的编程及实例 [M]. 北京：机械工业出版社，2004.

[3] 詹华西. 数控加工与编程 [M]. 2版. 西安：西安电子科技大学出版社，2004.

[4] 于春生，韩旻. 数控机床编程及应用 [M]. 北京：高等教育出版社，2001.

[5] 张超英，罗学科. 数控机床加工工艺、编程及操作实训 [M]. 北京：高等教育出版社，2003.

[6] 人力资源和社会保障部教材办公室. 数控机床编程与操作（数控铣床 – 加工中心分册）[M]. 北京：中国劳动社会保障出版社，2000.

[7] 蒋建强. 数控加工技术与实训 [M]. 北京：电子工业出版社，2003.

[8] 许祥泰，刘艳芳. 数控加工编程实用技术 [M]. 北京：机械工业出版社，2002.

[9] 孙德茂. 数控机床铣削加工直接编程技术 [M]. 2版. 北京：机械工业出版社，2014.

[10] 王爱玲. 现代数控编程技术及应用 [M]. 北京：国防工业出版社，2003.

[11] 苏伟. 数控铣削技能实训 [M]. 长春：东北师范大学出版社，2008.